中国

城乡建设统计年鉴

中华人民共和国住房和城乡建设部　编

Ministry of Housing and Urban-Rural Development, P.R.CHINA

2015

China Urban-Rural Construction Statistical Yearbook

中国统计出版社
China Statistics Press

图书在版编目（CIP）数据

中国城乡建设统计年鉴. 2015 : 汉英对照 / 中华人民共和国住房和城乡建设部编. -- 北京 : 中国统计出版社, 2016.9
ISBN 978-7-5037-7958-9

Ⅰ. ①中… Ⅱ. ①中… Ⅲ. ①城乡建设－统计资料－中国－2015－年鉴－汉、英 Ⅳ. ①TU984.2-66

中国版本图书馆 CIP 数据核字(2016)第 213784 号

中国城乡建设统计年鉴—2015

作　者/中华人民共和国住房和城乡建设部
责任编辑/佘竞雄
封面设计/张　冰
出版发行/中国统计出版社
通信地址/北京市丰台区西三环南路甲 6 号　邮政编码/100073
电　话/邮购（010）63376909　书店（010）68783171
网　址/ http://www.zgtjcbs.com
印　刷/河北鑫宏源印刷包装有限责任公司
经　销/新华书店
开　本/880mm×1230mm　1/16
字　数/445 千字
印　张/15.25
版　别/2016 年 10 月第 1 版
版　次/2016 年 10 月第 1 次印刷
定　价/110.00 元

本书附同版本 CD-ROM 一张，光盘内容以书面文字为准。
如有印装差错，由本社发行部调换。

《中国城乡建设统计年鉴—2015》

编委会和编辑工作人员

China Urban Construction Statistical Yearbook - 2015

Editorial Board and Editorial Staff

编者说明

一、为全面反映我国城乡市政公用设施建设与发展状况，方便国内外各界了解中国城乡建设全貌，我们编辑了《中国城乡建设统计年鉴》、《中国城市建设统计年鉴》和《中国县城建设统计年鉴》中英文对照本，每年公开出版一次，供社会广大读者作为资料性书籍使用。

二、本年鉴的统计范围

设市的城市的城区：市本级(1)街道办事处所辖地域；(2)城市公共设施、居住设施和市政公用设施等连接到的其他镇（乡）地域；（3）常住人口在3000人以上独立的工矿区、开发区、科研单位、大专院校等特殊区域。

县城：(1)县政府驻地的镇、乡或街道办事处地域（城关镇）；(2)县城公共设施、居住设施和市政公用设施等连接到的其他镇（乡）地域；（3）常住人口在3000人以上独立的工矿区、开发区、科研单位、大专院校等特殊区域。

村镇：政府驻地的公共设施和居住设施没有和城区（县城）连接的建制镇、乡和镇乡级特殊区域。

三、2015年底全国境内31个省、自治区、直辖市，共有656个设市城市，1568个县（含自治县、旗、自治旗、林区、特区。下同），20515个建制镇，11315个乡（含民族乡、苏木、民族苏木。下同），58.0万个行政村。

四、本年鉴根据各省、自治区和直辖市建设行政主管部门上报的2015年城乡建设统计数据编辑，由城市（城区）、县城、村镇三部分组成：

（一）城市（城区）部分，统计了655个城市、1个特殊区域。其中，陕西省杨凌区按城市统计；黑龙江省双城市由市改区，仍按城市单独统计；另外1个城市，即黑龙江省东宁市属于撤县改市，仍按县城统计，没有统计在城市（城区）部分。

（二）县城部分，统计了1553个县，以及7个新撤销县、14个特殊区域以及149个新疆生产建设兵团师团部驻地。15个县没有统计，包括上海市崇明县因与城市分不开，数据含在城市部分；河北省邯郸县、邢台县、宣化县、沧县，山西省泽州县，辽宁省抚顺县、盘山县、铁岭县、朝阳县，河南省许昌县、安阳县，新疆维吾尔自治区乌鲁木齐县、和田县等13个县，因与所在城市市县同城，数据含在所在城市部分；福建省金门县暂无数据资料。

黑龙江省东宁县、安徽省铜陵县、湖南省望城县、广西壮族自治区武鸣县、四川省双流县、云南省江川县、陕西省横山县 7 个县，因新撤销县，改区或改市，仍按县城统计。

14 个特殊区域包括河北省曹妃甸区，黑龙江省加格达奇区，江西省庐山风景区，湖南省南岳区、大通湖区、洪江区，海南省洋浦开发区，云南省昆明阳宗海风景名胜区、昆明倘甸产业园区和昆明轿子山旅游开发区，宁夏回族自治区红寺堡开发区，青海省海北州府西海镇、茫崖行委、大柴旦行委、冷湖行委。

（三）村镇部分，统计了 17848 个建制镇、11478 个乡、643 个镇乡级特殊区域和 264.46 万个自然村（其中村民委员会所在地 54. 21 万个）。

五、本年鉴数据不包括香港特别行政区、澳门特别行政区以及台湾省。

六、本年鉴中除人均住宅建筑面积、人均日生活用水外，所有人均指标、普及率指标均以户籍人口与暂住人口合计为分母计算。

七、本年鉴中“—”表示本数据不足本表最小单位数。

八、本年鉴中部分数据合计数或相对数由于单位取舍不同而产生的计算误差，均没有进行机械调整。

九、为促进中国建设行业统计信息工作的发展，欢迎广大读者提出改进意见。

EDITOR'S NOTES

1. Under the guideline of the Scientific Outlook on Development and in line with the efforts to promote the coordinated urban and rural development, *China Urban-Rural Construction Statistical Yearbook, China Urban Construction Statistical Yearbook* and *China County Seat Construction Statistical Yearbook* are published annually in both Chinese and English languages to provide comprehensive information on urban and rural service facilities development in China. Being the source of facts, the yearbooks help to facilitate the understanding of people from all walks of life at home and abroad on China's urban and rural development.

2. Coverage of the statistics

Urban Areas: (1) areas under the jurisdiction of neighborhood administration; (2) other towns (townships) connected to urban public facilities, residential facilities and municipal utilities; (3) special areas like independent industrial and mining districts, development zones, research institutes, and universities and colleges with permanent residents of 3000 and above.

County Seat Areas: (1) towns and townships where county governments are situated and areas under the jurisdiction of neighborhood administration; (2) other towns (townships) connected to county seat public facilities, residential facilities and municipal utilities; (3) special areas like independent industrial and mining districts, development zones, research institutes, and universities and colleges with permanent residents of 3000 and above.

Villages and Small Towns Areas: towns, townships and special district at township level of which public facilities and residential facilities are not connected to those of cities (county seats).

3. There were a total of 653 cities, 1596 counties (including autonomous counties, banners, autonomous banners, forest districts, and special districts), 20401 towns, 12282 townships (including minority townships, Sumus and minority Sumus), and 585,000 administrative villages in all the 31 provinces, autonomous regions and municipalities across China by the end of 2015.

4. The yearbook is complied based on statistical data on urban and rural construction in year 2015 that were reported by construction authorities of provinces, autonomous regions and municipalities directly under the central government. The yearbook is composed of statistics for three parts, namely statistics for cities (urban districts), county seats, and villages and small towns.

(1) In the part of Cities (Urban Districts), data are from 655 cities, 1 special zones. Yangling District in Shannxi Province is classified as city; Shuangcheng City in Heilongjiang Province has been reorganized to become a district, but is still classified as city in the Yearbook; Dongning City in Heilongjiang Province was a county previously which has been removed to establish city, and its data are still included in the Part of County Seats instead of the Part of Cities (Urban Districts).

(2) In the part of County Seats, data is from 1579 counties, 10 newly removed counties, 14 special zones and districts, and 149 stations of Xinjiang Production and Construction Corps. Data of 17 counties are not included, because data from Yanqing and Miyun County in Beijing and Chongming County in Shanghai are included in the statistics of Beijing and Shanghai respectively, as these counties cannot be separated from the cities they belong to;

data from 13 counties including Handan, Xingtai, Xuanhua, and Cangxian County in Hebei Province, Zezhou County in Shanxi Province, Fushun, Panshan, Tieling, and Chaoyang County in Liaoning Province, Xuchang and Anyang County in Henan Province, and Urumqi and Hetian County in Xinjiang Uygur Autonomous Region are included in the statistics of the respective cities administering the above counties due to the identity of the location between the county seats and the cities; data on Jinmen County in Fujian Province has not been available at the moment.

Data from 10 counties including Ganyu County in Jiangsu Province, Yongding County in Fujian Province, Zhanhua County in Shandong Province, Kaifeng County in Henan Province, Yunxian County in Hubei Province, Wangcheng County in Hunan Province, Yangdong County in Guangdong Province, Pingba County in Guizhou Province, Shangri-la County in Yunnan Province and Gaoling County in Shannxi Province are still included in the Part of Count Seats as these counties have been newly removed to become districts or cities.

14 special zones and districts include Caofeidian in Hebei Province, Jiagedaqi in Heilongjiang Province, Mount Lushan Scenic Spot in Jiangxi Province, Nanyue District, Datong Lake District and Hongjiang District in Hunan Province, Yangpu Development Zone in Hainan Province, Kunming Yangzonghai Scenic Spot, Kunming Tangdian Industrial Park and Kunming Mount Jiaozi Tourism Development Zone in Yunnan Province, Hongsibao Development Zone in Ningxia Autonomous Region, and Xihai Town and Mangya, Dachaidan and Lenghu Administrative Commission in Haibei Prefecture of Qinghai Province.

(3) In the part of Villages and Towns, statistics is based on data from 17653 towns, 11871 townships, 679 special areas at the level of town and township, and 2.70 million natural villages including 546.7 thousand villages where villagers' committees are situated.

5. This Yearbook does not include data of Hong Kong Special Administrative Region, Macao Special Administrative Region and Taiwan Province.

6. All the per capita and coverage rate data in this Yearbook, except the per capita residential floor area and per capita daily consumption of domestic water, are calculated using the sum of resident and non-resident population as a denominator.

7. In this yearbook "—" indicates that the figure is not large enough to be measured with the smallest unit in the table.

8. The calculation errors of the total or relative value of some data in this Yearbook arising from the use of different measurement units have not been mechanically aligned.

9. Any comments to improve the quality of the yearbook are welcomed to promote the advancement in statistics in China's construction industry.

目　录

Contents

城市部分

Statistics for Cities

县城部分
Statistics for County Seats

村镇部分

Statistics for Villages and Small Towns

一、城市部分

Statistics for Cities

2015 年城市部分概述

概况 2015 年末，全国设市城市 656 个，城市城区人口 3.94 亿人，暂住人口 0.66 亿人，建成区面积 5.21 万平方公里。

城市市政公用设施固定资产投资 2015 年完成城市市政公用设施固定资产投资 16204.4 亿元，占同期全社会固定资产投资总额的 2.88%。其中，道路桥梁、轨道交通、园林绿化投资分别占城市市政公用设施固定资产投资的 45.8%、22.9%和 9.8%。

城市供水和节水 2015 年，年供水总量 560.5 亿立方米，其中，生产运营用水 162.4 亿立方米，公共服务用水 77.1 亿立方米，居民家庭用水 208.9 亿立方米。用水人口 4.51 亿人，用水普及率 98.07%，人均日生活用水量 174.5 升。2015 年，城市节约用水 40.3 亿立方米，节水措施总投资 23.1 亿元。

城市燃气和集中供热 2015 年，人工煤气供气总量 47.1 亿立方米，天然气供气总量 1040.8 亿立方米，液化石油气供气总量 1039.2 万吨。用气人口 4.38 亿人，燃气普及率 95.30%。2015 年年末，城市蒸汽供热能力 8.1 万吨/小时，热水供热能力 47.3 万兆瓦，集中供热面积 67.2 亿平方米。

城市轨道交通 2015 年末，全国有 24 个城市建成轨道交通，线路长度 3069 公里，车站数 2008 个，其中换乘站 441 个，配置车辆数 16524 辆。全国在建轨道交通线路长度 3994 公里，车站数 2547 个，其中换乘站 680 个。

城市道路桥梁 2015 年末，城市道路长度 36.5 万公里，道路面积 71.8 亿平方米，其中人行道面积 15.8 亿平方米，人均城市道路面积 15.60 平方米。

城市排水与污水处理 2015 年末，全国城市共有污水处理厂 1944 座，污水厂日处理能力 14038 万立方米，排水管道长度 54.0 万公里。城市年污水处理总量 428.8 亿立方米，城市污水处理率 91.90%，其中污水处理厂集中处理率 87.97%。

城市园林绿化 2015 年末，城市建成区绿化覆盖面积 210.5 万公顷，建成区绿化覆盖率 40.12%；建成区绿地面积 190.8 万公顷，建成区绿地率 36.36%；公园绿地面积 61.4 万公顷，人均公园绿地面积 13.35 平方米。

国家级风景名胜区 2015 年末，全国共有 225 处国家级风景名胜区，风景名胜区面积 11.1 万平方公里，可游览面积 4.4 万平方公里，全年接待游人 8.4 亿人次。国家投入 70.3 亿元用于风景名胜区的维护和建设。

城市市容环境卫生 2015 年末，全国城市道路清扫保洁面积 73.0 亿平方米，其中机械清扫面积 40.6 亿平方米，机械清扫率 55.5%。全年清运生活垃圾、粪便 2.06 亿吨。全国城市共有生活垃圾无害化处理厂（场）890 座，日处理能力 57.7 万吨，处理量 1.80 亿吨，城市生活垃圾无害化处理率 94.10%。

Overview

General situation

There were 656 cities across the country at the end of 2015 with a total population of 394 million, among which 66 million were temporary population. The urban built areas amounted to 52.1 thousand square kilometers.

The fixed assets investment in municipal service facilities

In 2015, the total fixed assets investment in the urban municipal service facilities reached 1620.44 billion yuan, accounting for 2.88% of the country's total fixed assets investment. The fixed assets investment in roads and bridges, transit system, and landscaping and greening accounted for 45.8%, 22.9%, and 9.8% of the total fixed assets investment in municipal service facilities respectively.

Urban water supply and water conservation

In 2015, the urban water supply totaled 56.05 billion cubic meters. 16.24 billion cubic meters of water was consumed in production and operation, 7.71 billion cubic meters in public service, and 20.89 billion cubic meters was for domestic use. The water supply served a population of 451 million with coverage rate of 98.07% and daily per capita consumption of domestic water being 174.5 liter. 4.03 billion cubic meters of urban water was saved in the year with total investment in water saving measures reaching 2.31 billion yuan.

Urban gas and central heating supply

In 2015, the man-made coal gas, natural gas, and LPG supply totaled 4.71 billion cubic meters, 104.08 billion cubic meters, and 10.392 million tons respectively, serving a population of 438 million and with coverage rate of 95.3 %. By the end of 2015, the supply capacity of heating from steam and hot water reached 81 thousand tons per hour and 473 thousand megawatts respectively. The centrally heated area extended to reach 6.72 billion square meters.

Urban rail transit system

By the end of 2015, 3069 kilometers rail transit lines have been built in 24 cities across the country. The number of stations totaled 2008, among which 441 were transfer stations, and the number of vehicles in service amounted to 16524. There were 3994 kilometers rail transit lines under construction. These projects involved the construction of 2547 stations, among which 680 were transitions.

Urban roads and Bridge

At the end of 2015, the country claimed a total length of urban road of 365 thousand kilometers covering an area of 7.18 billion square meters with sidewalks 1.58 billion square meters, and per capita road surface area is 15.60 square meters.

Urban drainage and wastewater treatment

At the end of 2015, there were a total of 1944 wastewater treatment plants in cities with daily treatment capacity of 140.38 million cubic meters. The length of drainage pipelines reached 540 thousand kilometers. The total quantity of urban wastewater treated within the year was 42.88 billion cubic meters with treatment rate of 91.9% and central treatment rate of 87.97%.

Urban landscaping

By the end of 2015, the area in urban built district covered by greenery totaled 2.105million hectares with coverage rate of 40.12%. The total green space in built areas amounted to 1.908million hectares with coverage rate of 36.36%. The total public green space in cities was 614 thousand hectares with per capita public green space 13.35 square meters.

State-level Scenic Spots and Historic Sites

By the end of 2015, there were 225 state-level scenic spots and historic sites in China. They covered an area of 111 thousand square kilometers with 44 thousand square kilometers open to visitation which added up to 840 million people times for the whole year. The Central Government invested 7.03 billion yuan in the development and maintenance of national parks.

The urban environmental sanitation

By the end of 2015, the total surface area of road cleaned and maintained was 7.30 billion square meters, of which mechanically cleaned area was 4.06 billion square meters with a mechanical cleaning rate of 55.5%. The yearly amount of domestic garbage and night soil cleared and transported totaled 206 million tons. There are 890 non-hazardous treatment facilities for domestic solid waste in cities across the country, handling a treatment volume of 180 million tons with daily treatment capacity of 577 thousand tons. The non-hazardous treatment rate for urban domestic solid waste is 94.1%.

1-1-1 全国历年城市市政公用设施水平
Level of National Urban Service Facilities in Past Years

年份 Year	用水普及率 (%) Water Coverage Rate (%)	燃气普及率 (%) Gas Coverage Rate (%)	每万人拥有公共交通车辆 (标台) Motor Vehicle for Public Fransport Per 10,000 Persons (standard unit)	人均道路面积 (平方米) Road Surface Area Per Capita (m^2)	污水处理率 (%) Wastewater Treatment Rate (%)	园林绿化 Landscaping 人均公园绿地面积 (平方米) Public Recreational Green Space Per Capita (m^2)	园林绿化 Landscaping 建成区绿化覆盖率 (%) Green Coverage Rate of Built District (%)	园林绿化 Landscaping 建成区绿地率 (%) Green Space Rate of Built District (%)	每万人拥有公厕 (座) Number of Public Lavatories per 10,000 Persons (unit)
1978									
1979									
1980									
1981	53.7	11.6		1.81		1.50			3.77
1982	56.7	12.6		1.96		1.65			3.99
1983	52.5	12.3		1.88		1.71			3.95
1984	49.5	13.0		1.84		1.62			3.57
1985	45.1	13.0		1.72		1.57			3.28
1986	51.3	15.2	2.5	3.05		1.84	16.90		3.61
1987	50.4	16.7	2.4	3.10		1.90	17.10		3.54
1988	47.6	16.5	2.2	3.10		1.76	17.00		3.14
1989	47.4	17.8	2.1	3.22		1.69	17.80		3.09
1990	48.0	19.1	2.2	3.13		1.78	19.20		2.97
1991	54.8	23.7	2.7	3.35	14.86	2.07	20.10		3.38
1992	56.2	26.3	3.0	3.59	17.29	2.13	21.00		3.09
1993	55.2	27.9	3.0	3.70	20.02	2.16	21.30		2.89
1994	56.0	30.4	3.0	3.84	17.10	2.29	22.10		2.69
1995	58.7	34.3	3.6	4.36	19.69	2.49	23.90		3.00
1996	60.7	38.2	3.8	4.96	23.62	2.76	24.43	19.05	3.02
1997	61.2	40.0	4.5	5.22	25.84	2.93	25.53	20.57	2.95
1998	61.9	41.8	4.6	5.51	29.56	3.22	26.56	21.81	2.89
1999	63.5	43.8	5.0	5.91	31.93	3.51	27.58	23.03	2.85
2000	63.9	45.4	5.3	6.13	34.25	3.69	28.15	23.67	2.74
2001	72.26	60.42	6.10	6.98	36.43	4.56	28.38	24.26	3.01
2002	77.85	67.17	6.73	7.87	39.97	5.36	29.75	25.80	3.15
2003	86.15	76.74	7.66	9.34	42.39	6.49	31.15	27.26	3.18
2004	88.85	81.53	8.41	10.34	45.67	7.39	31.66	27.72	3.21
2005	91.09	82.08	8.62	10.92	51.95	7.89	32.54	28.51	3.20
2006	86.07	79.11	9.05	11.04	55.67	8.30	35.11	30.92	2.88
	(97.04)	(88.58)	(10.13)	(12.36)		(9.30)			(3.22)
2007	93.83	87.40	10.23	11.43	62.87	8.98	35.29	31.30	3.04
2008	94.73	89.55	11.13	12.21	70.16	9.71	37.37	33.29	3.12
2009	96.12	91.41		12.79	75.25	10.66	38.22	34.17	3.15
2010	96.68	92.04		13.21	82.31	11.18	38.62	34.47	3.02
2011	97.04	92.41		13.75	83.63	11.80	39.22	35.27	2.95
2012	97.16	93.15		14.39	87.30	12.26	39.59	35.72	2.89
2013	97.56	94.25		14.87	89.34	12.64	39.70	35.78	2.83
2014	97.64	94.57		15.34	90.18	13.08	40.22	36.29	2.79
2015	98.07	95.30		15.60	91.90	13.35	40.12	36.36	2.75

注：1.自2006年起，人均和普及率指标按城区人口和城区暂住人口合计为分母计算，以公安部门的户籍统计和暂住人口统计为准。括号中的数据为与往年同口径数据。
2.“人均公园绿地面积”指标2005年及以前年份为“人均公共绿地面积”。
3.自2009年起，城市公共交通内容不再统计，增加城市轨道交通建设情况内容。

Note:1.Since 2006,figure in terms of per capita and coverage rate have been calculated based on denominater which combines both permanent and temporary residents in urban areas. And the population should come from statistics of police. The data in brackets are same index calculated by the method of past years.
2.Since 2006, Public Green Space Per Capita is changed to be Public Recreational Green Space Per Capita.
3.Since 2009, statistics on urban public transport have been removed, and relevant information on the construction of rail transit system has been added.

1-1-2 全国历年城市数量及人口、面积情况

National Changes in Number of Cities, Urban Population and Urban Area in Past Years

面积计量单位：平方公里　　Area Measurement Unit: Square Kilometer

人口计量单位：万人　　Population Measurement Unit:10,000 persons

年份 Year	城市个数 Number of Cities	地级 City at Prefecture Level	县级 City at County Level	县及其他个数 Number of Counties	城区人口 Urban Population	非农业人口 Non-Agricultural Population	城区暂住人口 Urban Temporary Population	城区面积 Urban Area	建成区面积 Area of Built District	城市建设用地面积 Area of Urban Construction Land
1978	193	98	92	2153	7682.0					
1979	216	104	109	2153	8451.0					
1980	223	107	113	2151	8940.5					
1981	226	110	113	2144	14400.5	9243.6		206684.0	7438.0	6720.0
1982	245	109	133	2140	14281.6	9590.0		335382.3	7862.1	7150.5
1983	281	137	141	2091	15940.5	10047.2		366315.9	8156.3	7365.6
1984	300	148	149	2069	17969.1	10956.9		480733.3	9249.0	8480.4
1985	324	162	159	2046	20893.4	11751.3		458066.2	9386.2	8578.6
1986	353	166	184	2017	22906.2	12233.8		805834.0	10127.3	9201.6
1987	381	170	208	1986	25155.7	12893.1		898208.0	10816.5	9787.9
1988	434	183	248	1936	29545.2	13969.5		1052374.2	12094.6	10821.6
1989	450	185	262	1919	31205.4	14377.7		1137643.5	12462.2	11170.7
1990	467	185	279	1903	32530.2	14752.1		1165970.0	12855.7	11608.3
1991	479	187	289	1894	29589.3	14921.0		980685.0	14011.1	12907.9
1992	517	191	323	1848	30748.2	15459.4		969728.0	14958.7	13918.1
1993	570	196	371	1795	33780.9	16550.1		1038910.0	16588.3	15429.8
1994	622	206	413	1735	35833.9	17665.5		1104712.0	17939.5	20796.2
1995	640	210	427	1716	37789.9	18490.0		1171698.0	19264.2	22064.0
1996	666	218	445	1696	36234.5	18882.9		987077.9	20214.2	19001.6
1997	668	222	442	1693	36836.9	19469.9		835771.8	20791.3	19504.6
1998	668	227	437	1689	37411.8	19861.8		813585.7	21379.6	20507.6
1999	667	236	427	1682	37590.0	20161.6		812817.6	21524.5	20877.0
2000	663	259	400	1674	38823.7	20952.5		878015.0	22439.3	22113.7
2001	662	265	393	1660	35747.3	21545.5		607644.3	24026.6	24192.7
2002	660	275	381	1649	35219.6	22021.2		467369.3	25972.6	26832.6
2003	660	282	374	1642	33805.0	22986.8		399173.2	28308.0	28971.9
2004	661	283	374	1636	34147.4	23635.9		394672.5	30406.2	30781.3
2005	661	283	374	1636	35923.7	23652.0		412819.1	32520.7	29636.8
2006	656	283	369	1635	33288.7		3984.1	166533.5	33659.8	34166.7
2007	655	283	368	1635	33577.0		3474.3	176065.5	35469.7	36351.7
2008	655	283	368	1635	33471.1		3517.2	178110.3	36295.3	39140.5
2009	654	283	367	1636	34068.9		3605.4	175463.6	38107.3	38726.9
2010	657	283	370	1633	35373.5		4095.3	178691.7	40058.0	39758.4
2011	657	284	369	1627	35425.6		5476.8	183618.0	43603.2	41805.3
2012	657	285	368	1624	36989.7		5237.1	183039.4	45565.8	45750.7
2013	658	286	368	1613	37697.1		5621.1	183416.1	47855.3	47108.5
2014	653	288	361	1596	38576.5		5951.5	184098.6	49772.6	49982.7
2015	656	291	361	1568	39437.8		6561.5	191775.5	52102.3	51584.1

注：1.2005年及以前年份“城区人口”为“城市人口”，“城区面积”为“城市面积”。

2.2005年、2009年、2011年城市建设用地面积不含上海市。

Note:1.In 2005 and before, Urban Population is the population of the city proper, and Urban Area is the area of the city proper.

2.Urban usable land for construction purpose throughout the country does not include that in Shanghai in 2005 ,2009 and 2011.

1-1-3 全国历年城市维护建设资金收入

National Revenue of Urban Maintenance and Construction Fund in Past Years

计量单位：万元　　Measurement Unit:10,000 RMB

年份 Year	合计 Total	城市维护建设税 Urban Maintenance and Construction Tax	城市公用事业附加 Extra-Charges for Municipal Utilities	中央财政拨款 Financial Allocation From Central Government Budget	地方财政拨款 Financial Allocation From Local Government Budget	水资源费 Water Resource Fee	国内贷款 Domestic Loan	利用外资 Foreign Investment	企事业单位自筹资金 Self-Raised Funds by Enterprises and Institutions	其他收入 Other Revenues
1978										
1979										
1980	276174		92966	66212						116996
1981	345600		92186	65657						187757
1982	425957		97416	69381						259160
1983	408524		103142	81571						223811
1984	468835		118445	96120						254270
1985	1168293	331296	129744	143313	123963	14142			49362	376473
1986	1448311	406817	157889	138944	351961	16812	31716	744		343428
1987	1638197	442275	176337	152094	225498	22420	61601	748		557224
1988	1845193	525452	192643	104666	181053	24396	75829	6386		734768
1989	1835625	603583	198409	91529	170347	24873	44494	10078		692312
1990	2104896	650908	226186	109126	198421	27876	88429	24713		779237
1991	2661198	695681	270109	99919	277595	35324	229274	107127		946169
1992	3934788	779701	310916	134237	576569	42506	322596	73484		1694779
1993	5811904	980234	329620	269593	594615	48498	445658	138159		3005527
1994	6748008	1161193	413851	213565	599378	47060	413327	183295		3716339
1995	7743732	1409097	447388	213543	725758	51964	476654	254876		4164452
1996	8476420	1578088	555873	103699	862641	60509	956850	558688	1194722	2605348
1997	11103424	1906696	561217	139392	1154245	61203	1657405	1407194	1077986	3138088
1998	14333158	2153203	603965	649420	1581006	63724	3069622	738402	1769411	3704405
1999	16271209	2191985	631558	1052000	1714628	77828	3741979	494463	2374802	3991966
2000	19889324	2372908	541475	1150668	2081330	100590	4146988	847124	3332242	5315999
2001	25262680	2709430	488144	895818	3237790	111087	7416589	563167	4095561	5745094
2002	31561758	3160358	498761	759545	3927309	123825	8739016	610535	6007620	7734789
2003	42761892	3717417	556909	771320	5329302	159757	13318273	681057	7696801	10531056
2004	52575966	4462912	590251	526414	6657678	206883	14455465	741815	9002038	15932510
2005	54225147	5512933	554799	621597	7958871	249990	16698914	927141	9460261	12240641
2006	35406259	5667745	762171	566632	10748459	244522				17416730
2007	47617452	6170604	824251	348134	12137926	279545				27856992
2008	56164219	7442775	896248	756011	14247316	254199				32567671
2009	67276878	7719472	980433	1066464	22311926	247971				34950612
2010	85704996	9970340	1090649	1747961	16855095	295347				55845604
2011	117817189	13395522	1571916	1383183	19817577	750347				80898644
2012	119233467	14797543	1663517	2453300	27252469	413782				72652856
2013	143227465	17070039	1874070							
2014	138005449	17843612	1819986							
2015	160735509	19421884	2255346							

注：1.自2006年起，城市维护建设资金收入仅包含财政性资金，不含社会融资。地方财政拨款中包括省、市财政专项拨款和市级以下财政资金；其他收入中包括市政公用设施配套费、市政公用设施有偿使用费、土地出让转让金、资产置换收入及其他财政性资金。

2.2014年数据不含北京市。

Note:1.Since 2006, national revenue of urban maintenance and construction fund includes the fund fiscal budget, not including social funds. Local Financail Allocation include province and city special finacial allocation, and Other Revenues include fee for expansion of municipal utilites capacity, fee for use of municaipal utilities,land drainage facilities, water resource fee, property displacc fcc and so on.

2.The data of 2014 did not include those of Beijing Municipality.

1-1-4　全国历年城市维护建设资金支出

计量单位：万元

年份 Year	支出合计 Total	按用途分 By Purpose 维护支出 Maintenance Expenditure	固定资产投资支出 Expenditure from Investment in Fixed Assets	其他支出 Other Expenditures	供水 Water Supply	燃气 Gas Supply	集中供热 Central Heating
1978	163589		163589		38439		
1979	256895	142593	114302		49317		
1980	266451	152991	112370	1090	45258		
1981	325615	180778	144837		32932		
1982	369382	172902	183897	12583	50238		
1983	426986	214709	185511	26766	51642		
1984	462705	219226	243479		61886		
1985	1122714	375563	721943	25208	102424	86598	12157
1986	1343025	431595	816154	95276	139303	110697	17993
1987	1480706	479768	895695	105243	50997	99993	20339
1988	644695	303420	246835	94440	78875		
1989	737038	361213	249516	126309	99822		
1990	814901	406025	269992	138884	108132		
1991	2442190	446562	1800536	195092	265064	224584	
1992	3841602	1086759	2529896	224947	453996	261810	
1993	5573279	1550715	3757865	264699	613695	394564	
1994	6583051	1721457	4514337	347257	753151	376545	
1995	7578470	1092891	6056988	428591	839579	332546	
1996	8827009	2029361	6272955	524693	991630	405386	149145
1997	11229697	2149827	7832004	1247866	915220	477144	255485
1998	14374965	2354278	10927777	1092910	1250356	552624	406733
1999	16172386	2600945	12281137	1290304	1175347	485483	425240
2000	18960338	2699820	15400602	859916	1232155	620982	638120
2001	25372970	2367551	19207735	3797684	1530995	775355	789525
2002	31780253	3184473	24475402	4120378	1578903	844230	1137775
2003	42479605	3840924	32807384	5831298	1769459	1120184	1438295
2004	46617124	4662527	36924771	5029826	2013230	1237042	1538473
2005	52757240	5474379	40946915	6335946	2140834	1210925	1838492
2006	33494964	6950298	20005661	6888341	791690	344728	583932
2007	42473049	8689485	24649406	9134158	981690	409311	617348
2008	50083394	10432730	30612349	9279334	1074319	565441	1047382
2009	59270667	10982852	38125424	10187001	1175896	512700	1206084
2010	75080799	13443275	47144531	14389306	1751365	823824	1450987
2011	87390666	16790270	53139075	17461321			
2012	101981275	20228860	63505657	18246758			
2013	108047393						
2014	106589135						
2015	124386269						

注：1.1978年至1984年，1988年至1990年供水支出为公用事业支出；1978年至2000年道路桥梁支出为市政工程支出，包含道路、桥梁、排水等。

2.自2006年起，城市维护建设资金支出仅包含财政性资金，不含社会融资。

3."公共交通"中，2009年至2010年数据仅包括城市轨道交通建设投资支出。

4.2014年数据不含北京市。

National Expenditure of Urban Maintenance and Construction Fund in Past Years

Measurement Unit:10,000 RMB

按行业分 By Indurstry							
公共交通 Public Transportation	道路桥梁 Road and Bridge	排水 Sewerage	防洪 Flood Control	园林绿化 Landscaping	市容环境卫生 Environmental Sanitation	其他 Other	年份 Year
	48882			13904			1978
	67940			19337	26541		1979
	77891			24708	26093	1089	1980
	65032			23311	31751		1981
	114715			30304	41112	12585	1982
	121204			35445	44873	26766	1983
	150554			44421	52459	-6799	1984
56073	331930			85831	76250	25208	1985
43281	408526	86533		93234	107719	95276	1986
50997	481682	92141		98347	109356	105242	1987
	214471			61143	89510	94440	1988
	229082			66320	94189	126309	1989
	256539			73356	114880	138884	1990
69668	757003			186574	206776	195092	1991
106503	1198511			245334	283664	224947	1992
199547	2336633			311418	363825	264699	1993
139599	2929744			402105	440382	347257	1994
154127	3222256			523299	575786	428591	1995
201337	3590192	393753		532873	616247	524693	1996
285625	4664378	539945		675787	736913	1247866	1997
509899	6263259	881923		1035178	990036	1092909	1998
504331	7359954	985336		1315396	953377	1290304	1999
1434521	8188958	1291761		1779059	1526633	859916	2000
1901819	8640772	2181103	568835	1776331	932631	6275604	2001
2714424	11081731	2670957	1394590	918210	2628912	6810521	2002
2540364	17463295	3580353	1089181	3348090	1665167	8465217	2003
2405912	19862495	3361557	1494379	953154	3619398	10131484	2004
3467801	23719550	3555419	1786861	908127	4224763	9904468	2005
1511917	13154564	2215124	448841	2967691	1746169	9730308	2006
3394326	16951020	2972994	729391	3611468	2100669	10704832	2007
4012497	19769532	3709526	977739	4086639	2579521	12260798	2008
2259540	23061301	4923007	820261	4979200	2716274	17616404	2009
2530155	30396564	5808060	1604103	6908970	3666153	20140618	2010
							2011
							2012
							2013
							2014
							2015

Note: 1.Data in the water supply column from 1978 to 1984 and from 1988 to 1990 reder to expenditure of public utilities; Data in the bridge and road column reder to expenditure of municipal engineering construction projects,including roads, bridges and sewers.

2.From 2006, expenditure of Urban maintenance and construction fund includes the fund from fiscal buget, not including society fund.

3.In the section of "Public Transit", data from 2009 to 2010 only included investment in the construction of urban rail infrastructure.

4.The data of 2014 did not include those of Beijing Municipality.

1-1-5 按行业分全国历年城市市政公用设施建设固定资产投资

National Fixed Assets Investment in Urban Sevice Facilities by Industry in Past Years

计量单位：亿元 Measurement Unit：100 million RMB

年份 Year	本年固定资产投资总额 Completed Investment of This Year	供水 Water Supply	燃气 Gas Supply	集中供热 Central Heating	轨道交通 Rail Transit System	道路桥梁 Road and Bridge	排水 Sewerage	污水处理及其再生利用 Wastewater Treatment and reused	防洪 Flood Control	园林绿化 Landscaping	市容环境卫生 Environmental Sanitation	垃圾处理 Garbage Treatment	其他 Other
1978	12.0	4.7				2.9							4.4
1979	14.2	3.4	0.6		1.8	3.1	1.2		0.1	0.4	0.1		3.4
1980	14.4	6.7				7.0							0.7
1981	19.5	4.2	1.8		2.6	4.0	2.0		0.2	0.9	0.7		3.2
1982	27.2	5.6	2.0		3.1	5.4	2.8		0.3	1.1	0.9		5.9
1983	28.2	5.2	3.2		2.8	6.5	3.3		0.4	1.2	0.9		4.7
1984	41.7	6.3	4.8		4.7	12.2	4.3		0.5	2.0	0.9		5.9
1985	64.0	8.1	8.2		6.0	18.6	5.6		0.9	3.3	2.0		11.3
1986	80.1	14.3	12.5	1.6	5.6	20.5	6.0		1.6	3.4	2.8		11.9
1987	90.3	17.2	10.9	2.1	5.5	27.1	8.8		1.4	3.4	2.1		11.9
1988	113.2	23.1	11.2	2.8	6.0	35.6	10.0		1.6	3.4	2.6		16.9
1989	107.0	22.2	12.3	3.3	7.7	30.1	9.7		1.2	2.8	2.8		14.8
1990	121.2	24.8	19.4	4.5	9.1	31.3	9.6		1.3	2.9	2.9		15.4
1991	170.9	30.2	24.8	6.4	9.8	51.8	16.1		2.1	4.9	3.6		21.3
1992	283.2	47.7	25.9	11.0	14.9	90.6	20.9		2.9	7.2	6.5		55.6
1993	521.8	69.9	34.8	10.7	22.1	191.8	37.0		5.9	13.2	10.6		125.8
1994	666.0	90.3	32.5	13.4	25.1	279.8	38.3		8.0	18.2	10.9		149.7
1995	807.6	112.4	32.9	13.8	30.9	291.6	48.0		9.5	22.5	13.6		232.5
1996	948.6	126.1	48.3	15.7	38.8	354.2	66.8		9.1	27.5	12.5		249.7
1997	1142.7	128.3	76.0	25.1	43.2	432.4	90.1		15.5	45.1	20.9		266.1
1998	1477.6	161.0	82.0	37.3	86.1	616.2	154.5		35.8	78.4	36.7		189.6
1999	1590.8	146.7	72.1	53.6	103.1	660.1	142.0		43.0	107.1	37.1		226.0
2000	1890.7	142.4	70.9	67.8	155.7	737.7	149.3		41.9	143.2	84.3		297.5
2001	2351.9	169.4	75.5	82.0	194.9	856.4	224.5	116.4	70.5	163.2	50.6	23.5	466.6
2002	3123.2	170.9	88.4	121.4	293.8	1182.2	275.0	144.1	135.1	239.5	64.8	29.7	551.0
2003	4462.4	181.8	133.5	145.8	281.9	2041.4	375.2	198.8	124.5	321.9	96.0	35.3	760.4
2004	4762.2	225.1	148.3	173.4	328.5	2128.7	352.3	174.5	100.3	359.5	107.8	53.0	838.4
2005	5602.2	225.6	142.4	220.2	476.7	2543.2	368.0	191.4	120.0	411.3	147.8	56.7	947.0
2006	5765.1	205.1	155.0	223.6	604.0	2999.9	331.5	151.7	87.1	429.0	175.8	51.8	554.3
2007	6418.9	233.0	160.1	230.0	852.4	2989.0	410.0	212.2	141.4	525.6	141.8	53.0	735.6
2008	7368.2	295.4	163.5	269.7	1037.2	3584.1	496.0	264.7	119.6	649.8	222.0	50.6	530.8
2009	10641.5	368.8	182.2	368.7	1737.6	4950.6	729.8	418.6	148.6	914.9	316.5	84.6	923.9
2010	13363.9	426.8	290.8	433.2	1812.6	6695.7	901.6	521.4	194.4	1355.1	301.6	127.4	952.2
2011	13934.2	431.8	331.4	437.6	1937.1	7079.1	770.1	420.5	243.8	1546.2	384.1	199.2	773.1
2012	15296.4	410.4	414.5	630.3	2064.5	7402.5	704.5	279.4	249.2	1798.7	296.5	110.9	1325.5
2013	16350.0	524.7	425.6	596.0	2455.1	8355.6	778.9	353.7		1647.4	408.4	125.9	1158.0
2014	16245.0	475.3	416.0	575.4	3221.2	7643.9	900.0	404.2		1817.6	494.8	130.6	700.9
2015	16204.4	619.9	350.5	516.8	3707.1	7414.0	982.7	512.6		1594.7	398.0	157.0	620.7

注：1.2008年及以前年份，"轨道交通"投资为"公共交通"，2009年以后仅包含轨道交通建设投资。
2.自2013年开始，全国城市市政公用设施建设固定资产投资中不再包括城市防洪固定资产投资。

Note:1.For the year 2008 and before, there was data about investment in public transport.Starting from 2009, the data has only included investment in rail transport construction.
2.Starting from 2013, the national fixed assets investment in the construction of municipal public utilities facilities has not included the fixed assets investment in urban flood prevention.

1-1-6 按资金来源分全国历年城市市政公用设施建设固定资产投资
National Fixed Assets Investment in Urban Service Facilities by Capital Source in Past Years

计量单位：亿元　　　　Measurement Unit：100 million RMB

年份 Year	本年资金来源合计 Completed Investment of This Year	上年末结余资金 The Balance of The Previous Year	本年资金来源 Sources of Fund 小计 Subtotal	中央财政拨款 Financial Allocation From Central Government Budget	地方财政拨款 Financial Allocation From Local Government Budget	国内贷款 Domestic Loan	债券 Securities	利用外资 Foreign Investment	自筹资金 Self-Raised Funds	其他资金 Other Funds
1978	12.0		6.4	6.4						
1979	14.0									
1980	14.4		14.4	6.1		0.1			8.2	
1981	20.0		20.0	5.3		0.4		—	13.8	0.5
1982	27.2		27.2	8.6		1.0		—	16.5	1.1
1983	28.2		28.2	8.2		0.6			17.2	2.2
1984	41.7		41.7	11.8		2.1		—	25.5	2.3
1985	63.8		63.8	13.9		3.1		0.1	40.9	5.8
1986	79.8		79.8	13.2		3.1		0.1	57.4	6.0
1987	90.0		90.0	13.4		6.2		1.3	61.4	7.7
1988	112.6		112.6	10.2		7.1		1.6	78.0	15.7
1989	106.8		106.8	9.7		6.0		1.5	72.9	16.7
1990	121.2		121.2	7.4		11.0		2.2	82.2	18.4
1991	169.9		169.9	8.6		25.3		6.0	108.1	21.9
1992	265.4		265.4	9.9		42.9		10.3	180.4	38.9
1993	521.6		521.6	15.9		72.8		20.8	304.5	107.6
1994	665.5		665.5	27.9		58.3		64.2	397.1	118.0
1995	837.0		807.5	24.2		65.1		84.9	493.3	140.0
1996	939.1	68.0	871.1	34.8		122.2	4.9	105.6	486.1	117.5
1997	1105.6	49.0	1056.6	43.0		165.3	3.1	129.5	554.3	161.4
1998	1404.4	58.0	1346.4	100.2		284.8	40.3	110.1	600.4	210.6
1999	1534.2	81.0	1453.2	173.8		357.8	55.9	68.6	595.2	201.9
2000	1849.5	109.0	1740.5	222.0		428.6	29.0	76.7	682.7	301.5
2001	2351.9	109.0	2112.8	104.9	379.1	603.4	16.8	97.8	636.4	274.5
2002	3123.2	111.0	2705.9	96.3	516.9	743.8	7.3	109.6	866.3	365.7
2003	4264.1	120.7	4143.4	118.9	733.4	1435.4	17.4	90.0	1350.2	398.0
2004	4650.9	267.9	4383.0	63.0	938.4	1468.0	8.5	87.2	1372.9	445.0
2005	5505.5	229.0	5276.6	63.9	1050.6	1805.9	5.2	170.0	1728.0	453.0
2006	5800.6	365.4	5435.2	89.2	1339.0	1880.5	16.4	92.9	1638.1	379.2
2007	6283.5	369.5	5914.0	77.3	1925.7	1763.7	29.5	73.1	1635.7	409.0
2008	7277.4	386.9	6890.4	72.7	2143.9	2037.0	27.8	91.2	1980.1	537.6
2009	10938.1	460.4	10477.6	112.9	2705.1	4034.8	120.8	66.1	2487.1	950.7
2010	13351.7	659.3	12692.4	206.0	3523.6	4615.6	49.1	113.8	3058.9	1125.3
2011	14158.1	648.9	13509.1	166.3	4555.6	3992.8	111.6	100.3	3478.6	1103.9
2012	15264.2	595.4	14668.9	171.1	4446.6	4366.7	26.8	150.8	3740.5	1766.4
2013	16121.9	987.5	15134.3	147.5	3573.2	4218.0	41.5	62.2	4714.1	2377.7
2014	16054.0	954.0	15100.0	102.2	4135.2	4383.1	96.0	42.0	4294.7	2046.7
2015	16570.7	1295.0	15275.8	202.1	4406.4	3986.3	189.1	46.6	4258.0	2187.3

注：自2013年起，"本年资金来源合计"为"本年实际到位资金合计"。
Note:Since 2013, Completed Investment of This Year is changed to be The Total Funds Actually Available for The Reported Year.

1-1-7 全国历年城市供水情况
National Urban Water Supply in Past Years

年份 Year	综合生产能力(万立方米/日) Integrated Production Capacity (10,000 m³/day)	供水管道长度(公里) Length of Water Supply Pipelines (km)	供水总量(万立方米) Total Quantity of Water Supply (10,000 m³)	生活用量 Residential Use	用水人口(万人) Population with Access to Water Supply (10,000 persons)	人均日生活用水量(升) Daily Water Consumption Per Capita (liter)	用水普及率(%) Water Coverage Rate (%)
1978	2530.4	35984	787507	275854	6267.1	120.6	81.6
1979	2714.0	39406	832201	309206	6951.0	121.8	82.3
1980	2979.0	42859	883427	339130	7278.0	127.6	81.4
1981	3258.0	46966	969943	367823	7729.3	130.4	53.7
1982	3424.9	51513	1011319	391422	8102.2	132.4	56.7
1983	3539.0	56852	1065956	421968	8370.9	138.1	52.5
1984	3960.9	62892	1176474	465651	8900.7	143.3	49.5
1985	4019.7	67350	1280238	519493	9424.3	151.0	45.1
1986	10407.9	72557	2773921	706971	11757.9	161.9	51.3
1987	11363.6	77864	2984697	759702	12684.6	164.1	50.4
1988	12715.8	86231	3385847	873800	14049.9	170.4	47.6
1989	12821.1	92281	3936648	930619	14786.3	172.4	47.4
1990	14220.3	97183	3823425	1001021	15611.1	175.7	48.0
1991	14584.0	102299	4085073	1159929	16213.2	196.0	54.8
1992	16036.4	111780	4298437	1172919	17280.8	186.0	56.2
1993	16927.9	123007	4502341	1282543	18636.4	188.6	55.2
1994	18215.1	131052	4894620	1422453	20083.0	194.0	56.0
1995	19250.4	138701	4815653	1581451	22165.7	195.4	58.7
1996	19990.0	202613	4660652	1670673	21997.0	208.1	60.7
1997	20565.8	215587	4767788	1757157	22550.1	213.5	61.2
1998	20991.8	225361	4704732	1810355	23169.1	214.1	61.9
1999	21551.9	238001	4675076	1896225	23885.7	217.5	63.5
2000	21842.0	254561	4689838	1999960	24809.2	220.2	63.9
2001	22900.0	289338	4661194	2036492	25832.8	216.0	72.26
2002	23546.0	312605	4664574	2131919	27419.9	213.0	77.85
2003	23967.1	333289	4752548	2246665	29124.5	210.9	86.15
2004	24753.0	358410	4902755	2334625	30339.7	210.8	88.85
2005	24719.8	379332	5020601	2437374	32723.4	204.1	91.09
2006	26965.6	430426	5405246	2220459	32304.1	188.3	86.67(97.04)
2007	25708.4	447229	5019488	2263676	34766.5	178.4	93.83
2008	26604.1	480084	5000762	2274266	35086.7	178.2	94.73
2009	27046.8	510399	4967467	2334082	36214.2	176.6	96.12
2010	27601.5	539778	5078745	2371488	38156.7	171.4	96.68
2011	26668.7	573774	5134222	2476520	39691.3	170.9	97.04
2012	27177.3	591872	5230326	2572473	41026.5	171.8	97.16
2013	28373.4	646413	5373022	2676463	42261.4	173.5	97.56
2014	28673.3	676727	5466613	2756911	43476.3	173.7	97.64
2015	29678.3	710206	5604728	2872695	45112.6	174.5	98.07

注：1.1978年至1985年综合供水生产能力为系统内数；1978年至1995年供水管道长度为系统内数。
2.自2006年起，用水普及率指标按城区人口和城区暂住人口合计为分母计算，括号中的数据为往年同口径数据。

Note:1.Integrated production capacity from 1978 to 1985 is limited to the statistical figure in building secter; Length of water supply pipelines from 1978 to 1995 is limited to the statistical figure in building secter.
2.Since 2006,water coverage rate has been calculated based on denominator which combines both permanent and temporary residents in urban areas, and the datas of brackets are the same index but calculated by the method of past years.

1-1-8 全国历年城市节约用水情况
National Urban Water Conservation in Past Years

计量单位：万立方米 Measurement Unit：10,000 m^3

年份 Year	计划用水量 Planned Quantity of Water Use	新水取用量 Fresh Water Used	工业用水重复利用量 Quantity of Industrial Water Recycled	节约用水量 Water Saved
1991	1977024	1921307	1985326	211259
1992	2077092	1939390	2843918	205087
1993	2076928	2004922	3000109	218317
1994	2299596	2497236	3375652	276241
1995	2123215	1930610	3626086	235113
1996	6285246	2166806	3345351	235194
1997	2004412	1875974	4429175	260885
1998	2490390	2343370	3978967	278835
1999	2409254	2223035	3966355	287284
2000	2153979	2071731	3811945	353569
2001	2504134	2126401	3881683	377733
2002	2463717	2091365	4849164	372352
2003	2353286	2014528	4572711	338758
2004	2441914	2048488	4183937	393426
2005	2676425	2300332	5670096	376093
2006		2356268	5535492	415755
2007		2295192	6026048	454794
2008		2121034	6547258	659114
2009		2064014	6130645	628692
2010		2161262	6872928	407152
2011		1694727	6334101	406578
2012		1838306	7388185	400806
2013		1876372	6526517	382760
2014		1950107	6930588	405234
2015		1922051	7160130	403133

注：自2006年起，不统计计划用水量指标。
Note:From 2006, "Planned Quantity of Water Use" has not been counted.

1-1-9 全国历年城市燃气情况

National Urban Gas in Past Years

年份 Year	人工煤气 Man-Made Coal Gas				天然气 Natural Gas				液化石油气 LPG				燃气普及率 (%) Gas Coverage Rate (%)
	供气总量(万立方米) Total Gas Supplied (10,000 m³)	家庭用量 Domestic Consumption	用气人口(万人) Population with Access to Gas (10,000 persons)	管道长度(公里) Length of Gas Supply Pipeline (km)	供气总量(万立方米) Total Gas Supplied (10,000 m³)	家庭用量 Domestic Consumption	用气人口(万人) Population with Access to Gas (10,000 persons)	管道长度(公里) Length of Gas Supply Pipeline (km)	供气总量(吨) Total Gas Supplied (ton)	家庭用量 Domestic Consumption	用气人口(万人) Population with Access to Gas (10,000 persons)	管道长度(公里) Length of Gas Supply Pipeline (km)	
1978	172541	66593	450	4157	69078	4103	24	560	194533	175744	635		14.4
1979	182748	73557	500	4446	68489	9833	76	751	243576	218797	788		16.1
1980	195491	83281	561	4698	58937	4893	80	921	290460	269502	924		17.3
1981	199466	90326	594	4830	93970	8575	83	1059	330987	308028	995		11.6
1982	208819	94896	630	5258	90421	8938	93	1098	388596	342828	1076		12.6
1983	214009	89012	703	5967	49071	9443	91	1149	456192	414635	1159		12.3
1984	231351	96228	768	7353	168568	38258	135	1965	535289	424318	1435		13.0
1985	244754	107060	911	8255	162099	43268	281	2312	601803	540761	1534		13.0
1986	337745	139374	951	7990	435887	65262	492	2409	1011308	763590	2041		15.2
1987	686518	170887	1177	11650	501093	77719	634	5465	1049116	954534	2399		16.7
1988	667927	171376	1357	13028	573983	73305	748	6186	1730261	1136883	2764		16.5
1989	841297	204709	1498	14448	591169	91770	896	6849	1898003	1259349	3156		17.8
1990	1747065	274127	1674	16312	642289	115662	972	7316	2190334	1428058	3579		19.1
1991	1258088	311430	1867	18181	754616	154302	1072	8054	2423988	1694399	4084		23.7
1992	1495531	305325	2181	20931	628914	152013	1119	8487	2996699	2019620	4796		26.3
1993	1304130	345180	2490	23952	637207	139297	1180	8889	3150296	2316129	5770		27.9
1994	1262712	416453	2889	27716	752436	146938	1273	9566	3664948	2817702	6745		30.4
1995	1266894	456585	3253	33890	673354	163788	1349	10110	4886528	3701504	8355		34.3
1996	1348076	472904	3490	38486	637832	138018	1470	18752	5758374	3943604	8864	2762	38.2
1997	1268944	535412	3735	41475	663001	177121	1656	22203	5786023	4370979	9350	4086	40.0
1998	1675571	480734	3746	42725	688255	195778	1908	25429	7972947	5478535	9995	4458	41.8
1999	1320925	494001	3918	45856	800556	215006	2225	29510	7612684	4990363	10336	6116	43.8
2000	1523615	630937	3944	48384	821476	247580	2581	33655	10537147	5322828	11107	7419	45.4
2001	1369144	494191	4349	50114	995197	247543	3127	39556	9818313	5583497	13875	10809	60.42
2002	1989196	490258	4541	53383	1259334	350479	3686	47652	11363884	6561738	15431	12788	67.17
2003	2020883	583884	4792	57017	1416415	374986	4320	57845	11263475	7817094	16834	15349	76.74
2004	2137225	512026	4654	56419	1693364	454248	5628	71411	11267120	7041351	17559	20119	81.53
2005	2558343	458538	4369	51404	2104951	521389	7104	92043	12220141	7065214	18013	18662	82.08
2006	2964500	381518	4067	50524	2447742	573441	8319	121498	12636613	6936513	17100	17469	79.11 (88.58)
2007	3223512	373522	4022	48630	3086365	662198	10190	155271	14667692	7280415	18172	17202	87.40
2008	3558287	353162	3370	45172	3680393	779917	12167	184084	13291072	6292713	17632	28590	89.55
2009	3615507	307134	2971	40447	4050996	913386	14544	218778	13400303	6887600	16924	14236	91.41
2010	2799380	268764	2802	38877	4875808	1171596	17021	256429	12680054	6338523	16503	13374	92.04
2011	847256	238876	2676	37100	6787997	1301190	19028	298972	11658326	6329164	16094	12893	92.41
2012	769686	215069	2442	33538	7950377	1558311	21208	342752	11148032	6081312	15683	12651	93.15
2013	627989	167886	1943	30467	8882417	1726620	23783	388466	11097298	6130639	15102	13437	94.25
2014	559513	145773	1757	29043	9643783	1968878	25973	434571	10828490	5862125	14378	10986	94.57
2015	471378	108306	1322	21292	10407906	2080061	28561	498087	10392169	5871062	13955	9009	95.30

注：自2006年起，燃气普及率指标按城区人口和城区暂住人口合计为分母计算，括号中的数据为与往年同口径数据。

Note:Since 2006, gas coverage rate has been calculated based on denominator which combines both permanent and temporary residents in urban areas, and the datas in brackets are the same index but calculated by the method of past years.

1-1-10 全国历年城市集中供热情况
National Urban Centralized Heating in Past Years

年份 Year	供热能力 Heating Capacity		供热总量 Total Heat Supplied		管道长度(公里) Length of Pipelines (km)		集中供热面积(万平方米) Heated Area (10,000 m^2)
	蒸汽(吨/小时) Steam (ton/hour)	热水(兆瓦) Hot Water (mega watts)	蒸汽(万吉焦) Steam (10,000 gigajoules)	热水(万吉焦) Hot Water (10,000 gigajoules)	蒸汽 Steam	热水 Hot Water	
1981	754	440	641	183	79	280	1167
1982	883	718	627	241	37	491	1451
1983	965	987	650	332	67	586	1841
1984	1421	1222	996	454	71	761	2445
1985	1406	1360	896	521	76	954	2742
1986	9630	36103	3467	2704	183	1335	9907
1987	16258	27601	6669	3650	163	1576	15282
1988	18550	32746	5978	4848	209	2193	13883
1989	20177	25987	6782	4334	401	2678	19386
1990	20341	20128	7117	21658	157	3100	21263
1991	21495	29663	8195	21065	656	3952	27651
1992	25491	45386	9267	26670	362	4230	32832
1993	31079	48437	10633	29036	532	5161	44164
1994	34848	52466	10335	32056	670	6399	50992
1995	67601	117286	16414	75161	909	8456	64645
1996	62316	103960	17615	56307	9577	24012	73433
1997	65207	69539	20604	62661	7054	25446	80755
1998	66427	71720	17463	64684	6933	27375	86540
1999	70146	80591	22169	69771	7733	30506	96775
2000	74148	97417	23828	83321	7963	35819	110766
2001	72242	126249	37655	100192	9183	43926	146329
2002	83346	148579	57438	122728	10139	48601	155567
2003	92590	171472	59136	128950	11939	58028	188956
2004	98262	174442	69447	125194	12775	64263	216266
2005	106723	197976	71493	139542	14772	71338	252056
2006	95204	217699	67794	148011	14012	79943	265853
2007	94009	224660	66374	158641	14116	88870	300591
2008	94454	305695	69082	187467	16045	104551	348948
2009	93193	286106	63137	200051	14317	110490	379574
2010	105084	315717	66397	224716	15122	124051	435668
2011	85273	338742	51777	229245	13381	133957	473784
2012	86452	365278	51609	243818	12690	147390	518368
2013	84362	403542	53242	266462	12259	165877	571677
2014	84664	447068	55614	276546	12476	174708	611246
2015	80699	472556	49703	302110	11692	192721	672205

注：1981年至1995年热水供热能力计量单位为兆瓦/小时；1981年至2000年蒸汽供热总量计量单位为万吨。

Note:Heating capacity through hot water from 1981 to 1995 is measured with the unit of maga watts/hour; Heating capacity through steam from 1981 to 2000 is measured with the unit of 10,000 tons.

1-1-11 全国历年城市轨道交通情况
National Urban Rail Transit System in Past Years

年份 Year	建成轨道交通的城市个数(个) Number of Cities with Completed Rail Transport Lines (unit)	建成轨道交通线路长度(公里) The Length of Completed Rail Transport Lines (km)	正在建设轨道交通的城市个数(个) Number of Cities with Rail Transport Lines under Construction (unit)	正在建设轨道交通线路长度(公里) The Length of Rail Transport Lines under Construction (km)
1978	1	23		
1979	1	23		
1980	1	23		
1981	1	23		
1982	1	23		
1983	1	23		
1984	2	47		
1985	2	47		
1986	2	47		
1987	2	47		
1988	2	47		
1989	2	47		
1990	2	47		
1991	2	47		
1992	2	47		
1993	2	47		
1994	2	47		
1995	3	63		
1996	3	63		
1997	3	63		
1998	4	81		
1999	4	81		
2000	4	117		
2001	5	172		
2002	5	200		
2003	5	347		
2004	7	400		
2005	10	444		
2006	10	621		
2007	10	775		
2008	10	855		
2009	10	838.88	28	1991.36
2010	12	1428.87	28	1741.07
2011	12	1672.42	28	1891.29
2012	16	2005.53	29	2060.43
2013	16	2213.28	35	2760.38
2014	22	2714.79	36	3004.37
2015	24	3069.23	38	3994.15

注：1.2000年及以前年份，大连、鞍山、长春、哈尔滨的有轨电车没有统计在内。

2.截至2015年底，在国务院已批复轨道交通建设规划的39个城市中，除太原、呼和浩特、无锡、南通等4个城市外，已经全部开始建设或建成轨道交通线路。未含在39个城市名单中的昆山市、温州市、肇庆市等3个城市的上海地铁11号线北段昆山路段、温州市域铁路S1线、佛肇城际铁路城区内线路也按城市轨道交通统计在内。

Note:1.For the year 2000 and before, the streetcar systems in Dalian, Anshan, Changchun and Harbin City were not included when collecting data on the number of cities with completed rail transport lines and the length of lines.

2.By the end of 2015, construction of rail transit lines in 39 cities whose rail transit construction plans have been approved by the State Council except the cities of Taiyuan, Hohhot, Wuxi and Nantong has either started or completed. Data on the Kunshan Section of the north part of Line 11 of Shanghai Subway, Line S1 of Wenzhou City-wide Railway, and the intra-city part of the Foshan-Zhaoqing Inter-city Railway, respectively located in Kunshan, Wenzhou and Zhaoqing Which are not on the list of the 39 cities, are included in the urban rail transit statistics.

1-1-12 全国历年城市道路和桥梁情况
National Urban Road and Bridge in Past Years

年份 Year	道路长度 (公里) Length of Roads (km)	道路面积 (万平方米) Surface Area of Roads (10,000 m²)	防洪堤长度 (公里) Length of Flood Control Dikes (km)	人均城市道路面积 (平方米) Urban Road Surface Area Per Capita (m²)
1978	26966	22539	3443	2.93
1979	28391	24069	3670	2.85
1980	29485	25255	4342	2.82
1981	30277	26022	4446	1.81
1982	31934	27976	5201	1.96
1983	33934	29962	5577	1.88
1984	36410	33019	6170	1.84
1985	38282	35872	5998	1.72
1986	71886	69856	9952	3.05
1987	78453	77885	10732	3.10
1988	88634	91355	12894	3.10
1989	96078	100591	14506	3.22
1990	94820	101721	15500	3.13
1991	88791	99135	13892	3.35
1992	96689	110526	16015	3.59
1993	104897	124866	16729	3.70
1994	111058	137602	16575	3.84
1995	130308	164886	18885	4.36
1996	132583	179871	18475	4.96
1997	138610	192165	18880	5.22
1998	145163	206136	19550	5.51
1999	152385	222158	19842	5.91
2000	159617	237849	20981	6.13
2001	176016	249431	23798	6.98
2002	191399	277179	25503	7.87
2003	208052	315645	29426	9.34
2004	222964	352955	29515	10.34
2005	247015	392166	41269	10.92
2006	241351	411449	38820	11.04(12.36)
2007	246172	423662	32274	11.43
2008	259740	452433	33147	12.21
2009	269141	481947	34698	12.79
2010	294443	521322	36153	13.21
2011	308897	562523	35051	13.75
2012	327081	607449	33926	14.39
2013	336304	644155		14.87
2014	352333	683028		15.34
2015	364978	717675		15.60

注：1.自2006年起，人均城市道路面积按城区人口和城区暂住人口合计为分母计算，括号内为与往年同口径数据。
2.自2013年开始，不再统计防洪堤长度。

Note:1.Since 2006, urban road surface per capita has been calculated based on denominator which combines both permanent and temporary residents in urban areas, and the data in brackets are the same index calculated by the method of past years.
2.Starting from 2013, the data on the length of flood prevention dyke has been unavailable.

1-1-13 全国历年城市排水和污水处理情况
National Urban Drainage and Wastewater Treatment in Past Years

年份 Year	排水管道长度 (公里) Length of Drainage Pipelines (km)	污水年排放量 (万立方米) Annual Quantity of Wastewater Discharged (10,000 m^3)	污水处理厂 Wastewater Treatment Plant		污水年处理量 (万立方米) Annual Treatment Capacity (10,000 m^3)	污水处理率 (%) Wastewater Treatment Rate (%)
			座数 (座) Number (unit)	处理能力 (万立方米/日) Treatment Capacity (10,000 m^3/day)		
1978	19556	1494493	37	64		
1979	20432	1633266	36	66		
1980	21860	1950925	35	70		
1981	23183	1826460	39	85		
1982	24638	1852740	39	76		
1983	26448	2097290	39	90		
1984	28775	2253145	43	146		
1985	31556	2318480	51	154		
1986	42549	963965	64	177		
1987	47107	2490249	73	198		
1988	50678	2614897	69	197		
1989	54510	2611283	72	230		
1990	57787	2938980	80	277		
1991	61601	2997034	87	317	445355	14.86
1992	67672	3017731	100	366	521623	17.29
1993	75207	3113420	108	449	623163	20.02
1994	83647	3030082	139	540	518013	17.10
1995	110293	3502553	141	714	689686	19.69
1996	112812	3528472	309	1153	833446	23.62
1997	119739	3514011	307	1292	907928	25.84
1998	125943	3562912	398	1583	1053342	29.56
1999	134486	3556821	402	1767	1135532	31.93
2000	141758	3317957	427	2158	1135608	34.25
2001	158128	3285850	452	3106	1196960	36.43
2002	173042	3375959	537	3578	1349377	39.97
2003	198645	3491616	612	4254	1479932	42.39
2004	218881	3564601	708	4912	1627966	45.67
2005	241056	3595162	792	5725	1867615	51.95
2006	261379	3625281	815	6366	2026224	55.67
2007	291933	3610118	883	7146	2269847	62.87
2008	315220	3648782	1018	8106	2560041	70.16
2009	343892	3712129	1214	9052	2793457	75.25
2010	369553	3786983	1444	10436	3117032	82.31
2011	414074	4037022	1588	11303	3376104	83.63
2012	439080	4167602	1670	11733	3437868	87.30
2013	464878	4274525	1736	12454	3818948	89.34
2014	511179	4453428	1807	13087	4016198	90.18
2015	539567	4666210	1944	14038	4288251	91.90

注：1978年至1995年污水处理厂座数及处理能力均为系统内数。

Note:Number of wastewater treatment plants and treatment capacity from 1978 to 1995 are limited to the statistical figure in the building sector.

1-1-14 全国历年城市园林绿化情况
National Urban Landscaping in Past Years

计量单位：公顷 Measurement Unit:Hectare

年份 Year	建成区绿化覆盖面积 Built District Green Coverage Area	建成区绿地面积 Built District Area of Green Space	公园绿地面积 Area of Public Recreational Green Space	公园面积 Park Area	人均公园绿地面积(平方米) Public Recreational Green Space Per Capita (m^2)	建成区绿化覆盖率(%) Green Coverage Rate of Built District (%)	建成区绿地率(%) Green Space Rate of Built District (%)
1981		110037	21637	14739	1.50		
1982		121433	23619	15769	1.65		
1983		135304	27188	18373	1.71		
1984		146625	29037	20455	1.62		
1985		159291	32766	21896	1.57		
1986		153235	42255	30740	1.84	16.9	
1987		161444	47752	32001	1.90	17.1	
1988		180144	52047	36260	1.76	17.0	
1989		196256	52604	38313	1.69	17.8	
1990	246829		57863	39084	1.78	19.2	
1991	282280		61233	41532	2.07	20.1	
1992	313284		65512	45741	2.13	21.0	
1993	354127		73052	48621	2.16	21.3	
1994	396595		82060	55468	2.29	22.1	
1995	461319		93985	72857	2.49	23.9	
1996	493915	385056	99945	68055	2.76	24.43	19.05
1997	530877	427766	107800	68933	2.93	25.53	20.57
1998	567837	466197	120326	73198	3.22	26.56	21.81
1999	593698	495696	131930	77137	3.51	27.58	23.03
2000	631767	531088	143146	82090	3.69	28.15	23.67
2001	681914	582952	163023	90621	4.56	28.38	24.26
2002	772749	670131	188826	100037	5.36	29.75	25.80
2003	881675	771730	219514	113462	6.49	31.15	27.26
2004	962517	842865	252286	133846	7.39	31.66	27.72
2005	1058381	927064	283263	157713	7.89	32.54	28.51
2006	1181762	1040823	309544	208056	8.3(9.3)	35.11	30.92
2007	1251573	1110330	332654	202244	8.98	35.29	31.30
2008	1356467	1208448	359468	218260	9.71	37.37	33.29
2009	1494486	1338133	401584	235825	10.66	38.22	34.17
2010	1612458	1443663	441276	258177	11.18	38.62	34.47
2011	1718924	1545985	482620	285751	11.80	39.22	35.27
2012	1812488	1635240	517815	306245	12.26	39.59	35.72
2013	1907490	1719361	547356	329842	12.64	39.86	35.93
2014	2017348	1819960	582392	367926	13.08	40.22	36.29
2015	2105136	1907862	614090	383805	13.35	40.12	36.36

注：1.自2006年起，“公共绿地”统计为“公园绿地”。
2.自2006年起，“人均公共绿地面积”统计为以城区人口和城区暂住人口合计为分母计算的“人均公园绿地面积”，括号内数据约为与往年同口径数据。

Note: 1.Since 2006,Public Green Space is changed to Public Recreatinal Green Space.
2.Since 2006,Public Recreational Green Space Per Capita has been calculated based on denominator which combines both permanent and temporary resiclents in urban areas, and the datas in brackets are the same index but calculated by the method of past years.

1-1-15 全国历年城市市容环境卫生情况

年份 Year	生活垃圾 Domestic Garbage			
	清运量 (万吨) Quantity of Collected and Transported (10,000 ton)	无害化处理场(厂)座数 (座) Number of Harmless Treatment Plants/ Grounds (unit)	无害化处理能力 (吨／日) Harmless Treatment Capacity (ton/day)	无害化处理量 (万吨) Quantity of Harmlessly Treated (10,000 ton)
1979	2508	12	1937	
1980	3132	17	2107	215
1981	2606	30	3260	162
1982	3125	27	2847	190
1983	3452	28	3247	243
1984	3757	24	1578	188
1985	4477	14	2071	232
1986	5009	23	2396	70
1987	5398	23	2426	54
1988	5751	29	3254	75
1989	6292	37	4378	111
1990	6767	66	7010	212
1991	7636	169	29731	1239
1992	8262	371	71502	2829
1993	8791	499	124508	3945
1994	9952	609	130832	4782
1995	10671	932	183732	6014
1996	10825	574	155826	5568
1997	10982	635	180081	6292
1998	11302	655	201281	6783
1999	11415	696	237393	7232
2000	11819	660	210175	7255
2001	13470	741	224736	7840
2002	13650	651	215511	7404
2003	14857	575	219607	7545
2004	15509	559	238519	8089
2005	15577	471	256312	8051
2006	14841	419	258048	7873
2007	15215	458	279309	9438
2008	15438	509	315153	10307
2009	15734	567	356130	11220
2010	15805	628	387607	12318
2011	16395	677	409119	13090
2012	17081	701	446268	14490
2013	17239	765	492300	15394
2014	17860	818	533455	16394
2015	19142	890	576894	18013

注：1980年至1995年垃圾无害化处理厂,垃圾无害化处理量为垃圾加粪便。
2.自2006年起，生活垃圾填埋场的统计采用新的认定标准，生活垃圾无害化处理数据与往年不可比。

National Urban Environmental Sanitation in Past Years

粪便清运量 (万吨) Volume of Soil Collected and Transported (10,000 ton)	公厕数量 (座) Number of Latrine (unit)	市容环卫专用车辆设备总数 (台) Number of Vehicles and Equipment Designated for Municipal Environmental Sanitation (unit)	每万人拥有公厕 (座) Number of Latrine per 10,000 Population (unit)	年份 Year
2156	54180	5316		1979
1643	61927	6792		1980
1547	54280	7917	3.77	1981
1689	56929	9570	3.99	1982
1641	62904	10836	3.95	1983
1538	64178	11633	3.57	1984
1748	68631	13103	3.28	1985
2710	82746	19832	3.61	1986
2422	88949	21418	3.54	1987
2353	92823	22793	3.14	1988
2603	96536	25076	3.09	1989
2385	96677	25658	2.97	1990
2764	99972	27854	3.38	1991
3002	95136	30026	3.09	1992
3168	97653	32835	2.89	1993
3395	96234	34398	2.69	1994
3066	113461	39218	3.00	1995
2931	109570	40256	3.02	1996
2845	108812	41538	2.95	1997
2915	107947	42975	2.89	1998
2844	107064	44238	2.85	1999
2829	106471	44846	2.74	2000
2990	107656	50467	3.01	2001
3160	110836	52752	3.15	2002
3475	107949	56068	3.18	2003
3576	109629	60238	3.21	2004
3805	114917	64205	3.20	2005
2131	107331	66020	2.88(3.22)	2006
2506	112604	71609	3.04	2007
2331	115306	76400	3.12	2008
2141	118525	83756	3.15	2009
1951	119327	90414	3.02	2010
1963	120459	100340	2.95	2011
1812	121941	112157	2.89	2012
1682	122541	126552	2.83	2013
1552	124410	141431	2.79	2014
1437	126344	165725	2.75	2015

Note: 1.Quantity of garbage disposed harmlessly from 1980 to 1995 consists of quantity of garbage and soil.
2.Since 2006, treatment of domestic garbage through sanitary landfill has adopted new certification standard,so the datas of harmless treatmented garbage are not compared with the past years.

1-2-1 全国城市市政公用设施水平(2015年)

地区名称 Name of Regions		人口密度 (人/平方公里) Population Density (person/ square kilometer)	人均日生活用水量 (升) Daily Water Consumption Per Capita (liter)	用水普及率 (%) Water Coverage Rate (%)	燃气普及率 (%) Gas Coverage Rate (%)	建成区供水管道密度 (公里/平方公里) Density of Water Supply Pipelines in Built District (kilometer/ square kilometer)	人均道路面积 (平方米) Road Surface Area Per Capita (m^2)
全　国	**National Total**	**2399**	**174.46**	**98.07**	**95.30**	**13.63**	**15.60**
北　京	Beijing	1541	183.81	100.00	100.00	19.72	7.62
天　津	Tianjin	3492	119.58	100.00	100.00	18.77	16.02
河　北	Hebei	2646	119.13	99.56	98.81	8.46	18.65
山　西	Shanxi	3920	112.44	98.85	97.31	9.54	13.52
内蒙古	Inner Mongolia	1629	106.71	98.47	94.09	7.52	22.61
辽　宁	Liaoning	1590	135.50	98.84	94.76	15.54	13.43
吉　林	Jilin	3193	122.27	93.64	92.46	8.69	14.52
黑龙江	Heilongjiang	5504	116.34	97.20	86.61	8.10	13.14
上　海	Shanghai	3809	190.19	100.00	100.00	36.43	4.27
江　苏	Jiangsu	2034	210.66	99.83	99.56	18.76	24.42
浙　江	Zhejiang	1914	196.18	99.95	99.91	21.79	18.12
安　徽	Anhui	2458	168.90	98.79	97.55	12.38	20.82
福　建	Fujian	2704	176.93	99.55	98.56	11.31	13.80
江　西	Jiangxi	4822	171.28	97.55	94.83	12.06	16.60
山　东	Shandong	1452	138.47	99.95	99.37	10.61	25.82
河　南	Henan	5155	111.07	93.10	86.02	8.52	12.06
湖　北	Hubei	2430	205.32	98.83	94.49	13.92	16.15
湖　南	Hunan	3261	207.79	97.30	92.28	13.60	14.27
广　东	Guangdong	3060	248.95	98.46	97.60	17.74	13.60
广　西	Guangxi	1823	255.65	97.50	94.46	13.30	16.28
海　南	Hainan	2045	263.78	98.64	97.77	12.28	17.37
重　庆	Chongqing	1904	151.97	96.87	95.34	11.32	12.05
四　川	Sichuan	1902	204.13	93.05	92.46	13.17	13.63
贵　州	Guizhou	2396	163.78	95.43	84.06	12.38	11.22
云　南	Yunnan	2943	132.77	97.33	76.79	9.98	14.23
西　藏	Tibet	1750	403.62	88.06	79.98	9.66	24.98
陕　西	Shaanxi	4031	155.71	97.12	94.73	7.52	15.67
甘　肃	Gansu	4049	132.00	97.28	85.77	6.74	15.18
青　海	Qinghai	2692	168.76	99.06	85.96	12.64	10.63
宁　夏	Ningxia	1336	171.67	96.40	87.26	5.18	22.52
新　疆	Xinjiang	2557	170.55	98.81	97.63	7.87	17.69

注：本表中北京市的建成区绿化覆盖率和建成区绿地率均为该市调查面积内数据，全国城市建成区绿化覆盖率和建成区绿地率作适当修正。

National Level of National Urban Service Facilities(2015)

建成区排水管道密度(公里/平方公里) Density of Sewers in Built District (kilometer/ square kilometer)	污水处理率 (%) Wastewater Treatment Rate (%)	污水处理厂集中处理率 Centralized Treatment Rate of Wastewater Treatment Plants	人均公园绿地面积 (平方米) Public Recreational Green Space Per Capita (m^2)	建成区绿化覆盖率 (%) Green Coverage Rate of Built District (%)	建成区绿地率 (%) Green Space Rate of Built District (%)	生活垃圾处理率 (%) Domestic Garbage Treatment Rate (%)	生活垃圾无害化处理率 Domestic Garbage Harmless Treatment Rate	地区名称 Name of Regions
10.36	**91.90**	**87.97**	**13.35**	**40.12**	**36.36**	**97.95**	**94.10**	**全国**
11.08	88.41	85.92	16.00	48.40	45.79	99.80	78.75	北京
22.07	91.54	90.70	10.13	36.38	32.08	92.74	92.74	天津
8.72	95.34	93.89	14.18	41.15	37.51	97.56	96.01	河北
7.00	89.20	88.34	11.61	40.13	35.69	97.17	97.17	山西
10.24	93.14	93.14	19.28	39.18	36.23	97.95	97.72	内蒙古
6.94	93.08	90.50	11.52	40.26	37.58	97.84	95.23	辽宁
7.38	90.38	89.71	12.51	36.06	32.66	98.33	84.70	吉林
5.84	84.41	68.73	11.98	35.82	32.68	87.61	78.24	黑龙江
16.94	92.85	92.21	7.62	38.50	34.00	100.00	100.00	上海
16.72	93.92	80.37	14.55	42.83	39.47	100.00	100.00	江苏
14.75	91.95	88.60	13.19	40.58	36.68	100.00	99.22	浙江
12.67	96.68	91.80	13.37	41.16	37.16	99.55	99.55	安徽
9.44	89.47	87.45	12.98	42.97	39.32	99.19	99.19	福建
9.25	87.74	86.63	13.96	44.09	41.09	99.94	94.46	江西
11.32	95.77	95.67	17.36	42.25	38.43	100.00	100.00	山东
8.18	93.57	93.11	10.16	37.69	33.29	95.99	95.99	河南
10.49	93.41	90.12	11.01	37.47	32.83	98.33	91.51	湖北
8.39	92.74	86.22	9.99	39.69	35.67	99.80	99.80	湖南
9.51	93.65	93.25	17.40	41.43	37.32	97.63	91.56	广东
8.30	90.02	67.75	11.60	37.60	32.88	98.65	98.65	广西
11.23	74.24	74.24	12.96	37.70	33.63	99.84	99.84	海南
9.75	94.78	93.50	16.99	40.30	37.38	99.03	98.60	重庆
9.86	88.52	82.46	11.96	38.65	34.56	97.28	96.79	四川
7.47	95.17	95.17	12.94	35.88	33.26	93.81	93.81	贵州
10.83	91.03	89.50	10.57	37.27	33.59	97.38	90.03	云南
9.84	19.07	19.07	11.65	42.61	35.98	12.66		西藏
7.48	91.55	91.52	12.57	40.57	34.38	98.02	98.02	陕西
6.66	89.62	80.04	12.23	30.20	27.18	99.36	64.24	甘肃
8.59	59.98	59.98	10.48	29.79	28.22	96.19	87.18	青海
3.53	93.05	80.85	18.11	37.88	36.34	89.92	89.92	宁夏
5.52	83.39	82.05	11.50	37.47	34.09	95.92	80.88	新疆

Note:All of the green coverage rate and green space rate for the built-up areas of Beijing Municipality in the Table refer to the data for the areas surveyed in the city. The green coverage rate and green space rate for the nationwide urban built-up areas have been revised appropriately.

1-2-2 全国城市人口和建设用地(2015年)

面积计量单位：平方公里

人口计量单位：万人

地区名称 Name of Regions	市区面积 Urban District Area	市区人口 Urban District Population	市区暂住人口 Urban District Temporary Population	城区面积 Urban Area	城区人口 Urban Population	城区暂住人口 Urban Temporary Population	建成区面积 Area of Built District	小 计 Subtotal
全 国 National Total	**2076198**	**73283.6**	**10050.4**	**191775.54**	**39437.84**	**6561.52**	**52102.31**	**51584.10**
北 京 Beijing	16410	2170.5		12187.00	1877.70		1401.01	1454.69
天 津 Tianjin	10171	941.2	297.4	2506.11	676.84	198.40	885.43	870.18
河 北 Hebei	36476	3097.8	217.1	6398.70	1575.07	118.08	1944.42	1816.10
山 西 Shanxi	28748	1644.7	152.5	2837.08	1017.56	94.57	1123.46	1079.30
内 蒙 古 Inner Mongolia	147096	980.0	212.2	5372.72	687.75	187.71	1225.21	1164.76
辽 宁 Liaoning	65707	3033.1	198.6	14316.30	2109.28	167.70	2461.95	2405.24
吉 林 Jilin	106564	1983.0	141.7	3668.37	1058.08	113.29	1399.07	1330.14
黑 龙 江 Heilongjiang	185864	2226.4	128.6	2578.26	1310.58	108.38	1772.24	1788.87
上 海 Shanghai	6341	2415.3		6340.50	2415.27		998.75	2915.56
江 苏 Jiangsu	65667	5578.2	857.1	15110.50	2745.30	328.56	4189.17	4207.60
浙 江 Zhejiang	54391	3365.9	1325.4	11326.51	1547.58	620.46	2590.74	2469.74
安 徽 Anhui	38397	2441.7	374.9	6059.40	1172.58	316.64	1926.36	1920.12
福 建 Fujian	46371	2082.2	689.7	4368.15	869.77	311.46	1413.54	1346.58
江 西 Jiangxi	36038	1851.2	146.8	2178.89	945.00	105.64	1295.65	1231.02
山 东 Shandong	87185	5701.3	477.6	21567.91	2880.07	250.60	4609.32	4407.70
河 南 Henan	45201	4151.7	511.1	4810.01	2038.81	440.87	2503.08	2363.14
湖 北 Hubei	87043	4040.4	361.1	8114.59	1719.90	252.17	2197.00	2045.85
湖 南 Hunan	48803	2628.8	172.7	4582.33	1362.09	132.43	1572.52	1483.37
广 东 Guangdong	94462	7799.8	1943.7	16825.74	3758.88	1390.12	5633.19	4958.73
广 西 Guangxi	62623	2140.4	217.1	5728.04	848.35	195.83	1275.16	1229.79
海 南 Hainan	17397	597.8	93.8	1427.88	212.48	79.47	337.81	398.70
重 庆 Chongqing	34519	2137.0	367.6	7026.55	1032.63	305.32	1329.45	1115.93
四 川 Sichuan	79353	3691.2	393.5	10777.66	1797.09	252.66	2281.64	2226.67
贵 州 Guizhou	25446	1071.7	151.5	2679.97	529.39	112.65	789.06	702.18
云 南 Yunnan	76086	1502.2	126.3	3029.44	798.76	92.91	1060.14	975.18
西 藏 Tibet	27517	55.8	39.6	432.60	40.45	35.26	144.52	143.36
陕 西 Shaanxi	32831	1612.8	80.2	2311.70	883.04	48.84	1073.36	1037.89
甘 肃 Gansu	87361	886.6	145.5	1569.92	521.79	113.87	834.39	771.42
青 海 Qinghai	166368	222.1	21.8	688.15	166.86	18.39	194.26	173.10
宁 夏 Ningxia	22931	340.2	55.3	2119.18	235.47	47.68	455.05	384.45
新 疆 Xinjiang	236832	892.8	149.9	2835.38	603.42	121.56	1185.36	1166.74

National Urban Population and Construction Land (2015)

Area Measurement Unit: Square Kilometer

Population Measurement Unit:10,000persons

城市建设用地面积 Area of Urban Construction Land								本年征用土地面积 Area of Land Requisition This Year	耕地 Arable Land	地区名称 Name of Regions
居住用地 Residential	公共管理与公共服务用地 Administration and Public Services	商业服务业设施用地 Commercial and Business Facilities	工业用地 Industrial, Manufacturing	物流仓储用地 Logistics and Warehouse	道路交通设施用地 Road, Street and Transportation	公用设施用地 Municipal Utilities	绿地与广场用地 Green Space and Square			
16282.49	**4848.13**	**3637.65**	**10298.65**	**1585.82**	**7452.98**	**1897.50**	**5580.88**	**1548.53**	**707.86**	**全国**
417.17	173.45	133.45	263.55	51.64	269.06	32.05	114.32	8.73	2.43	北京
222.34	64.93	47.12	208.89	62.76	154.03	23.35	86.76	22.95	10.82	天津
628.93	172.92	123.24	279.52	60.00	251.32	88.81	211.36	38.54	16.64	河北
339.09	127.45	70.60	176.59	39.35	138.93	81.69	105.60	24.84	15.15	山西
341.14	103.96	92.32	164.37	38.11	235.01	38.93	150.92	19.57	11.55	内蒙古
814.59	176.47	181.06	565.04	67.71	286.46	69.69	244.22	67.87	41.21	辽宁
486.51	101.46	87.38	260.58	41.97	190.38	53.78	108.08	34.37	25.41	吉林
634.56	167.00	86.53	350.60	74.18	261.40	62.18	152.42	14.66	6.76	黑龙江
1058.89	161.73	137.54	733.11	85.54	418.86	130.28	189.61	24.52	12.43	上海
1269.08	357.07	334.47	973.83	115.36	562.84	124.99	469.96	141.26	70.49	江苏
700.45	212.12	212.59	562.29	61.83	354.37	94.11	271.98	99.58	52.81	浙江
609.43	145.71	170.81	349.00	56.18	299.02	58.86	231.11	114.14	64.32	安徽
456.66	138.03	96.83	247.46	34.34	188.15	53.79	131.32	100.22	25.23	福建
373.26	114.53	109.47	220.45	28.33	191.46	44.62	148.90	53.07	28.98	江西
1308.03	458.04	291.22	1044.10	136.93	537.44	148.81	483.13	86.39	39.09	山东
699.13	272.03	128.02	370.70	79.78	372.29	97.05	344.14	46.85	24.71	河南
637.25	202.68	131.96	443.59	64.84	303.48	80.79	181.26	83.99	41.33	湖北
513.48	182.07	94.47	198.07	45.66	183.84	82.63	183.15	52.63	11.64	湖南
1535.05	412.16	346.89	1298.28	126.66	680.25	141.00	418.44	138.68	44.92	广东
374.68	132.17	68.14	199.84	45.95	220.76	51.44	136.81	74.77	28.12	广西
115.17	89.32	44.93	25.63	6.25	72.64	13.80	30.96	7.84	1.11	海南
350.77	98.38	70.07	235.96	25.88	192.59	31.10	111.18	85.36	41.39	重庆
719.08	218.81	163.36	410.56	47.07	334.59	70.79	262.41	49.45	23.19	四川
222.23	69.76	54.28	122.19	21.12	101.60	21.22	89.78	21.05	10.73	贵州
353.51	104.95	83.56	106.74	30.59	126.22	31.92	137.69	18.82	9.31	云南
39.82	32.76	20.36	13.45	4.64	17.31	6.16	8.86	5.05	2.50	西藏
246.20	106.62	82.66	129.50	23.97	172.47	37.64	238.83	31.11	11.21	陕西
209.50	78.43	55.06	122.61	28.05	111.26	40.23	126.28	31.90	21.73	甘肃
75.69	14.51	8.85	13.14	19.12	16.98	6.37	18.44	6.68	0.20	青海
126.65	50.55	17.95	38.56	13.45	65.04	14.17	58.08	5.95	4.77	宁夏
404.15	108.06	92.46	170.45	48.56	142.93	65.25	134.88	37.69	7.68	新疆

1-2-3 全国城市维护建设资金(财政性资金)收支(2015年)

计量单位：万元

地区名称 Name of Regions	城市市政公用设施建设维护管理财政性资金收入 Revenue of urban Construction, Maintenance and Management of Municipal Public Utilities Facilities Fund							
	合计 Completed of Revenue	中央预算资金 Central Budgetary Fund	省级预算资金 Provincial Budgetary Fund	市级预算资金				
				小计 Subtotal	城市维护建设税 Urban Maintenance and Construction Tax	城市公用事业附加 Extra-Charges for Municipal Utilities	城市基础设施配套费 Fees for Supporting Urban Infrastructure	国有土地使用权出让收入 Income Generated from The Transfer of Stateowned Landuse Right
全　国 National Total	**160735509**	**3132417**	**4616060**	**143334561**	**19421884**	**2255346**	**9748759**	**87057559**
北　京 Beijing	21002851			21002851	2043646	206880	449609	18150065
天　津 Tianjin	2206103	23149	22660	1785910	333232		278175	885176
河　北 Hebei	3936578	45009	141391	3722808	618111	98247	155031	2016625
山　西 Shanxi	2431823	3882	3871	2392594	244651	23348	116169	1328324
内蒙古 Inner Mongolia	2081355	25227	28302	1656721	187652	17408	209517	269104
辽　宁 Liaoning	4726607	131978	62948	4467913	947238	151024	242901	1965787
吉　林 Jilin	1685380	71842	90587	1507279	478579	18077	214119	684808
黑龙江 Heilongjiang	1530215	113193	71628	1188769	411685	18362	88176	336753
上　海 Shanghai	3657873	19965		3635320		277074	8975	535293
江　苏 Jiangsu	17545425	113644	126915	16586837	2453305	208348	837679	10068527
浙　江 Zhejiang	8761243	105714	96875	7253546	885450	72718	172460	4246882
安　徽 Anhui	7915597	86829	38285	7618674	674800	59538	351825	5633122
福　建 Fujian	6735656	14162	24014	6676159	707889	61776	114199	5417085
江　西 Jiangxi	4875877	632936	213934	3947949	228932	20433	745803	2304128
山　东 Shandong	10534867	54450	30536	10018059	1376123	190486	1395285	5924841
河　南 Henan	2553620	56126	2724	2191903	450329	86965	441133	729258
湖　北 Hubei	5886705	49680	42559	5186024	710345	87202	183380	2926831
湖　南 Hunan	3468328	125882	38062	3198448	864522	50655	415681	1481133
广　东 Guangdong	14880108	9046	20203	14421122	2518498	325310	858982	9386411
广　西 Guangxi	5248781	127605	75843	4814512	319638	55827	123091	3703726
海　南 Hainan	1295332	7358	37838	1201997	133461	3753	170254	514515
重　庆 Chongqing	5384683	41849	1880642	3418231	371117	41363	590993	1841547
四　川 Sichuan	7613624	47504	637464	4528310	832864	53283	471417	1745719
贵　州 Guizhou	1967186	237269	94371	1630310	303641	13723	39935	650468
云　南 Yunnan	2137330	306249	237901	1557494	290618	2706	207561	805541
西　藏 Tibet	608748	322401	174452	111257	20024	80	8998	17700
陕　西 Shaanxi	5893677	120008	129151	4110144	374949	21448	538953	1720028
甘　肃 Gansu	570054	74072	74325	392334	71681	2009	85797	145129
青　海 Qinghai	664297	78834	194629	389234	137503	62160	6170	117513
宁　夏 Ningxia	551251	2929	15359	519570	51224	8855	21665	128931
新　疆 Xinjiang	2384335	83625	8591	2202282	380177	16288	204826	1376589

National Revenue and Expenditure of Urban Maintenance and Construction Fund (Fiscal Budget)(2015)

Measurement Unit: 10,000 RMB

City-Level Budgetary Fund				城市市政公用设施建设维护管理财政性资金支出 Expenditure of urban Construction, Maintenance and Management of Municipal Public Utilities Facilities Fund						
市政公用设施有偿使用费 Fee for Use of Municipal Utilities	污水处理费 Wastewater Treatment Fee	垃圾处理费 Garbage Treatment Fee	其他财政资金 Others	合计 Completed of Expenditure	城乡社区规划与管理 Planning and Management of Urban and Rural Communities	市政公用行业市场监管 Market Supervision of Municipal Public Utilities Industry	市政公用设施建设维护与管理 Construction, Maintenance and Management of Municipal Public Utilities Facilities	风景名胜区规划与保护 Planning and Protection of National Parks	其他 Others	地区名称 Name of Regions
4427311	**2636962**	**793824**	**9652471**	**124386269**	**5734301**	**1598777**	**83245685**	**1252328**	**32555178**	**全 国**
152651	152367	284		15536209	113014	3579	9858195	29	5561392	北 京
			374384	2283693			2279386		4307	天 津
141390	60935	9921	27370	1980683	56933	82930	1637367	9626	193827	河 北
50734	18044	18837	31476	2183414	97122	19426	1976809	8262	81795	山 西
17896	11751	6065	371105	1729153	66341	11876	1069767	724	580445	内蒙古
72628	60935	11342	63768	3246034	168993	61580	2802905	6668	205888	辽 宁
36367	10595	6355	15672	1173123	343391	17374	706414	30525	75419	吉 林
34307	21534	5217	156625	1454195	31536	22414	1074753	3468	322024	黑龙江
30000			2588	1281899			219581		1062318	上 海
512407	386525	109550	718029	11364807	1528735	150392	6961333	672352	2051995	江 苏
389077	312894	40344	1305108	6525407	84163	39283	5461099	12148	928714	浙 江
138536	102005	30216	171809	7138710	189673	46178	6707977	33374	161508	安 徽
144523	105435	28839	21321	5992877	295015	30771	2626786	22165	3018140	福 建
65028	48787	6696	81058	4094343	624369	46105	1279075	85809	2058985	江 西
255694	177393	59188	431822	6363538	169047	121418	5672413	73802	326858	山 东
111913	78498	15595	302867	2219983	153429	73876	1664707	14537	313434	河 南
261462	126726	62338	608442	5750513	538138	66650	4683436	48533	413756	湖 北
107624	82182	22617	105936	3392782	117658	118659	2271051	26869	858545	湖 南
596129	385724	185444	429737	11421946	408651	57730	6701361	38474	4215730	广 东
121883	94694	22203	230821	5045918	64795	24608	2799061	6978	2150476	广 西
41651	28044	11651	48139	1154630	81594	65120	201819	18	806079	海 南
53118	25173	25167	43961	5099675	65884	9599	4059817	9568	954807	重 庆
207369	103586	40319	2400346	5343109	198263	182658	1647109	33713	3281366	四 川
45828	40245	4239	5236	247842	42004	19145	129044	756	56893	贵 州
96510	86398	8963	35686	1638290	49809	12012	393786	23830	1158853	云 南
1058	160	446	638	62845	1135	510	2775	49664	8761	西 藏
585851	47025	34831	1534374	7108004	44627	57397	5971170	11130	1023680	陕 西
43378	31033	5938	29323	517791	22463	65543	250793	10636	168356	甘 肃
60491	6958	5159	1600	650757	20366	151417	478876	98		青 海
12048	10355	1692	13393	467400	106546	5210	333274	660	21710	宁 夏
39760	20961	14368	89837	1916699	50607	35317	1323746	17912	489117	新 疆

1-2-4 按行业分全国城市市政公用设施建设固定资产投资(2015年)

计量单位：万元

地区名称 Name of Regions	本年完成投资 Completed Investment of This Year	供水 Water Supply	燃气 Gas Supply	集中供热 Central Heating	轨道交通 Urban Rail Trainsit System	道路桥梁 Road and Bridge	排水 Sewerage
全　国 National Total	**162044401**	**6199335**	**3504671**	**5168328**	**37071463**	**74140045**	**9826842**
北　京 Beijing	10215405	569714	280908	397765	3559098	1460356	1489182
天　津 Tianjin	4548928	17683	363637	11761	1240588	2208205	164808
河　北 Hebei	3738577	130175	132275	495832	660019	1538339	201583
山　西 Shanxi	2375634	109651	62658	547565		1203984	245324
内蒙古 Inner Mongolia	4989745	311513	204297	554270		2063927	378320
辽　宁 Liaoning	3148514	180863	93507	474938	809092	1216988	84271
吉　林 Jilin	2377965	339170	71552	158395	722844	588301	197636
黑龙江 Heilongjiang	1790461	77272	67883	523843	164804	596479	132143
上　海 Shanghai	6583404	455936	144078		2959246	1731030	84236
江　苏 Jiangsu	14853651	424910	246037	350	4120230	5978148	1233404
浙　江 Zhejiang	9376203	331623	184223	2115	2510178	4677155	653121
安　徽 Anhui	6324122	173678	158247	55164	582264	3340719	466515
福　建 Fujian	6485406	435599	101746		984429	3524341	302962
江　西 Jiangxi	4874121	104708	39997		491755	3219824	191042
山　东 Shandong	8610951	290861	245872	929793	1194009	3093927	692349
河　南 Henan	4606411	150949	129078	284885	958167	2096765	244412
湖　北 Hubei	10827794	328605	109387		3112908	5251137	511357
湖　南 Hunan	7261671	218300	62026		1614384	3832413	454725
广　东 Guangdong	8496440	74290	117418		4371904	3034333	253136
广　西 Guangxi	5762041	147395	86374		949096	3491588	387012
海　南 Hainan	1091047	22054	5152			875903	62408
重　庆 Chongqing	6524147	204551	141110		2275772	3146054	58782
四　川 Sichuan	7360790	342683	114080		1963654	3574396	269771
贵　州 Guizhou	5528630	46499	32203	4468	688752	4074884	207214
云　南 Yunnan	2636462	56995	8277		806770	1090327	124968
西　藏 Tibet	208258	4925				110203	51327
陕　西 Shaanxi	3759642	74720	123684	138830		2736904	153874
甘　肃 Gansu	3093449	205805	31081	220814	331500	1889317	139324
青　海 Qinghai	648225	18632	19329	500		494729	36579
宁　夏 Ningxia	338736	7912	3852	72563		77463	15806
新　疆 Xinjiang	3607571	341664	124703	294477		1921906	339251

National Fixed Assets Investment in Urban Service Facilities by Industry(2015)

Measurement Unit:10,000RMB

污水处理 Wastewater Treatment	污泥处置 Sludge Disposal	再生水利用 Wastewater Recycled and Reused	园林绿化 Landscaping	市容环境卫生 Environmental Sanitation	垃圾处理 Domestic Garbage Treatment	其他 Other	本年新增固定资产 Newly Added Fixed Assets of This Year	地区名称 Name of Regions
3785039	**188623**	**1340923**	**15946541**	**3980393**	**1569834**	**6206783**	**102570410**	**全　国**
138960	41547	1015118	996539	669182	161681	792661	3275026	北　京
49725	9684	9404	259163	14869	1813	268214	2199016	天　津
44581		2850	302232	104103	12071	174019	2848573	河　北
195218		407	143721	45731	20620	17000	2109369	山　西
129787	6342	24203	1248593	174420	10551	54405	4266219	内蒙古
28203	80		171034	69955	26175	47866	1927006	辽　宁
170617			257406	24961	1229	17700	1498963	吉　林
102515	99	7239	58141	120896	76212	49000	1410809	黑龙江
25974	9463		574111	285577	280802	349190	399803	上　海
447964	47176	22770	2219972	506206	227094	124394	14450222	江　苏
398782	17009	3722	728576	210375	46079	78837	7121697	浙　江
148069	1522	4680	1329214	165838	87915	52483	4115453	安　徽
185884	646		511158	89560	34524	535611	2794024	福　建
93690	1475		490477	100327	18100	235991	4472737	江　西
170653	9044	3668	1293530	320802	153209	549808	6847832	山　东
135990	1200	9724	654183	61069	3030	26903	3725710	河　南
262993	500		631924	116729	12510	765747	10459941	湖　北
285308	25010		582928	163517	67973	333378	3254763	湖　南
177237		735	127455	181566	104169	336338	1220513	广　东
122966	4483		642129	54397	28916	4050	2489033	广　西
18990		4513	112304	13226	1982		518458	海　南
26367		1098	598251	33305	13708	66322	4086323	重　庆
128496			431576	79921	50358	584709	4429091	四　川
58547	5843	3600	294829	30682	18603	149099	1832959	贵　州
26562		3700	214697	16697	3888	317731	1655954	云　南
42625			4900	13060	13060	23843	13471	西　藏
86766	3000	10330	346312	130008	36064	55310	3055094	陕　西
43653	4500	9764	177664	64491	51046	33453	1904784	甘　肃
8502			39506	35230	1740	3720	638046	青　海
392			150794	998	556	9348	343998	宁　夏
29023		203398	353222	82695	4156	149653	3205523	新　疆

1-2-5 按资金来源分全国城市市政公用设施建设固定资产投资(2015年)

计量单位:万元

地区名称 Name of Regions	本年实际到位资金合计 The Total Funds Actually Available for The Reported Year	上年末结余资金 The Balance of The Previous Year	本年资金来源			
			小计 Subtotal	国家预算资金 State Budgetary Fund	中央预算资金 Central Budgetary Fund	国内贷款 Domestic Loan
全　国 National Total	**165707374**	**12949744**	**152757630**	**46084600**	**2020619**	**39863161**
北　京 Beijing	11433787	2731440	8702347	3833445	82661	1520035
天　津 Tianjin	4677478	91548	4585930	354559	32249	3273738
河　北 Hebei	3087790	189377	2898413	466620	22256	131006
山　西 Shanxi	2178237	1713	2176524	673420		32000
内蒙古 Inner Mongolia	5246637	70417	5176220	1009312	6388	837054
辽　宁 Liaoning	3014546	129753	2884793	1318386	27623	769895
吉　林 Jilin	2539548	410589	2128959	272338	31602	548249
黑龙江 Heilongjiang	1904930	165470	1739460	418823	95620	223538
上　海 Shanghai	5740997	884402	4856595	2406624	24662	767898
江　苏 Jiangsu	15448348	1066482	14381866	2742682	34070	5170301
浙　江 Zhejiang	9628071	847242	8780829	2947580	32789	1703376
安　徽 Anhui	5908587	154247	5754340	4091485	22248	496491
福　建 Fujian	5966347	342848	5623499	2258710	7946	1021952
江　西 Jiangxi	6442947	1289046	5153901	1581476	70759	559807
山　东 Shandong	8176255	421164	7755091	4025938	8640	493728
河　南 Henan	4632048	189852	4442196	3553924	15154	299634
湖　北 Hubei	6849065	18754	6830311	322736	40049	4716264
湖　南 Hunan	7917530	40908	7876622	1782778	955221	1242449
广　东 Guangdong	8374861	630327	7744534	1962443	66150	481538
广　西 Guangxi	6013239	225702	5787537	902335	30129	1984688
海　南 Hainan	886940	128440	758500	68178	9138	423775
重　庆 Chongqing	5964976	248043	5716933	3450911		1122942
四　川 Sichuan	6919139	367072	6552067	1343099	153588	1661118
贵　州 Guizhou	13324991	1655200	11669791	842599	4060	6127446
云　南 Yunnan	1777169	151823	1625346	76584	15800	264666
西　藏 Tibet	80044	697	79347	56841	6000	
陕　西 Shaanxi	4245437	401498	3843939	2103882	7750	838394
甘　肃 Gansu	3107519	26743	3080776	192316	28715	1480773
青　海 Qinghai	708449	50250	658199	279323	78834	343622
宁　夏 Ningxia	266303	6609	259694	39837	6497	9872
新　疆 Xinjiang	3245159	12088	3233071	705416	104021	1316912

National Fixed Assets Investment in Urban Service Facilities by Capital Source(2015)

Measurement Unit:10,000 RMB

Sources of Fund							
债券 Securities	利用外资 Foreign Investment	外商直接投资 Foreign Direct Investment	自筹资金 Self-Raised Funds	单位自有资金 Self-Owned Funds	其他资金 Other Funds	各项应付款 Sum Payable This Year	地区名称 Name of Regions
1890914	**465923**	**122667**	**42580254**	**7807748**	**21872778**	**20834390**	**全　国**
148	13627		1155267	781955	2179825	2410095	北　京
			726271	91028	231362	1275107	天　津
23920	3345		1866714	129079	406808	80467	河　北
13469			431233	104814	1026402	346391	山　西
	56922		3026027	334753	246905	1187506	内蒙古
500	28417	8500	623728	216718	143867	469267	辽　宁
7236			701701	73283	599435	469401	吉　林
23976	6013	2800	773672	168847	293438	150687	黑龙江
	29084		1072486	275544	580503	1739152	上　海
574172	27586	19586	5194993	1345967	672132	890504	江　苏
69995	2038	938	3446848	400566	610992	619252	浙　江
3600	33914		623485	192488	505365	692976	安　徽
25600	2462	2462	879657	49595	1435118	409652	福　建
360000	11950	7100	548928	31274	2091740	260660	江　西
7965	69479	17451	2180574	294817	977407	1060498	山　东
	595		569898	123465	18145	80966	河　南
4200	9253		1120994	39011	656864	129272	湖　北
21800	55920	53420	2821729	842572	1951946	206552	湖　南
95443			2932169	238853	2272941	398975	广　东
9729	16021		2604269	644250	270495	1962193	广　西
4633	540		52817	5503	208557	60746	海　南
			726821	170757	416259	1280516	重　庆
57888	5983		1718194	267320	1765785	933549	四　川
200978	8600	8600	3625355	175773	864813	1909977	贵　州
10340	30227		604811	17454	638718	601146	云　南
			22506				西　藏
2700	16700		746337	320936	135926	134973	陕　西
371320	12928		932103	103251	91336	606140	甘　肃
1302			33952	1086		73884	青　海
	15978		174063	4445	19944	167906	宁　夏
	8341	1810	642652	362344	559750	225980	新　疆

1-2-6 全国城市市政公用设施建设施工规模和新增生产能力(或效益)(2015年)

指标名称	Index	计量单位	Measurement Unit
1.供水综合生产能力	1.Integrated Water Production Capacity	万立方米/日	10,000 m^3/day
2.供水管道长度	2.Length of Water Pipelines	公里	Kilometer
3.人工煤气生产能力	3.Production Capacity of Man-made Coal Gas	万立方米/日	10,000 m^3/day
4.人工煤气储气能力	4.Storage Capacity of Man-made Coal Gas	万立方米	10,000 m^3
5.人工煤气供气管道长度	5.Length of Man-made Gas Pipelines	公里	Kilometer
6.天然气储气能力	6.Storage Capacity of Natural Gas	万立方米	10,000 m^3
7.天然气供气管道长度	7.Length of Natural Gas Pipelines	公里	Kilometer
8.液化石油气储气能力	8.LPG Storage Capacity	吨	Ton
9.液化石油气供气管道长度	9.Length of LPG Pipelines	公里	Kilometer
10.集中供热能力：蒸汽	10.Central Heating Capacity (Steam)	吨/小时	Ton/Hour
11.集中供热能力：热水	11.Central Heating Capacity (Hot Water)	兆瓦	Mega Watts
12.集中供热管道长度：蒸汽	12.Length of Central Heating Pipelines (Steam)	公里	Kilometer
13.集中供热管道长度：热水	13.Length of Central Heating Pipelines (Hot Water)	公里	Kilometer
14.轨道交通运营线路长度	14.Length of Operational Lines for Rail Transit	公里	Kilometer
15.桥梁座数	15.Number of Bridges	座	Unit
16.道路新建、扩建长度	16.Length of Extension of Roads and New Roads	公里	Kilometer
17.道路新建、扩建面积	17.Surface Area of Extension of Roads and New Roads	万平方米	10,000 m^2
18.排水管道长度	18.Length of Sewerage Piplines	公里	Kilometer
19.污水处理厂处理能力	19.Wastewater Treatment Capacity	万立方米/日	10,000 m^3/day
20.再生水管道长度	20.Length of Recycled Water Piplines	公里	Kilometer
21.再生水生产能力	21.Recycled Water Production Capacity	万立方米/日	10,000 m^3/day
22.绿地面积	22.Area of Green Space	公顷	Hectare
23.垃圾无害化处理能力	23.Garbage Treatment Capacity	吨/日	Ton/day

National Urban Service Facilities Construction Scale and Newly Added Production Capacity (or Benefits) (2015)

建设规模 Construction Scale	本年施工规模 Construction Scale This Year	本年新开工 Newly Started This Year	累计新增生产能力(或效益) Accumulative Newly Added Production Capicity (or Benefits)	本年新增 Newly Added This Year
6702	6150	5759	5788	561
30620	23829	21766	22736	19384
5				
1673	673	306	599	187
51908	26621	26446	1524	1473
50627	29615	28072	43510	27762
4199	4091	4091	4091	4091
386	188	184	306	128
6059	4696	3260	4336	4336
34838	28299	27781	26028	22668
1154	990	954	741	737
11585	9919	9423	8650	8332
1082	837	110	374	164
2460	2055	1714	1529	1350
26925	16204	13057	11320	10349
50340	29526	24898	23707	21794
92027	30651	22784	54358	47509
1648	1323	993	938	886
851	447	369	479	439
238	212	159	183	181
101406	55606	47947	64008	53721
165932	52874	36364	26600	25366

1-2-7 城市供水(2015年)

地区名称 Name of Regions		综合生产能力(万立方米/日) Integrated Production Capacity $(10,000m^3/ day)$	地下水 Underground Water	供水管道长度(公里) Length of Water Supply Pipelines (km)	供水总量(万立方米) Total Quantity of Water Supply $(10,000m^3)$	生产运营用水 The Quantity of Water for Production and Operation
全　国	**National Total**	**29678.26**	**6961.72**	**710206.39**	**5604728.43**	**1624334.92**
北　京	Beijing	2496.71	2192.03	27622.83	182517.27	27934.59
天　津	Tianjin	456.55	84.75	16619.57	85260.36	30983.10
河　北	Hebei	855.56	604.61	16445.03	179177.51	64087.80
山　西	Shanxi	460.07	234.31	10714.95	83613.59	30694.27
内蒙古	Inner Mongolia	410.19	279.63	9213.79	74789.02	26143.81
辽　宁	Liaoning	1289.32	487.13	38264.56	251064.46	87408.40
吉　林	Jilin	653.46	97.12	12155.11	106201.81	26025.11
黑龙江	Heilongjiang	828.41	325.26	14355.30	148852.59	58183.17
上　海	Shanghai	1137.00	0.74	36383.22	312224.42	51642.38
江　苏	Jiangsu	3104.12	108.43	78585.06	506719.39	193679.44
浙　江	Zhejiang	1794.03	8.42	56455.66	327216.70	122715.92
安　徽	Anhui	1094.78	98.51	23842.15	174263.44	50110.26
福　建	Fujian	710.03	17.40	15981.91	161598.18	34353.54
江　西	Jiangxi	473.05	9.45	15629.69	110874.42	17966.24
山　东	Shandong	1776.71	688.46	48910.91	355902.59	147924.68
河　南	Henan	1121.39	544.28	21338.15	196709.96	66671.60
湖　北	Hubei	1393.78	26.94	30578.98	277995.25	72111.69
湖　南	Hunan	1038.35	80.25	21393.05	197922.09	38887.39
广　东	Guangdong	3913.77	47.06	99921.47	852512.28	222695.48
广　西	Guangxi	676.03	55.72	16957.79	173265.72	55190.51
海　南	Hainan	168.35	38.45	4149.93	43652.92	4676.14
重　庆	Chongqing	529.92	2.26	15054.31	121493.80	28393.87
四　川	Sichuan	969.96	102.78	30058.17	220009.50	38172.45
贵　州	Guizhou	257.63	11.02	9765.93	60111.79	8881.54
云　南	Yunnan	381.42	20.57	10577.76	81874.96	19636.46
西　藏	Tibet	56.50	46.80	1396.44	15606.70	2495.71
陕　西	Shaanxi	404.99	182.10	8068.13	97663.52	30994.80
甘　肃	Gansu	392.05	119.90	5625.34	55844.10	19119.20
青　海	Qinghai	98.45	42.40	2455.51	25674.16	9639.41
宁　夏	Ningxia	161.42	135.52	2355.49	31870.57	10236.67
新　疆	Xinjiang	574.26	269.42	9330.20	92245.36	26679.29

Urban Water Supply(2015)

公共服务用水 The Quantity of Water for Public Service	居民家庭用水 The Quantity of Water for Household Use	其他用水 The Quantity of Other Purposes	用水户数(户) Number of Households with Access to Water Supply (unit)	家庭用户 Household User	用水人口(万人) Population with Access to Water Supply (10,000 persons)	地区名称 Name of Regions
771215.90	**2088815.35**	**268689.38**	**137202405**	**125157477**	**45112.62**	**全 国**
56206.21	69680.49	8239.00	6085494	5909030	1877.70	北 京
10516.68	27685.79	5102.64	4045850	3905497	875.24	天 津
23184.83	50055.06	21966.93	4241141	3859773	1685.76	河 北
7146.45	37790.85	2082.96	1546586	1427429	1099.39	山 西
11200.02	22326.20	3924.43	2975930	2615961	862.07	内蒙古
39903.77	70866.17	6378.46	9973175	9419380	2250.59	辽 宁
17608.83	31118.01	2809.35	4448606	4035431	1096.84	吉 林
24402.85	33857.92	5259.77	5911284	5459265	1379.26	黑龙江
68821.03	98848.49	26453.17	8317198	7889271	2415.27	上 海
63130.51	170504.80	18954.90	13228389	12022897	3068.64	江 苏
34427.50	120669.47	8637.94	7197777	6547056	2166.92	浙 江
22194.30	68319.02	4266.05	5203890	4838208	1471.13	安 徽
14412.98	61407.69	15521.54	3266773	2957766	1175.97	福 建
15291.92	48400.36	9683.51	3034209	2609243	1024.85	江 西
43723.05	113702.28	11814.06	9215467	8602215	3129.04	山 东
19715.42	73181.69	7300.93	5173865	4747597	2308.57	河 南
33467.46	112261.77	6818.06	5675311	5168771	1948.92	湖 北
17818.28	89781.58	10597.46	3566144	2805236	1454.12	湖 南
130139.60	330219.87	50486.42	11723479	9915646	5069.54	广 东
19334.35	74534.54	2163.57	2473210	2300465	1018.06	广 西
8081.52	19614.13	3118.87	274589	222572	287.97	海 南
13557.29	58128.16	5783.99	3940725	3624217	1296.13	重 庆
30066.48	111798.23	6714.56	5346222	4726246	1907.23	四 川
6122.91	30392.86	3614.33	1535946	1381538	612.67	贵 州
5808.55	36005.07	3233.65	2305176	2111446	867.87	云 南
4595.64	5093.29	581.01	160649	150675	66.67	西 藏
5632.56	45523.08	4750.33	2266728	2194354	905.01	陕 西
7521.42	22229.43	2284.06	1043182	972242	618.38	甘 肃
1851.41	8976.04	1712.64	196442	171904	183.51	青 海
4624.79	12346.42	1927.09	736063	625485	272.95	宁 夏
10707.29	33496.59	6507.70	2092905	1940661	716.35	新 疆

1-2-8 城市供水(公共供水)(2015年)

地区名称 Name of Regions		综合生产能力(万立方米/日) Integrated Production Capacity (10,000 m^3/day)	地下水 Underground Water	水厂个数(个) Number of Water Plants (unit)	地下水 Underground Water	供水管道长度(公里) Length of Water Supply Pipelines (km)	供水总量(万立方米) 合计 Total	售水量 小计 Subtotal	生产运营用水 The Quantity of Water for Production and Operation
全 国	**National Total**	**23100.91**	**3053.93**	**2849**	**1014**	**661409.29**	**4849741.43**	**3998068.55**	**1089635.80**
北 京	Beijing	506.06	201.38	69	57	15421.30	124407.44	103950.46	12831.34
天 津	Tianjin	383.65	15.65	29	10	16481.30	76480.49	65508.34	25779.00
河 北	Hebei	565.76	350.06	118	99	14308.00	108803.80	88920.91	24060.23
山 西	Shanxi	316.29	180.66	79	66	8564.46	59344.17	53445.11	14645.01
内蒙古	Inner Mongolia	321.28	196.14	82	73	8507.29	58659.03	47464.47	13908.71
辽 宁	Liaoning	930.09	272.04	136	65	31866.49	188795.44	142287.78	38844.46
吉 林	Jilin	350.53	45.07	78	31	9975.02	88004.13	59363.62	13578.81
黑龙江	Heilongjiang	594.80	189.68	116	79	13238.94	111744.13	84595.25	27584.95
上 海	Shanghai	1137.00	0.74	37	2	36383.22	312224.42	245765.07	51642.38
江 苏	Jiangsu	2507.06	32.86	131	13	76745.00	419686.02	359236.28	114320.99
浙 江	Zhejiang	1637.77	0.80	129	3	55430.92	310261.33	269495.46	107504.54
安 徽	Anhui	679.86	41.04	69	10	22170.57	146952.08	117578.27	29820.86
福 建	Fujian	695.90	12.40	76	8	15798.19	157401.81	121499.38	31653.79
江 西	Jiangxi	457.10	5.40	65	8	15465.42	108804.75	89272.36	16999.37
山 东	Shandong	1343.22	405.56	284	133	44051.03	263652.68	224914.16	85509.17
河 南	Henan	839.36	319.95	127	78	19754.86	149192.74	119352.42	30320.83
湖 北	Hubei	1232.42	1.50	125	4	29091.72	253378.34	200042.07	55916.75
湖 南	Hunan	839.43	10.02	87	10	20659.94	178994.81	138157.43	25310.63
广 东	Guangdong	3870.42	42.00	302	32	99128.03	845888.62	726917.71	217470.27
广 西	Guangxi	511.92	43.20	72	10	15711.24	135419.67	113376.92	20040.01
海 南	Hainan	166.75	38.45	31	10	4146.93	43592.92	35430.66	4676.14
重 庆	Chongqing	450.95	0.56	86	5	13803.80	110559.72	94929.23	19275.62
四 川	Sichuan	813.65	71.62	167	36	28611.34	200084.66	166826.88	23155.97
贵 州	Guizhou	248.33	8.11	51	7	9527.84	57724.80	46624.65	7432.10
云 南	Yunnan	353.10	12.63	76	16	10148.06	75214.89	58023.66	15659.25
西 藏	Tibet	49.50	40.00	10	5	1378.74	15553.68	12712.63	2494.81
陕 西	Shaanxi	321.24	107.89	63	44	7306.53	78465.68	67702.93	17976.04
甘 肃	Gansu	305.87	88.44	46	31	4909.45	47088.90	42398.91	12926.70
青 海	Qinghai	65.08	21.10	13	5	2153.94	16941.05	13446.39	2908.45
宁 夏	Ningxia	97.37	83.67	24	20	1796.29	21429.57	18693.97	2672.02
新 疆	Xinjiang	509.15	215.31	71	44	8873.43	84989.66	70135.17	22716.60

Urban Water Supply(Public Water Suppliers)(2015)

Total Quantity of Water Supply(10,000m³)						用水户数(户) Number of Households with Access to Water Supply (unit)		用水人口(万人) Population with Access to Water Supply (10,000 persons)	地区名称 Name of Regions
Water Sold			免费供水量 The Quantitiy of Free Water Supply		漏损水量 The Lossed Water		家庭用户 Household User		
公共服务用水 The Quantity of Water for Public Service	居民家庭用水 The Quantity of Water for Household Use	其他用水 The Quantity of Other Purposes		生活用水 Domestic Water Use					
701678.43	**1985645.86**	**221108.46**	**113874.94**	**12663.78**	**737797.94**	**131017942**	**119575783**	**42844.54**	**全国**
39004.65	50901.91	1212.56	585.82	92.11	19871.16	5010102	4850762	1351.94	北京
7231.82	27394.88	5102.64	563.81		10408.34	4045839	3905492	861.43	天津
17066.76	43777.99	4015.93	2387.14	60.96	17495.75	3726404	3379299	1454.71	河北
5619.17	32722.18	458.75	342.99	183.16	5556.07	1164125	1098938	961.98	山西
9107.82	20861.44	3586.50	890.80	51.10	10303.76	2858240	2526097	839.64	内蒙古
32967.10	65175.66	5300.56	6558.62	540.00	39949.04	9620267	9077012	2119.95	辽宁
15491.23	28278.68	2014.90	1524.73	224.05	27115.78	4261124	3877554	1032.47	吉林
21301.46	31047.82	4661.02	1866.90	310.60	25281.98	5325897	4904932	1289.85	黑龙江
68821.03	98848.49	26453.17	16997.37		49461.98	8317198	7889271	2415.27	上海
61655.74	166887.31	16372.24	8290.06	2316.63	52159.68	13108361	11919474	3041.44	江苏
34307.02	119609.26	8074.64	5058.25	63.02	35707.62	7112807	6465084	2138.99	浙江
18519.90	65144.59	4092.92	3661.87	178.30	25711.94	4986810	4646141	1399.58	安徽
14114.57	60367.00	15364.02	1514.44	123.52	34387.99	3247295	2940610	1166.73	福建
15205.05	47519.55	9548.39	1936.78	376.71	17595.61	2998730	2575685	1012.12	江西
35206.36	98168.79	6029.84	5527.77	726.09	33210.75	8513340	8003087	2862.34	山东
15300.68	67684.27	6046.64	3447.76	697.40	26392.56	4843511	4452461	2180.29	河南
32813.51	106937.17	4374.64	12705.64	324.80	40630.63	5432422	4972774	1878.55	湖北
17098.19	85537.04	10211.57	8845.47	2685.14	31991.91	3460418	2706639	1391.88	湖南
129769.33	329487.32	50190.79	6578.51	296.13	112392.40	11688119	9882144	5053.94	广东
19091.11	72156.46	2089.34	3759.18	1129.65	18283.57	2447101	2277804	967.51	广西
8081.52	19554.13	3118.87	206.08	29.61	7956.18	268089	216072	286.73	海南
13145.84	57157.69	5350.08	1507.96	211.12	14122.53	3870921	3561284	1261.66	重庆
28963.91	108283.71	6423.29	2400.24	238.70	30857.54	5103485	4533234	1835.36	四川
5848.43	29816.75	3527.37	2923.03	109.80	8177.12	1513687	1366661	604.18	贵州
5670.92	33739.45	2954.04	6727.57	244.38	10463.66	2222373	2039325	836.12	云南
4593.50	5048.32	576.00	173.00	133.00	2668.05	155996	147776	65.72	西藏
3934.83	41999.11	3792.95	846.89	278.86	9915.86	2022279	1969868	819.34	陕西
6115.64	21177.51	2179.06	812.88	41.60	3877.11	928634	870750	591.12	甘肃
1704.92	7427.82	1405.20	739.58	476.10	2755.08	160611	138009	170.90	青海
3908.29	11408.82	704.84	319.40	132.14	2416.20	686244	580103	255.43	宁夏
10018.13	31524.74	5875.70	4174.40	389.10	10680.09	1917513	1801441	697.37	新疆

1-2-9 城市供水(自建设施供水)(2015年)

地区名称 Name of Regions	综合生产能力(万立方米/日) Integrated Production Capacity (10,000m³/day)	地下水 Underground Water	供水管道长度(公里) Length of Water Supply Pipelines (km)	供水总量(万立方米) 合计 Total	生产运营用水 The Quantity of Water for Production and Operation
全　国 National Total	**6577.35**	**3907.79**	**48797.10**	**754987.00**	**534699.12**
北　京 Beijing	1990.65	1990.65	12201.53	58109.83	15103.25
天　津 Tianjin	72.90	69.10	138.27	8779.87	5204.10
河　北 Hebei	289.80	254.55	2137.03	70373.71	40027.57
山　西 Shanxi	143.78	53.65	2150.49	24269.42	16049.26
内蒙古 Inner Mongolia	88.91	83.49	706.50	16129.99	12235.10
辽　宁 Liaoning	359.23	215.09	6398.07	62269.02	48563.94
吉　林 Jilin	302.93	52.05	2180.09	18197.68	12446.30
黑龙江 Heilongjiang	233.61	135.58	1116.36	37108.46	30598.22
江　苏 Jiangsu	597.06	75.57	1840.06	87033.37	79358.45
浙　江 Zhejiang	156.26	7.62	1024.74	16955.37	15211.38
安　徽 Anhui	414.92	57.47	1671.58	27311.36	20289.40
福　建 Fujian	14.13	5.00	183.72	4196.37	2699.75
江　西 Jiangxi	15.95	4.05	164.27	2069.67	966.87
山　东 Shandong	433.49	282.90	4859.88	92249.91	62415.51
河　南 Henan	282.03	224.33	1583.29	47517.22	36350.77
湖　北 Hubei	161.36	25.44	1487.26	24616.91	16194.94
湖　南 Hunan	198.92	70.23	733.11	18927.28	13576.76
广　东 Guangdong	43.35	5.06	793.44	6623.66	5225.21
广　西 Guangxi	164.11	12.52	1246.55	37846.05	35150.50
海　南 Hainan	1.60		3.00	60.00	
重　庆 Chongqing	78.97	1.70	1250.51	10934.08	9118.25
四　川 Sichuan	156.31	31.16	1446.83	19924.84	15016.48
贵　州 Guizhou	9.30	2.91	238.09	2386.99	1449.44
云　南 Yunnan	28.32	7.94	429.70	6660.07	3977.21
西　藏 Tibet	7.00	6.80	17.70	53.02	0.90
陕　西 Shaanxi	83.75	74.21	761.60	19197.84	13018.76
甘　肃 Gansu	86.18	31.46	715.89	8755.20	6192.50
青　海 Qinghai	33.37	21.3	301.57	8733.11	6730.96
宁　夏 Ningxia	64.05	51.85	559.20	10441.00	7564.65
新　疆 Xinjiang	65.11	54.11	456.77	7255.70	3962.69

Urban Water Supply (Suppliers with Self-Built Facilities) (2015)

Total Quantity of Water Supply(10,000 m³)			用水户数(户) Number of Households with Access to Water Supply (unit)		用水人口(万人) Population with Access to Water Supply (10,000 persons)	地区名称 Name of Regions
公共服务用水 The Quantity of Water for Public Service	居民家庭用水 The Quantity of Water for Household Use	其他用水 The Quantity of Water for Other Purposes		家庭用户 Household User		
69537.47	**103169.49**	**47580.92**	**6184463**	**5581694**	**2268.08**	**全　国**
17201.56	18778.58	7026.44	1075392	1058268	525.76	北　京
3284.86	290.91		11	5	13.81	天　津
6118.07	6277.07	17951.00	514737	480474	231.05	河　北
1527.28	5068.67	1624.21	382461	328491	137.41	山　西
2092.20	1464.76	337.93	117690	89864	22.43	内蒙古
6936.67	5690.51	1077.90	352908	342368	130.64	辽　宁
2117.60	2839.33	794.45	187482	157877	64.37	吉　林
3101.39	2810.10	598.75	585387	554333	89.41	黑龙江
1474.77	3617.49	2582.66	120028	103423	27.20	江　苏
120.48	1060.21	563.30	84970	81972	27.93	浙　江
3674.40	3174.43	173.13	217080	192067	71.55	安　徽
298.41	1040.69	157.52	19478	17156	9.24	福　建
86.87	880.81	135.12	35479	33558	12.73	江　西
8516.69	15533.49	5784.22	702127	599128	266.70	山　东
4414.74	5497.42	1254.29	330354	295136	128.28	河　南
653.95	5324.60	2443.42	242889	195997	70.37	湖　北
720.09	4244.54	385.89	105726	98597	62.24	湖　南
370.27	732.55	295.63	35360	33502	15.60	广　东
243.24	2378.08	74.23	26109	22661	50.55	广　西
	60.00		6500	6500	1.24	海　南
411.45	970.47	433.91	69804	62933	34.47	重　庆
1102.57	3514.52	291.27	242737	193012	71.87	四　川
274.48	576.11	86.96	22259	14877	8.49	贵　州
137.63	2265.62	279.61	82803	72121	31.75	云　南
2.14	44.97	5.01	4653	2899	0.95	西　藏
1697.73	3523.97	957.38	244449	224486	85.67	陕　西
1405.78	1051.92	105	114548	101492	27.26	甘　肃
146.49	1548.22	307.44	35831	33895	12.61	青　海
716.50	937.60	1222.25	49819	45382	17.52	宁　夏
689.16	1971.85	632.00	175392	139220	18.98	新　疆

1-2-10 城市节约用水（2015年）

计量单位：万立方米

地区名称 Name of Regions	计划用水户数（户）Planned Water Consumers (unit)	自备水计划用水户数 Planned Self-produced Water Consumers	计划用水户实际用水量 合计 Total	工业 Industry	新水取水量 Fresh Water Used	工业 Industry	重复利用量 Water Reused
全　国 National Total	**3554767**	**301480**	**9585736**	**7987563**	**1922051**	**827433**	**7663685**
北　京 Beijing	27732	5634	277668	27670	227170	25411	50498
天　津 Tianjin	9043	2080	532681	518933	42748	30779	489933
河　北 Hebei	7819	5830	378609	337540	58111	20232	320498
山　西 Shanxi	26633	525	129618	100755	24842	10665	104776
内蒙古 Inner Mongolia	53353	456	206028	184059	43211	26382	162817
辽　宁 Liaoning	157000	717	1358883	1308335	118590	78633	1240293
吉　林 Jilin	6370	844	172496	150960	52696	31560	119800
黑龙江 Heilongjiang	228519	209326	137627	111388	50518	26753	87109
上　海 Shanghai	34336		90422	33887	90422	33887	
江　苏 Jiangsu	35525	1318	1774715	1406721	296008	167759	1478707
浙　江 Zhejiang	1358796	532	436845	347594	126335	68547	310510
安　徽 Anhui	3406	193	328195	306430	32177	12800	296018
福　建 Fujian	17418	345	122802	62400	67018	7807	55784
江　西 Jiangxi	51399	2659	26819	10395	15508	4421	11311
山　东 Shandong	317242	24601	1170290	1002914	195281	91069	975009
河　南 Henan	69907	10545	598142	558129	57333	29108	540809
湖　北 Hubei	431254	15299	408713	360195	85849	45257	322864
湖　南 Hunan	18887	36	38359	29974	24518	17012	13841
广　东 Guangdong	251761	114	195523	146899	56868	11390	138655
广　西 Guangxi	5647	201	405892	343889	78945	22008	326947
海　南 Hainan	14217	3708	330	245	156	98	174
重　庆 Chongqing	200		747	132	555	91	192
四　川 Sichuan	160448	4581	81768	41643	42700	9670	39068
贵　州 Guizhou	3389	109	25483	17823	10562	3890	14921
云　南 Yunnan	134843	101	64887	57555	15247	8545	49640
西　藏 Tibet	1300	88	38		38		
陕　西 Shaanxi	57080	5439	224352	194830	42754	19308	181598
甘　肃 Gansu	2649	791	245073	225733	31722	14032	213351
青　海 Qinghai	5	5	3165	975	1697	486	1468
宁　夏 Ningxia	41028	1934	134280	96475	18486	7337	115794
新　疆 Xinjiang	27561	3469	15286	3085	13986	2496	1300

Urban Water Conservation (2015)

Measurement Unit:10,000m^3

Actual Quantity of Water Used		重复利用率		节约用水量		节水措施投资总额（万元）	地区名称
工业 Industry	超计划定额用水量 Water Quantity Consumed in Excess of Quota	(%) Reuse Rate (%)	工业 Industry	Water Saved	工业 Industry	Total Investment in Water-Saving Measures (10,000 RMB)	Name of Regions
7160130	**18795**	**79.95**	**89.64**	**403133**	**286657**	**230792**	**全　国**
2259	2816	18.19	8.16	6324	330	17436	北　京
488154	250	91.97	94.07	876	876	524	天　津
317308		84.65	94.01	7459	7353	147	河　北
90090	314	80.83	89.41	12172	8735	5074	山　西
157677	70	79.03	85.67	13459	8779	24	内蒙古
1229702	2184	91.27	93.99	28416	18032	20597	辽　宁
119400	434	69.45	79.09	14629	12816	2748	吉　林
84635	14	63.29	75.98	9644	7609	2761	黑龙江
				16348	13313	9420	上　海
1238962	2345	83.32	88.07	42752	31623	38082	江　苏
279047	609	71.08	80.28	16015	10725	24161	浙　江
293630	559	90.20	95.82	18454	14204	10862	安　徽
54593	588	45.43	87.49	6030	3480	120	福　建
5974	42	42.18	57.47	1093	740	595	江　西
911845	3046	83.31	90.92	77751	67237	53343	山　东
529021	144	90.41	94.78	14133	8095	7512	河　南
314938		79.00	87.44	10308	6274	6760	湖　北
12962	843	36.08	43.24	7128	5683	4130	湖　南
135509	639	70.91	92.25	11155	2318	190	广　东
321881	2266	80.55	93.60	13648	8606	4130	广　西
147	16	52.73	60	141	139	1425	海　南
41		25.70	31.06	144	26		重　庆
31973	627	47.78	76.78	8214	3426	1469	四　川
13933	248	58.55	78.17	2054	1675	2066	贵　州
49010	624	76.50	85.15	3499	192	1276	云　南
				45			西　藏
175522	47	80.94	90.09	45509	40779	3980	陕　西
211701		87.06	93.78	7730	1221	2132	甘　肃
489		46.38	50.15	216	216	48	青　海
89138		86.23	92.39	2135	1240	9653	宁　夏
589	70	8.50	19.09	5652	915	127	新　疆

1-2-11 城市人工煤气(2015年)

地区名称 Name of Regions	生产能力 (万立方米/日) Production Capacity (10,000 m³)	储气能力 (万立方米) Gas Storage Capacity (10,000 m³)	供气管道长度 (公里) Length of Gas Supply Pipeline (km)	自制气量 (万立方米) Self-Produced Gas (10,000 m³)	合计 Total
全　国 National Total	**1519.08**	**552.31**	**21291.58**	**341262.68**	**471378.01**
河　北 Hebei	88.10	67.30	3179.54	8588.25	53538.26
山　西 Shanxi	10.00	111.23	3424.95		39450.37
内蒙古 Inner Mongolia		15.00	500.00		3090.00
辽　宁 Liaoning	317.00	107.40	5427.91	45850.91	57394.21
吉　林 Jilin	8.12	8.60	341.22	9862.52	7944.79
黑龙江 Heilongjiang	115.00	26.30	514.41	15550.00	7202.15
上　海 Shanghai					5309.20
浙　江 Zhejiang	1.80	1.88	112.21	650.00	488.00
福　建 Fujian	8.00	5.00	334.50	2713.00	3000.00
江　西 Jiangxi	49.00	38.00	1068.50	15018.00	25097.28
山　东 Shandong			9.00		58.99
河　南 Henan	327.66	34.20	533.13	56176.00	53100.00
湖　南 Hunan		5.00	440.78		2766.74
广　西 Guangxi	10.60	18.20	463.38	3695.50	4438.58
四　川 Sichuan	511.00	35.00	612.61	164983.50	165604.34
贵　州 Guizhou	6.00	13.50	770.95		5539.74
云　南 Yunnan	10.00	46.70	3098.41		33959.20
甘　肃 Gansu	10.80	17.00	399.58	1750.00	1644.16
新　疆 Xinjiang	46.00	2.00	60.50	16425.00	1752.00

Urban Man-Made Coal Gas (2015)

供气总量(万立方米) Total Gas Supplied (10,000 m^3)			用气户数 (户) Number of Households with Access to Gas (unit)		用气人口 (万人) Population with Access to Gas (10,000 persons)	地区名称 Name of Regions
销售气量 Quantity Sold	居民家庭 Households	燃气损失量 Loss Amount		家庭用户 Household User		
453841.93	**108305.68**	**17536.08**	**4661664**	**4611544**	**1321.73**	**全　国**
48398.50	12271.94	5139.76	541451	539065	159.39	河　北
37258.91	4839.95	2191.46	127929	126718	66.23	山　西
3000.00	2240.00	90.00	139192	138794	39.40	内蒙古
54466.99	37879.33	2927.22	2041625	2007054	530.87	辽　宁
8064.08	6055.42	-119.29	130000	129494	41.00	吉　林
6907.95	3602.40	294.20	192533	189964	57.27	黑龙江
5231.60	1978.40	77.60				上　海
488.00	454.00		14915	14765	4.30	浙　江
2993.00	2305.00	7.00	64500	64345	21.38	福　建
22415.54	1224.54	2681.74	56893	56106	14.78	江　西
58.99			371			山　东
53019.00	1553.00	81.00	47973	47300	15.04	河　南
2573.88	2212.06	192.86	80000	79050	33.42	湖　南
4398.48	3671.08	40.10	125508	125057	42.73	广　西
164416.17	6014.62	1188.17	174507	173517	51.85	四　川
4891.00	2820.00	648.74	109536	107836	31.00	贵　州
31937.84	15921.94	2021.36	713879	711869	193.06	云　南
1570.00	1510.00	74.16	75852	75610	15.01	甘　肃
1752.00	1752.00		25000	25000	5.00	新　疆

1-2-12 城市天然气（2015年）

地区名称 Name of Regions	储气能力（万立方米）Gas Storage Capacity (10,000 m^3)	供气管道长度（公里）Length of Gas Supply Pipeline (km)	供气总量(万立方米)			
			合计 Total	销售气量 Quantity Sold	居民家庭 Households	集中供热 Central Heating
全　国 National Total	**57933.09**	**498087.02**	**10407906.20**	**10184061.13**	**2080060.91**	**1063149.30**
北　京 Beijing	81.28	21817.69	1444924.26	1427807.50	137198.55	396284.02
天　津 Tianjin	792.47	19356.02	306629.99	297416.28	36694.79	55156.02
河　北 Hebei	397.58	17665.04	314236.94	306375.14	67491.89	35898.03
山　西 Shanxi	202.34	11416.83	247396.56	234337.91	46230.37	2546.55
内蒙古 Inner Mongolia	249.15	8147.78	133207.34	131232.45	22595.34	27853.00
辽　宁 Liaoning	740.33	15017.75	170434.31	164769.38	44229.48	1656.46
吉　林 Jilin	792.26	8414.03	111432.31	108363.18	33220.18	1293.39
黑龙江 Heilongjiang	337.13	7738.94	113245.44	109023.39	27086.42	5376.00
上　海 Shanghai	36935.00	28601.18	734776.22	697287.00	135038.37	
江　苏 Jiangsu	3035.09	61125.37	969799.09	951997.48	173195.82	
浙　江 Zhejiang	561.48	28519.65	319276.49	315965.01	57651.24	2873.00
安　徽 Anhui	1818.70	19684.09	234584.99	228695.81	71772.93	1540.00
福　建 Fujian	408.27	7928.98	148807.42	148134.32	11466.85	
江　西 Jiangxi	624.76	9429.75	73570.14	71117.46	22195.70	17.62
山　东 Shandong	1193.50	44092.57	633917.47	610393.69	161691.54	47776.01
河　南 Henan	497.49	19732.29	332808.06	324349.28	109378.43	9317.06
湖　北 Hubei	434.34	22502.54	330397.04	323610.83	72600.61	1492.00
湖　南 Hunan	1999.38	12534.88	215488.42	211815.30	61734.40	1025.00
广　东 Guangdong	3775.91	27656.35	1232937.64	1223287.82	110220.79	15743.39
广　西 Guangxi	491.86	4219.64	38788.79	38485.09	15726.08	
海　南 Hainan	80.06	2471.48	29004.16	28993.79	12008.00	
重　庆 Chongqing	182.65	20051.24	349377.81	336130.11	131561.61	4014.78
四　川 Sichuan	228.43	39839.20	627975.71	614262.03	228633.18	3456.09
贵　州 Guizhou	549.34	3549.41	32906.33	32718.72	13869.95	
云　南 Yunnan	190.70	1817.04	7345.45	7144.81	2634.45	
西　藏 Tibet	100.00	1677.00	1346.05	1278.75	449.76	773.41
陕　西 Shaanxi	482.19	12234.07	311286.44	303070.64	99801.24	88577.84
甘　肃 Gansu	286.93	2308.99	161907.39	161645.91	29897.46	61073.80
青　海 Qinghai	70.50	1234.22	133021.99	130132.82	20517.60	69212.91
宁　夏 Ningxia	22.02	4470.16	199278.62	198941.72	30670.63	26001.44
新　疆 Xinjiang	371.95	12832.84	447797.33	445277.51	92597.25	204191.48

Urban Natural Gas(2015)

Total Gas Supplied (10,000 m^3) 燃气汽车 Gas-Powered Automobiles	燃气损失量 Loss Amount	用气户数 (户) Number of Household with Access to Gas (unit)	家庭用户 Household User	用气人口 (万人) Population with Access to Gas (10,000 persons)	天然气汽车加气站 (座) Gas Stations for CNG-Fueled Motor Vehicles (unit)	地区名称 Name of Regions
1084356.81	**223845.07**	**107756061**	**105081345**	**28561.47**	**3031**	**全　国**
11829.91	17116.76	5949434	5887642	1445.82	23	北　京
12222.83	9213.71	3711560	3674178	847.38	43	天　津
63607.07	7861.80	4532305	4484594	1213.98	151	河　北
13386.70	13058.65	2894632	2794383	897.20	51	山　西
31734.97	1974.89	1714287	1590363	536.41	80	内蒙古
18177.17	5664.93	4287619	4262949	1067.97	67	辽　宁
22328.39	3069.13	2336434	2285966	676.79	88	吉　林
31613.46	4222.05	2928808	2901255	746.85	93	黑龙江
5963.18	37489.22	6607801	6513219	1594.18	23	上　海
76101.33	17801.61	9081417	8936225	2345.70	236	江　苏
35800.39	3311.48	3622349	3534129	1004.56	81	浙　江
39846.93	5889.18	4322508	4259067	1183.62	164	安　徽
22856.50	673.10	1302300	1295508	438.16	51	福　建
5406.93	2452.68	1602663	1592762	503.36	25	江　西
130582.52	23523.78	8902607	8769105	2454.21	420	山　东
55294.24	8458.78	5084417	4939374	1590.52	130	河　南
51692.11	6786.21	4028224	3886537	1282.51	157	湖　北
28282.77	3673.12	3001977	2837238	851.85	75	湖　南
53206.50	9649.82	6092923	5822821	1885.40	118	广　东
7836.40	303.70	1093872	1082960	347.52	33	广　西
11838.15	10.37	476550	450747	148.66	34	海　南
42229.33	13247.70	4983397	4728290	1180.56	88	重　庆
84335.63	13713.68	8346092	7971082	1702.89	174	四　川
5386.82	187.61	936982	923294	247.98	15	贵　州
1361.69	200.64	471224	463266	169.20	18	云　南
	67.30	64972	64826	23.99		西　藏
32977.21	8215.80	3666224	3535151	811.98	119	陕　西
27077.96	261.48	1338579	1292893	371.64	74	甘　肃
31911.00	2889.17	471912	467639	138.67	25	青　海
29512.72	336.90	886140	876500	204.08	77	宁　夏
99956.00	2519.82	3015852	2957382	647.83	298	新　疆

1-2-13 城市液化石油气 (2015年)

地区名称 Name of Regions	储气能力 (吨) Gas Storage Capacity (ton)	供气管道长度 (公里) Length of Gas Supply Pipeline (km)	供气总量(吨) 合计 Total	销售气量 Quantity Sold	居民家庭 Households
全 国 National Total	**1617816.24**	**9009.34**	**10392168.92**	**10315423.18**	**5871062.30**
北 京 Beijing	37057.50	459.67	576305.56	523391.42	189188.34
天 津 Tianjin	4957.47		50494.38	50494.38	28844.04
河 北 Hebei	18709.10	271.86	166370.14	165731.83	92279.16
山 西 Shanxi	5876.32	382.05	66167.57	65532.00	53545.00
内 蒙 古 Inner Mongolia	8305.00	83.52	57950.05	57114.35	53755.19
辽 宁 Liaoning	45521.00	665.62	468889.37	468468.20	209762.08
吉 林 Jilin	19724.45	82.98	157751.75	157246.75	91247.50
黑 龙 江 Heilongjiang	16264.20	28.37	210491.83	209778.26	122758.92
上 海 Shanghai	21130.00	516.23	424111.67	424111.67	252346.69
江 苏 Jiangsu	99908.00	520.38	593576.92	591151.68	358044.61
浙 江 Zhejiang	325119.17	2847.18	695946.90	694860.05	476731.84
安 徽 Anhui	31894.26	264.97	736312.24	735521.21	104258.93
福 建 Fujian	25181.76	204.91	286906.36	286350.70	187892.49
江 西 Jiangxi	18194.50	101.11	228911.97	226119.30	192294.00
山 东 Shandong	53014.28	367.22	366749.95	366064.67	227863.27
河 南 Henan	12044.00	11.70	217381.87	215896.32	179751.68
湖 北 Hubei	35701.00	297.68	352112.22	350069.17	167235.83
湖 南 Hunan	23178.00		241528.67	240674.10	189518.60
广 东 Guangdong	543787.00	1158.84	3340352.77	3337415.54	1922874.43
广 西 Guangxi	66704.67		262312.99	261365.55	212107.99
海 南 Hainan	7141.23	1.00	82189.14	82127.16	73992.00
重 庆 Chongqing	7363.00		76434.50	76047.00	32805.13
四 川 Sichuan	21437.60	434.77	173651.97	172456.22	98066.68
贵 州 Guizhou	9477.08	124.08	88669.59	88202.53	80663.21
云 南 Yunnan	18925.05	109.44	210095.04	210007.80	75036.30
西 藏 Tibet	26341.00	0.50	66660.50	66100.30	39600.30
陕 西 Shaanxi	7671.00	0.35	28795.70	28550.58	17565.00
甘 肃 Gansu	96254.00		85327.48	85096.50	77984.50
青 海 Qinghai	2584.00		6352.94	6339.49	6329.49
宁 夏 Ningxia	3322.60	0.30	13192.72	13184.02	10039.33
新 疆 Xinjiang	5028.00	74.61	60174.16	59954.43	46679.77

Urban LPG Supply (2015)

Total Gas Supplied (ton)		用气户数		用气人口	液化石油气汽车加气站(座)	地区名称
燃气汽车 Gas-Powered Automobiles	燃气损失量 Loss Amount	(户) Number of Household with Access to Gas (unit)	家庭用户 Household User	(万人) Population with Access to Gas (10,000 persons)	Gas Stations for LPG- Fueled Motor Vehicles (unit)	Name of Regions
573732.88	**76745.74**	**48927534**	**44315791**	**13955.06**	**401**	**全 国**
	52914.14	2999094	2969023	431.88	1	北 京
		126494	123632	27.86		天 津
132.00	638.31	1083616	1023415	299.55	5	河 北
	635.57	378756	353581	118.83		山 西
2202.68	835.70	766301	700935	247.94	10	内蒙古
35054.00	421.17	2155275	1901356	558.89	45	辽 宁
7129.10	505.00	1126177	1023015	365.21	28	吉 林
19837.40	713.57	1274299	1157080	424.90	44	黑龙江
53787.57		3394523	3354653	821.09	44	上 海
9727.00	2425.24	2648166	2415984	714.55	11	江 苏
8127.14	1086.85	4461871	3957372	1157.29	4	浙 江
	791.03	874710	812807	269.16		安 徽
50.77	555.66	1911284	1758681	704.63	1	福 建
	2792.67	1270370	1171268	478.19		江 西
27283.00	685.28	1907440	1742605	656.65	35	山 东
7621.00	1485.55	1498511	1340071	527.43	12	河 南
25000.00	2043.05	1650460	1296037	580.93	9	湖 北
20254.50	854.57	1638710	1500849	493.94	52	湖 南
337432.07	2937.23	11717598	10483449	3140.19	44	广 东
	947.44	1941220	1866497	596.10		广 西
5058.00	61.98	543908	282651	136.79	10	海 南
	387.50	309181	220700	95.05		重 庆
1568.00	1195.75	512950	448184	140.39	1	四 川
	467.06	686432	585287	260.70		贵 州
	87.24	1002386	887374	322.44		云 南
9882.65	560.20	67397	62648	36.56	38	西 藏
	245.12	195227	181723	70.82		陕 西
54.00	230.98	328354	314382	158.55	2	甘 肃
	13.45	58531	58228	20.57		青 海
1440.00	8.7	187841	171702	42.99	2	宁 夏
2092.00	219.73	210452	150602	54.99	3	新 疆

1-2-14 城市集中供热 (2015年)

地区名称 Name of Regions	蒸汽 Steam							
	供热能力(吨/小时) Heating Capacity (ton/hour)	热电厂供热 Heating by Co-Generation	锅炉房供热 Heating by Boilers	供热总量(万吉焦) Total Heat Supplied (10,000gcal)	热电厂供热 Heating by Co-Generation	锅炉房供热 Heating by Boilers	管道长度(公里) Length of Pipelines (km)	供热能力(兆瓦) Heating Capacity (mega watts)
全国 National Total	**80699**	**66790**	**13519**	**49703**	**42460**	**7037**	**11692**	**472556**
北京 Beijing	300	300		166	166		44	41451
天津 Tianjin	3568	2773	795	1329	998	331	331	24261
河北 Hebei	7539	6430	1109	5154	4750	404	1053	32035
山西 Shanxi	1385	840	545	1104	546	558	245	30991
内蒙古 Inner Mongolia	341	115	226	185	86	99	28	45683
辽宁 Liaoning	12933	10860	2073	7208	5780	1428	1561	71834
吉林 Jilin	1403	1252	151	828	708	120	723	42760
黑龙江 Heilongjiang	4574	3730	844	2243	1844	400	362	46602
浙江 Zhejiang	3145	3090	55	5469	4965	504	534	30
安徽 Anhui	4593	4573	20	2951	2945	6	611	142
山东 Shandong	24373	21604	2769	13656	12690	966	3198	47487
河南 Henan	6093	4829	904	3242	2601	438	1421	11644
湖北 Hubei	2680	1852	828	1729	1329	401	343	478
西藏 Tibet	14		14	140		140	34	
陕西 Shaanxi	3728	1030	2668	2099	1118	977	323	22023
甘肃 Gansu	26	26		8	8		24	14331
青海 Qinghai								348
宁夏 Ningxia	1795	1467	328	935	850	85	740	7848
新疆 Xinjiang	2210	2020	190	1257	1077	180	117	32608

Urban Central Heating (2015)

热水 Hot Water						供热面积(万平方米) Heated Area (10,000 m²)		地区名称 Name of Regions
		供热总量(万吉焦) Total Heat Supplied (10,000gcal)			管道长度(公里) Length of Pipelines (km)			
热电厂供热 Heating by Co-Generation	锅炉房供热 Heating By Boilers		热电厂供热 Heating by Co-Generation	锅炉房供热 Heating by Boilers			住宅 Housing	
212477	**258008**	**302110**	**130582**	**170282**	**192721**	**672205**	**494771**	**全　国**
7590	33861	35857	5551	30306	12207	58465	39031	北　京
6767	17494	12304	2989	9315	20714	37678	28485	天　津
18353	13338	21180	12511	8315	10936	58751	43228	河　北
23050	7913	19174	12024	7072	10566	54059	42506	山　西
24093	20990	32711	16714	15725	10956	44869	29903	内蒙古
22988	48791	49005	14213	34742	34298	104543	78041	辽　宁
17829	24929	24609	12102	12500	18587	47990	34037	吉　林
22217	24334	36939	19012	17924	17536	62457	42750	黑龙江
30						4429	29	浙　江
	142	36		36	15	2684	1040	安　徽
32056	15303	27342	18040	9054	34023	90150	73893	山　东
8888	2737	6131	5040	973	3831	22375	17396	河　南
400	78	56	22	34	10	2396	1691	湖　北
						22		西　藏
10430	11593	7136	1666	5471	1906	24030	20650	陕　西
5187	9021	9152	3631	5488	4405	16137	11940	甘　肃
	348	290		290	179	461	347	青　海
1550	5578	4159	1166	2911	2913	9979	7905	宁　夏
11049	21559	16028	5900	10128	9637	30728	21901	新　疆

1-2-15 城市轨道交通(建成)(2015年)

地区名称 Name of Regions		线路长度(公里) Length of Lines (km)								
		合计 Total	地铁 Subway	轻轨 Light Rail	单轨 Monorail	有轨 Cable Car	磁浮 Maglev	按敷设方式 by Ways of Laying		
								地面线 Surface Lines	地下线 Underground Lines	高架线 Elevated Lines
全　国	**National Total**	**3069.23**	**2606.24**	**246.56**	**68.55**	**117.98**	**29.90**	**254.75**	**1967.21**	**847.27**
北　京	Beijing	554.00	554.00					50.00	388.00	116.00
天　津	Tianjin	147.14	93.93	45.41		7.80		16.56	70.04	60.54
河　北	Hebei									
山　西	Shanxi									
内蒙古	Inner Mongolia									
辽　宁	Liaoning	136.63	49.86	23.48		63.29		54.51	49.86	32.26
吉　林	Jilin	47.17		47.17				19.63	4.60	22.94
黑龙江	Heilongjiang									
上　海	Shanghai	614.23	584.33				29.90	18.20	368.69	227.34
江　苏	Jiangsu	370.47	280.05	52.3		38.12		41.48	222.55	106.44
浙　江	Zhejiang	133.80	133.8					0.2	97.1	36.50
安　徽	Anhui									
福　建	Fujian									
江　西	Jiangxi	28.75	28.75						28.75	
山　东	Shandong	8.77				8.77		8.77		
河　南	Henan	26.20	26.20						26.20	
湖　北	Hubei	125.64	96.96	28.68				0.3	88.06	37.28
湖　南	Hunan	26.79	26.79						26.79	
广　东	Guangdong	447.92	418.12	29.8				38.52	337.47	71.93
广　西	Guangxi									
海　南	Hainan									
重　庆	Chongqing	201.87	113.60	19.72	68.55			4.31	89.34	108.22
四　川	Sichuan	88.12	88.12						80.03	8.09
贵　州	Guizhou									
云　南	Yunnan	60.07	60.07					2.27	38.07	19.73
西　藏	Tibet									
陕　西	Shaanxi	51.66	51.66						51.66	
甘　肃	Gansu									
青　海	Qinghai									
宁　夏	Ningxia									
新　疆	Xinjiang									

Urban Rail Transit System (Completed) (2015)

车站数(个) Number of Stations (unit)				换乘站数(个) Number of Transfer Stations (unit)	配置车辆数(辆) Number of Vehicles in Service (unit)						地区名称 Name of Regions
合计 Total	地面站 Surface Lines	地下站 Underground Lines	高架站 Elevated Lines		合计 Total	地铁 Subway	轻轨 Light Rail	单轨 Monorail	有轨 Cable Car	磁浮 Maglev	
2008	**223**	**1279**	**506**	**441**	**16524**	**15251**	**738**	**426**	**95**	**14**	**全　国**
334	21	264	49	53	5024	5024					北　京
101	19	53	29	14	576	416	152		8		天　津
											河　北
											山　西
											内蒙古
107	45	41	21	2	410	300	74		36		辽　宁
49	19	6	24	2	68		68				吉　林
											黑龙江
358	37	136	185	134	4045	4031				14	上　海
249	36	164	49	41	1622	1366	212		44		江　苏
62		47	15	7	234	234					浙　江
											安　徽
											福　建
24		24		7	6	6					江　西
22	22				7				7		山　东
20		20		6	18	18					河　南
101		71	30	32	733	601	132				湖　北
23		23		5	234	234					湖　南
292	18	243	31	70	1708	1708					广　东
											广　西
											海　南
121	4	55	62	35	1084	558	100	426			重　庆
70		66	4	7	648	648					四　川
											贵　州
35	2	26	7	16	53	53					云　南
											西　藏
40		40		10	54	54					陕　西
											甘　肃
											青　海
											宁　夏
											新　疆

1-2-16 城市轨道交通(在建)(2015年)

地区名称 Name of Regions	线路长度(公里) Length of Lines (km)								
	合计 Total	地铁 Subway	轻轨 Light Rail	单轨 Monorail	有轨 Cable Car	磁浮 Maglev	按敷设方式 by Ways of Laying		
							地面线 Surface Lines	地下线 Under-ground Lines	高架线 Elevated Lines
全　国 National Total	**3994.15**	**3460.63**	**401.97**	**9.97**	**103.04**	**18.54**	**176.85**	**3169.73**	**647.57**
北　京 Beijing	287.48	278.62			8.86		6.72	235.26	45.5
天　津 Tianjin	145.12	145.12					2.41	141.99	0.72
河　北 Hebei	43.19	43.19						43.19	
山　西 Shanxi									
内蒙古 Inner Mongolia									
辽　宁 Liaoning	239.46	156.32	83.14				21.62	164.63	53.21
吉　林 Jilin	54.39	40.99	13.4					40.99	13.4
黑龙江 Heilongjiang	75.18	75.18						75.18	
上　海 Shanghai	230.07	230.07						184.39	45.68
江　苏 Jiangsu	344.47	205.79	109.72		28.96		25.46	218.55	100.46
浙　江 Zhejiang	247.15	193.65			53.5		3.02	169.97	74.16
安　徽 Anhui	90.04	90.04						90.04	
福　建 Fujian	132.13	132.13					25.1	104.23	2.8
江　西 Jiangxi	60.18	60.18						60.18	
山　东 Shandong	163.21	163.21					1.86	93.17	68.18
河　南 Henan	106.25	106.25						90.55	15.7
湖　北 Hubei	192.85	192.85					1	157.19	34.66
湖　南 Hunan	134.71	116.17				18.54	18.54	115.17	1
广　东 Guangdong	677.53	575.76	90.05		11.72		39.67	526.06	111.8
广　西 Guangxi	105.66		105.66					105.66	
海　南 Hainan									
重　庆 Chongqing	150.46	140.49		9.97			0.5	112.96	37
四　川 Sichuan	185.09	185.09						172.87	12.22
贵　州 Guizhou	61.9	61.9					29	32.9	
云　南 Yunnan	67.08	67.08					0.3	47.27	19.51
西　藏 Tibet									
陕　西 Shaanxi	99.71	99.71					1.65	86.49	11.57
甘　肃 Gansu	51.82	51.82						51.82	
青　海 Qinghai									
宁　夏 Ningxia									
新　疆 Xinjiang	49.02	49.02						49.02	

Urban Rail Transit System(Under Construction) (2015)

车站数(个) Number of Stations (unit)				换乘站数(个) Number of Transfer Stations (unit)	配置车辆数(辆) Number of Vehicles in Service (unit)						地区名称 Name of Regions
合计 Total	地面站 Surface Lines	地下站 Under-ground Lines	高架站 Elevated Lines		合计 Total	地铁 Subway	轻轨 Light Rail	单轨 Monorail	有轨 Cable Car	磁浮 Maglev	
2547	**80**	**2212**	**255**	**680**	**17770**	**16609**	**889**	**66**	**201**	**5**	**全　国**
145	6	121	18	71	3165	3134			31		北　京
121	1	119	1	22	416	416					天　津
37		37		11	50	50					河　北
											山　西
											内蒙古
136	5	117	14	11	68	48	20				辽　宁
47		34	13	13	44	44					吉　林
59		59		16	690	690					黑龙江
147		126	21	41	1910	1910					上　海
207	16	165	26	49	1188	890	271		27		江　苏
148	2	114	32	13	626	498			128		浙　江
79		79		12	324	324					安　徽
103		102	1	26	1206	1206					福　建
49		49		12	38	38					江　西
93		59	34	30	638	638					山　东
72		65	7	20							河　南
114		99	15	45	1210	1210					湖　北
92	5	86	1	20	627	622				5	湖　南
333	24	277	32	90	2013	1990	8		15		广　东
85		85		23	590		590				广　西
											海　南
92	2	73	17	37	828	762		66			重　庆
141		133	8	53	1392	1392					四　川
48	19	29		10	372	372					贵　州
46		39	7	12	36	36					云　南
											西　藏
76		68	8	26							陕　西
40		40		10	312	312					甘　肃
											青　海
											宁　夏
37		37		7	27	27					新　疆

1-2-17 城市道路和桥梁（2015年）

地区名称 Name of Regions		道路长度 (公里) Length of Roads (km)	道路面积 (万平方米) Surface Area of Roads (10,000 m²)	人行道面积 Surface Area of Sidewalks
全　国	**National Total**	**364978**	**717675**	**157930**
北　京	Beijing	8104	14302	2390
天　津	Tianjin	7636	14019	3300
河　北	Hebei	13402	31570	7183
山　西	Shanxi	7323	15039	3617
内蒙古	Inner Mongolia	9281	19793	4877
辽　宁	Liaoning	16914	30585	6767
吉　林	Jilin	8854	17010	3411
黑龙江	Heilongjiang	12364	18651	3741
上　海	Shanghai	4989	10317	2603
江　苏	Jiangsu	40749	75052	11753
浙　江	Zhejiang	20475	39293	8176
安　徽	Anhui	13375	31010	6940
福　建	Fujian	8415	16303	3800
江　西	Jiangxi	8185	17436	3625
山　东	Shandong	40426	80847	16862
河　南	Henan	12318	29915	7295
湖　北	Hubei	17920	31852	7723
湖　南	Hunan	11437	21333	5324
广　东	Guangdong	38894	70003	14986
广　西	Guangxi	8187	17003	3400
海　南	Hainan	2350	5070	1211
重　庆	Chongqing	7712	16128	4706
四　川	Sichuan	13378	27937	7727
贵　州	Guizhou	3538	7201	2149
云　南	Yunnan	6166	12690	3411
西　藏	Tibet	1037	1891	422
陕　西	Shaanxi	6508	14602	4180
甘　肃	Gansu	4489	9650	2335
青　海	Qinghai	987	1970	567
宁　夏	Ningxia	2146	6376	1190
新　疆	Xinjiang	7418	12827	2259

Urban Roads and Bridges(2015)

桥梁数 (座) Number of Bridges (unit)	大桥及特大桥 Great Bridge and Grand Bridge	立交桥 Inter-section	道路照明灯盏数(盏) Number of Road Lamps (unit)	安装路灯道路长度(公里) Length of The Road with Street Lamp (km)	地区名称 Name of Regions
64512	**5886**	**4666**	**24225203**	**275940**	**全国**
2271	519	438	239840	6500	北京
953	149	115	350682	5883	天津
1410	112	254	660167	9207	河北
657	56	142	548263	4429	山西
349	32	104	721653	5992	内蒙古
1637	217	254	1580767	10383	辽宁
776	100	138	502560	5944	吉林
1065	175	207	635808	8249	黑龙江
2524	3	54	532032	4989	上海
14630	411	381	3391262	33946	江苏
10283	454	182	1458067	18405	浙江
1620	171	240	848632	10474	安徽
1816	224	75	718378	6362	福建
827	132	88	649981	6088	江西
5212	354	251	1864921	31195	山东
1374	56	127	863653	9856	河南
1952	322	146	530996	9195	湖北
827	238	75	682019	9432	湖南
6259	1153	464	2301867	30215	广东
832	91	103	627042	6538	广西
226	14	8	181211	2162	海南
1433	230	270	511560	5971	重庆
2081	265	192	984428	10401	四川
683	76	41	421684	2302	贵州
693	57	47	473939	4902	云南
18	8	1	59648	587	西藏
743	115	149	638418	5000	陕西
540	74	46	296520	3017	甘肃
144		4	120010	774	青海
188	2	4	266358	2010	宁夏
489	76	66	562837	5533	新疆

1-2-18 城市排水和污水处理(2015年)

地区名称 Name of Regions	污水排放量(万立方米) Annual Quantity of Wastewater Discharged (10,000 m³)	排水管道长度(公里) Length of Drainage Piplines (km)	污水管道 Sewers	雨水管道 Rainwater Drainage Pipeline	雨污合流管道 Combined Drainage Pipeline	污水处理厂 座数(座) Number of Wastewater Treatment Plant (unit)	二、三级处理 Secondary and Tertiary Treatment	处理能力(万立方米/日) Treatment Capacity (10,000 m³/day)	二、三级处理 Secondary and Tertiary Treatment	处理量(万立方米) Quantity of Wastewater Treated (10,000 m³)
全 国 National Total	**4666210**	**539567**	**226239**	**205563**	**107765**	**1944**	**1666**	**14038.4**	**12374.0**	**4104646**
北 京 Beijing	164231	15528	7157	6139	2232	51	51	442.5	442.5	141105
天 津 Tianjin	93979	19543	9492	8333	1718	49	49	283.3	283.3	85235
河 北 Hebei	167057	16964	6841	6951	3173	76	57	551.6	431.4	156851
山 西 Shanxi	72746	7860	2496	1712	3651	38	22	240.2	149.8	64265
内蒙古 Inner Mongolia	59052	12542	6879	4540	1123	41	35	212.0	189.5	55003
辽 宁 Liaoning	243528	17074	3894	4543	8637	93	75	787.1	642.1	220385
吉 林 Jilin	86386	10319	3798	3949	2572	41	21	330.0	211.8	77493
黑龙江 Heilongjiang	122699	10345	3510	2840	3996	63	39	347.4	256.3	84337
上 海 Shanghai	230423	16920	7459	8276	1185	49	49	785.0	785.0	212474
江 苏 Jiangsu	412277	70048	34248	26234	9566	196	162	1165.3	985.3	331363
浙 江 Zhejiang	269386	38203	18659	16472	3072	83	74	823.7	777.9	238675
安 徽 Anhui	150642	24399	9506	11155	3738	67	59	440.4	402.9	138293
福 建 Fujian	119392	13340	6839	5156	1345	50	50	353.6	353.6	104407
江 西 Jiangxi	88945	11983	4640	4467	2876	39	37	254.9	253.9	77054
山 东 Shandong	302131	52183	21236	24371	6576	161	161	994.1	994.1	289050
河 南 Henan	194710	20467	8070	7633	4764	72	55	643.3	480.2	181296
湖 北 Hubei	203363	23042	7033	6753	9256	77	67	585.4	535.7	183266
湖 南 Hunan	165003	13199	6203	3341	3654	61	61	467.4	467.4	142271
广 东 Guangdong	671363	53587	17308	20586	15693	254	238	1961.5	1828.8	626057
广 西 Guangxi	130447	10588	3107	3517	3964	41	34	303.4	286.4	88374
海 南 Hainan	32054	3792	1597	1710	485	25	19	93.4	26.3	23798
重 庆 Chongqing	96951	12961	6576	4305	2079	46	43	268.9	258.4	90650
四 川 Sichuan	186332	22486	9774	9861	2851	82	63	498.6	327.0	153647
贵 州 Guizhou	49075	5895	2697	2275	923	31	27	144.0	129.0	46706
云 南 Yunnan	85425	11477	5372	4271	1834	34	29	233.9	208.4	76454
西 藏 Tibet	12991	1422	376	289	757	3	2	7.4	2.4	2478
陕 西 Shaanxi	96977	8026	3748	3141	1138	37	23	335.5	263.0	88756
甘 肃 Gansu	41331	5558	2267	1661	1629	22	17	136.4	119.1	33083
青 海 Qinghai	18579	1668	880	690	97	11	10	41.9	41.3	11143
宁 夏 Ningxia	27751	1608	444	142	1022	13	9	71.0	52.5	22436
新 疆 Xinjiang	70984	6538	4131	248	2159	39	28	235.3	188.7	58241

Urban Drainage and Wastewater Treatment (2015)

Wastewater Treatment Plant			其他污水处理设施 Other Wastewater Treatment Facilities		污水处理总量(万立方米) Total Quantity of Wastewater Treated (10,000 m^3)	再生水 Recycled Water			地区名称 Name of Regions
二、三级处理 Secondary and Tertiary Treated	干污泥产生量(吨) Quantity of Dry Sludge Produced (ton)	干污泥处置量(吨) Quantity of Dry Sludge Treated (ton)	处理能力(万立方米/日) Treatment Capacity (10,000 m^3/day)	处理量(万立方米) Quantity of Wastewater Treated (10,000 m^3)		生产能力(万立方米/日) Recycled Water Production Capacity (10,000 m^3/day)	利用量(万立方米) Annual Quantity of Wastewater Recycled and Reused (10,000 m^3)	管道长度(公里) Length of Piplines (km)	
3664894	**7462862**	**7087960**	**2027.0**	**183605**	**4288251**	**2316.7**	**444943**	**8499**	**全　国**
141105	1158152	1149475	19.2	4084	145189	226.3	95714	1484	北　京
85235	91448	91439	2.6	795	86030	30.3	2146	1091	天　津
123517	327909	324636	12.8	2423	159274	194.7	36443	564	河　北
43050	90220	80897	4.7	626	64891	90.8	8038	375	山　西
50727	91681	63081			55003	77.1	8601	665	内蒙古
181798	414629	355819	44.3	6300	226685	125.2	22498	476	辽　宁
54693	124733	73756	4.5	579	78072	30.0	821	45	吉　林
64643	132237	130803	389.5	19229	103566	28.4	5578	59	黑龙江
212474	312808	312808		1472	213946				上　海
279720	473105	468703	507.9	55844	387207	319.7	65305	471	江　苏
226398	480176	479854	58.4	9020	247695	65.7	8180	62	浙　江
128327	168696	148052	205.8	7341	145634	38.0	1467	55	安　徽
104407	183036	175582	27.2	2412	106819	11.0	117	71	福　建
76770	76038	74382	18.0	987	78041	2.8	796	125	江　西
289050	476823	473933	10.1	291	289341	430.5	72154	1178	山　东
139326	287987	265410	6.5	898	182194	118.5	10429	285	河　南
167126	213179	208363	70.6	6691	189957	47.7	15197	12	湖　北
142271	175939	169902	119.3	10754	153025	14.8	1437	114	湖　南
586742	1215576	1169971	13.1	2649	628706	77.4	7447	11	广　东
84233	75765	75713	386.2	29052	117426	0.2		0	广　西
5336	75124	74629			23798	12.2	1260	138	海　南
88322	130235	128765	4.9	1237	91887	14.6	854	94	重　庆
101100	204905	189877	67.3	11291	164938	17.2	5562	14	四　川
41041	52566	51456			46706	69.0	23061	16	贵　州
69936	93074	90716	11.3	1309	77763	86.8	29689	168	云　南
846	973	973			2478				西　藏
72965	140737	129490	2.0	23	88779	71.5	8618	180	陕　西
28271	82618	66689	23.8	3957	37040	24.0	2782	108	甘　肃
10924	12389	12323			11143	2.6	701	57	青　海
17531	25478	12466	11.0	3386	25822	20.3	1400	289	宁　夏
47010	74626	37997	6.0	955	59196	69.4	8648	295	新　疆

1-2-19 城市园林绿化(2015年)

地区名称 Name of Regions		绿化覆盖面积 (公顷) Green Coverage Area (hectare)	建成区 Built District	绿地面积 (公顷) Area of Green Space (hectare)
全　国	**National Total**	**3074461**	**2105136**	**2669567**
北　京	Beijing	86809	86809	81305
天　津	Tianjin	32208	32208	28406
河　北	Hebei	90724	80022	81346
山　西	Shanxi	48150	45088	42033
内蒙古	Inner Mongolia	67322	47999	63090
辽　宁	Liaoning	198213	99130	124193
吉　林	Jilin	54180	50444	47251
黑龙江	Heilongjiang	85963	63479	76501
上　海	Shanghai	138810	38452	127332
江　苏	Jiangsu	307000	179411	274071
浙　江	Zhejiang	155192	105130	138039
安　徽	Anhui	112303	79285	93786
福　建	Fujian	72093	60736	64466
江　西	Jiangxi	58510	57120	54147
山　东	Shandong	240024	194763	213517
河　南	Henan	102700	94345	89952
湖　北	Hubei	104844	82311	80309
湖　南	Hunan	68156	62415	59359
广　东	Guangdong	503411	233376	438376
广　西	Guangxi	89662	47952	82382
海　南	Hainan	16968	12737	14883
重　庆	Chongqing	61327	53579	55934
四　川	Sichuan	96795	88180	87096
贵　州	Guizhou	40698	28309	36739
云　南	Yunnan	43608	39514	39416
西　藏	Tibet	6334	6158	5332
陕　西	Shaanxi	67334	43551	56108
甘　肃	Gansu	27708	25196	23560
青　海	Qinghai	6011	5787	5732
宁　夏	Ningxia	25923	17237	24132
新　疆	Xinjiang	65480	44414	60775

注：本表中北京市的各项绿化数据均为该市调查面积内数据。

Urban Landscaping(2015)

建成区 Built District	公园绿地面积(公顷) Area of Public Recreational Green Space (hectare)	公园个数(个) Number of Parks (unit)	公园面积(公顷) Park Area (hectare)	地区名称 Name of Regions
1907862	**614090**	**13834**	**383805**	**全　国**
81305	29503	287	29448	北　京
28406	8865	102	2299	天　津
72944	24014	502	17339	河　北
40100	12910	271	9552	山　西
44393	16876	254	13725	内蒙古
92525	26233	379	13629	辽　宁
45690	14650	191	6446	吉　林
57918	16997	345	9777	黑龙江
33958	18395	165	2407	上　海
165334	44713	942	25935	江　苏
95041	28593	1171	16655	浙　江
71582	19913	374	12043	安　徽
55576	15327	555	11913	福　建
53241	14663	356	8764	江　西
177151	54345	828	34112	山　东
83326	25201	327	12653	河　南
72127	21719	352	11997	湖　北
56089	14930	287	10145	湖　南
210240	89591	3512	65318	广　东
41933	12111	216	8579	广　西
11359	3784	55	1972	海　南
49698	22733	349	11502	重　庆
78858	24512	508	13343	四　川
26248	8308	114	7021	贵　州
35613	9427	683	7558	云　南
5200	882	81	978	西　藏
36898	11714	209	5877	陕　西
22680	7773	123	4335	甘　肃
5483	1942	41	1350	青　海
16534	5126	77	2411	宁　夏
40413	8338	178	4721	新　疆

Note:All the greening-related data for Beijing Municipality in the Table are those for the areas surveyed in the city.

1-2-20 国家级风景名胜区(2015年)

风景名胜区名称 Name of Scenic Spots	风景名胜区面积(平方公里) Area of Scenic Spots (km^2)	供游览面积 Tourism-Only Area	游人量(万人次) Number of Visits (10,000 person-times)	境外游人 Visits by Foreign Tourists	景区资金收入合计(万元) Total Revenues of Scenic Spots (10,000 RMB)	国家拨款 Financial Allocation from Central Government
全国	**110831**	**44029**	**84112**	**2949**	**6770749**	**702851**
北京	**263**	**46**	**1385.90**	**34.70**	**61789**	**5823**
八达岭	55	3	832.50	30.50	27455	316
十三陵	123	3	483.40	4.20	25034	4941
石花洞	85	40	70.00		9300	566
天津	106	10	156.60	1.00	10179	990
盘山	106	10	156.60	1.00	10179	990
河北	**4043**	**3078**	**3896.50**	**46.70**	**247212**	**3748**
苍岩山	63	10	54.00	0.50	3000	80
嶂石岩	120	39	8.00		315	190
西柏坡——天桂山	256	205	780.00	0.70	92000	
秦皇岛北戴河	366	160	1790.00	26.00	44260	
响堂山	35	2	20.00		160	
娲皇宫	132	56	410.00	4.50	5489	2905
太行大峡谷	17	6	10.00		513	141
崆山白云洞	161	23	66.50		2475	222
野三坡	499	499	360.00	5.50	15000	
承德避暑山庄外八庙	2394	2078	398.00	9.50	84000	210
山西	**1384**	**314**	**727.10**	**3.30**	**522508**	**2065**
恒山	148	91	125.00		7000	
五老峰	300	30	16.00		990	440
五台山	593	56	475.70	0.30	508203	
黄河壶口瀑布(山西段)	110	25	35.00	2.30	3280	500
碛口	145	60	15.20	0.30	1125	1125
北武当山	88	52	60.20	0.40	1910	
内蒙古	**489**	**100**	**35.20**	**0.10**	**350**	**350**
扎兰屯	489	100	35.20	0.10	350	350
辽宁	**1744**	**1212**	**2436.30**	**35.10**	**216915**	**604**
大连海滨——旅顺口	232	78	812.00	6.30	14931	
金石滩	39	13	500.00	10.30	150000	
鞍山千山	126	72	140.00	5.00	6326	156
本溪水洞	45	19	85.80		6570	
鸭绿江	824	824	263.00	11.90	7018	
青山沟	150	82	16.70		2130	
凤凰山	217	60	72.00	1.00	7300	
医巫闾山	64	59	430.00	0.40	22000	
兴城海滨	47	5	116.80	0.20	640	448
吉林	**828**	**158**	**225.50**	**9.20**	**23403**	**400**
“八大部”——净月潭	96	9	150.00	6.50	4200	400
松花湖	550	127	63.50	0.70	19000	
防川	139	7	11.00	2.00	163	
仙景台	43	15	1.00		40	

State-Level Scenic Spots and Historic Sites across the Country(2015)

经营收入 Operational Income (10,000 RMB)	门票 Ticket Fees	景区资金支出合计(万元) Total Expenditure of Scenic Spots (10,000 RMB)	经营支出 Operational Expenditure	固定资产投资完成额 Completed Investment in Fixed Assets	维护支出 Maintenance Expenditure	风景名胜区名称 Name of Scenic Spots
5499667	**2396133**	**5177129**	**2204354**	**2233684**	**574126**	**全国**
46407	**43428**	**65191**	**10182**	**43040**	**6437**	**北京**
27094	26007	32384	7046	15704	259	八达岭
18113	16221	27707	36	26286	5288	十三陵
1200	1200	5100	3100	1050	890	石花洞
9189	4782	10527	486	10041	664	**天津**
9189	4782	10527	486	10041	664	盘山
169437	**106922**	**215316**	**142846**	**62356**	**27276**	**河北**
2920	920	3600	1000	2600	300	苍岩山
125	125	1300	800	300	200	嶂石岩
67000	25000	108500	95000	13500	9500	西柏坡——天桂山
44260	30870	15210	6200	9010	6815	秦皇岛北戴河
160	160	570	500	70	25	响堂山
2584	2357	8396	4923	3473	1188	娲皇宫
372	372	1624	1455	169	63	太行大峡谷
2253	2118	1956	577	1234	520	崆山白云洞
15000	15000	30560	30560			野三坡
34763	30000	43600	1831	32000	8665	承德避暑山庄外八庙
519573	**40078**	**9344**	**1711**	**2260**	**866**	**山西**
7000	7000	5569		726	726	恒山
550	511	1576	952	624	80	五老峰
508203	29277					五台山
2600	2600	90	30	60	60	黄河壶口瀑布(山西段)
		729	729			碛口
1220	690	1380		850		北武当山
		350		**350**	**50**	**内蒙古**
		350		350	50	扎兰屯
210374	**92141**	**57887**	**17705**	**36860**	**9438**	**辽宁**
14931	6870	14726	5821	7643	645	大连海滨——旅顺口
150000	60000	12097	7441	4656	3520	金石滩
6170	4162	7160	1280	5880	669	鞍山千山
6570	6570	5296	52	5244	790	本溪水洞
6081	3904	4297	1561	2724	1084	鸭绿江
2130	1335	1871	750	1073	48	青山沟
7300	4300	6800	800	6000	800	凤凰山
17000	5000	5000		3000	1500	医巫闾山
192		640		640	382	兴城海滨
22603	**1322**	**7360**	**4601**	**2757**	**667**	**吉林**
3400	400	4000	1900	2100	600	“八大部”——净月潭
19000	726	570		570		松花湖
163	163	2750	2693	55	51	防川
40	33	40	8	32	16	仙景台

1-2-20 续表 1

风景名胜区名称 Name of Scenic Spots	风景名胜区面积(平方公里) Area of Scenic Spots (km^2)	供游览面积 Tourism-Only Area	游人量(万人次) Number of Visits (10,000 person-times)	境外游人 Visits by Foreign Tourists	景区资金收入合计(万元) Total Revenues of Scenic Spots (10,000 RMB)	国家拨款 Financial Allocation from Central Government
黑龙江	**2874**	**1322**	**357.80**	**12.80**	**126570**	**57993**
太阳岛	88	88	165.00		10342	
镜泊湖	1726	514	54.80		11528	1793
五大连池	1060	720	138.00	12.80	104700	56200
江苏	**3328**	**302**	**10322.70**	**197.70**	**496197**	**28163**
南京钟山	41	41	3002.40	16.00	48186	18474
太湖	3091	108	6038.30	153.30	405927	3696
云台山	167	145	336.00	12.00	9046	120
蜀冈——瘦西湖	12	6	407.00	2.60	28370	4800
三山	17	2	539.00	13.80	4668	1073
浙江	**4371**	**1532**	**12471.10**	**382.10**	**406679**	**136087**
富春江——新安江	1423	413	3658.80	7.60	105720	5305
杭州西湖	59	38	2726.00	278.00	147259	99747
雪窦山	55	17	413.00	23.80	12358	
楠溪江	671	328	620.30	4.00	10404	6302
雁荡山	448	111	866.50	6.70	14521	3954
百丈漈——飞云湖	560	82	86.60	17.90	6500	2600
莫干山	43	10	50.00	4.00	7200	1000
天姥山	143	48	307.60	7.00	7350	
浣江——五泄	74	45	320.00	5.30	12700	150
双龙	80	60	110.10	6.20	3865	434
大红岩	51	51	52.00	0.20	3232	2690
方岩	153	88	59.00	1.70	4427	395
江郎山	51				2218	720
普陀山	41	41	1222.20	4.90	46616	12092
嵊泗列岛	37	3	428.00	1.20	3006	
天台山	132	95	880.00	5.50	4650	330
仙居	158	32	264.00	5.50	8597	218
方山——长屿硐天	26	26	189.00	0.30	2979	150
仙都	166	44	218.00	2.30	3077	
安徽	**2229**	**1517**	**1858.80**	**74.80**	**488751**	**22737**
巢湖	1196	900	160.00	1.20	6000	
采石	64	40	56.80		2078	1061
天柱山	102	102	86.00	7.10	140000	2480
花亭湖	258	169	45.00	5.00	14000	1700
花山谜窟——渐江	81	7	23.10	1.30	1524	
黄山	161	60	318.30	16.00	256213	3686
齐云山	110	60	39.30	2.00	4660	2000
琅琊山	115	37	104.00		8603	7021
九华山	120	120	971.30	35.00	50673	4789
太极洞	22	22	55.00	7.20	5000	

1-2-20 Continued 1

经营收入 Operational Income (10,000 RMB)	门票 Ticket Fees	景区资金支出合计(万元) Total Expenditure of Scenic Spots (10,000 RMB)	经营支出 Operational Expenditure	固定资产投资完成额 Completed Investment in Fixed Assets	维护支出 Maintenance Expenditure	风景名胜区名称 Name of Scenic Spots
64813	**14561**	**110387**	**38616**	**64457**	**26529**	**黑龙江**
10278	8053	9206	1116	3621	1711	太阳岛
9735	2808	14581	1000	13581	2318	镜泊湖
44800	3700	86600	36500	47255	22500	五大连池
457149	**120793**	**139156**	**22337**	**98930**	**27449**	**江苏**
22648	11073	51868	7294	35375	7678	南京钟山
398410	78549	39350	4915	25745	8289	太湖
8926	8436	8200	1670	6530	5879	云台山
23570	20607	34230	8458	25772	1993	蜀冈——瘦西湖
3595	2128	5508		5508	3610	三山
270301	**185459**	**442850**	**196766**	**244319**	**72576**	**浙江**
100240	57715	104339	63148	40810	12672	富春江——新安江
47512	30286	137064	31780	105284	39687	杭州西湖
12358	8286	42825	24767	18058	373	雪窦山
4102	4102	6322	6302	20	20	楠溪江
10567	9692	18893	2451	16442	7271	雁荡山
3900	3704	9280	8150	1130	558	百丈漈——飞云湖
6200	2900	6100	1200	4900	500	莫干山
7285	6871	6822	3675	3055	2050	天姥山
12550	11950	20000	17000	2000	1000	浣江——五泄
3431	3183	7928	4903	3025	1704	双龙
542	525	3093	2650	440	22	大红岩
4032	2491	3888	146	3741	1508	方岩
1498	1336	3754	2606	1148	874	江郎山
34473	28033	55916	21780	33878	1251	普陀山
3006	3006	2000	1200	800	600	嵊泗列岛
4320	771	765	62	673	30	天台山
8379	4774	6107	1353	4754	837	仙居
2829	2757	3149	493	2656	114	方山——长屿硐天
3077	3077	4605	3100	1505	1505	仙都
431552	**128811**	**545308**	**177931**	**354673**	**14667**	**安徽**
6000	6000	6000	1500	3000	1500	巢湖
1017	968	2336	538	1798	368	采石
110500	6000	169954	48698	116945	1144	天柱山
7000	900	14000	7000	1600	800	花亭湖
1524	1114	1776	18	1343	52	花山谜窟——渐江
252527	61265	300215	85251	214964	8552	黄山
1360	1300	1100	500	600	240	齐云山
1582	1475	16290	9795	6495	113	琅琊山
45884	45884	29287	22031	6478	778	九华山
4158	3905	4350	2600	1450	1120	太极洞

1-2-20 续表 2

风景名胜区名　　称 Name of Scenic Spots	风景名胜区面积(平方公里) Area of Scenic Spots (km^2)	供游览面积 Tourism-Only Area	游人量(万人次) Number of Visits (10,000 person-times)	境外游人 Visits by Foreign Tourists	景区资金收入合计(万元) Total Revenues of Scenic Spots (10,000 RMB)	国家拨款 Financial Allocation from Central Government
福建	**1272**	**695**	**4181.80**	**412.40**	**116179**	**36860**
鼓山	50	28	883.00	265.00	2297	2042
十八重溪	51	17	16.00	0.10	195	30
青云山	53	30	34.80	1.20	3485	
鼓浪屿——万石山	104	22	1610.00	56.00	51823	21295
湄洲岛	49	49	430.00	30.00	15000	4500
玉华洞	43	10	188.50	2.70	1610	
泰宁	137	137	81.80	22.90	3512	
桃源洞——鳞隐石林	29	29	25.00	2.00	802	
清源山	62	25	86.60	5.60	5070	2915
灵通山	52	30	49.40	0.40	1620	100
宝山	85	43	2.20		2	
佛子山	56	11	6.00		910	910
武夷山	77	75	213.00	14.20	5062	398
冠豸山	123	65	27.70	0.40	1859	
鸳鸯溪	66	22	135.20	2.50	8100	50
福安白云山	69	22	52.00	0.20	2403	
太姥山	75	55	108.00	5.70	7133	
海坛	91	25	232.60	3.50	5296	4620
江西	**3105**	**1420**	**5932.70**	**412.50**	**611671**	**47531**
梅岭——滕王阁	144	105	545.40	2.30	6442	1414
高岭——瑶里	95	46	354.00	1.80	16518	193
武功山	310	201	173.70	9.50	18451	2410
云居山—柘林湖	655	349	668.40	34.20	54128	2760
庐山	330	129	330.00	15.00	186000	3600
仙女湖	195	94	204.20	0.60	74000	
龙虎山	220	40	1324.40	250.00	66898	14560
三百山	197	94	37.10	0.30	2506	
井冈山	333	114	885.20	5.90	56027	
三清山	230	76	1079.20	61.60	103136	5936
龟峰	97	39	150.10	29.50	7595	1758
灵山	102	39	78.00		15700	14500
神农源	43	11	23.00	1.80	2270	400
大茅山	154	83	80.00		2000	
山东	**884**	**458**	**4151.40**	**70.30**	**238935**	**13927**
泰山	171	131	514.50	25.10	51538	3867
青岛崂山	489	173	1746	22	37814	3038
博山	73	73	500.00	0.90	5200	490
胶东半岛海滨	92	26	1347.50	19.70	140370	4050
青州	59	55	43.60	3.10	4013	2482
河南	**1395**	**1015**	**2923.30**	**62.80**	**140382**	**5326**
郑州黄河	20	17	52.00	1.30	8093	2698
嵩山	152	38	289.50	5.50	23063	
洛阳龙门	9	3	349.00	11.00	36257	1330
石人山	268	268	62.00	6.00	1516	
林虑山	310	100	278.80	11.50	10681	1298

1-2-20 Continued 2

经营收入 Operational Income (10,000 RMB)	门票 Ticket Fees	景区资金支出合计(万元) Total Expenditure of Scenic Spots (10,000 RMB)	经营支出 Operational Expenditure	固定资产投资完成额 Completed Investment in Fixed Assets	维护支出 Maintenance Expenditure	风景名胜区名称 Name of Scenic Spots
68975	**60451**	**139691**	**62897**	**42262**	**20586**	**福建**
255	255	2151	1231	920	250	鼓山
165	160	102		90	10	十八重溪
3485	696	3200	600	2300	200	青云山
20833	20531	46777	7724	10882	7311	鼓浪屿——万石山
10500	10500	48360	40300	8060	2015	湄洲岛
1521	1514	2442	1370	1072	52	玉华洞
3512	3512	5126				泰宁
802	802	1487	742	655	90	桃源洞——鳞隐石林
2155	2056	2519	6	2513	1141	清源山
1520	580	1500	284	1216	300	灵通山
2		197		197		宝山
		2000	2000			佛子山
4664	4631	6369	687	5682	3363	武夷山
1827	1827	1613	830	642	141	冠豸山
8050	5300	4400	2100	2300	650	鸳鸯溪
2000	403	1795	370	733	502	福安白云山
7008	7008	6822	2653	4169	4169	太姥山
676	676	2831	2000	831	392	海坛
433999	**198172**	**915681**	**685201**	**223957**	**47359**	**江西**
5028	4928	21629	13112	3417	600	梅岭——滕王阁
16325	6050	5850	1580	4270	2120	高岭——瑶里
13290	7029	10615	6310	4305	325	武功山
25400	25400	300020	300020			云居山—柘林湖
153950	29620	160340		159920	29720	庐山
20400	20400					仙女湖
52338	51860	53195	30700	22495	692	龙虎山
2506	999	13680	10340	3340	1120	三百山
56027	28945	19180	9419	9143	7756	井冈山
79798	14420	295109	285477	9632	1485	三清山
5837	5721	15500	11000	4500	3000	龟峰
		16123	13423	2700	476	灵山
1600	1500	540	260	205	40	神农源
1500	1300	3900	3560	30	25	大茅山
223311	**165574**	**154110**	**28710**	**115944**	**53964**	**山东**
47284	45784	51220	3920	47300	46312	泰山
34776	13415	21993	9730	12263	1479	青岛崂山
4000	2100	5500	1500	3000	1000	博山
135720	102763	71399	11978	50965	4246	胶东半岛海滨
1531	1512	3998	1582	2416	927	青州
129588	**101702**	**190343**	**100613**	**83125**	**30850**	**河南**
2881	2514	2839	526	2313	128	郑州黄河
23063	20050	19615	855	18760	11407	嵩山
34927	30600	102483	82500	19983	14594	洛阳龙门
1516	802	7350	6300	366	304	石人山
7112	6116	14057	5093	6252	1025	林虑山

1-2-20 续表 3

风景名胜区名称 Name of Scenic Spots	风景名胜区区面积(平方公里) Area of Scenic Spots (km^2)	供游览面积 Tourism-Only Area	游人量(万人次) Number of Visits (10,000 person-times)	境外游人 Visits by Foreign Tourists	景区资金收入合计(万元) Total Revenues of Scenic Spots (10,000 RMB)	国家拨款 Financial Allocation from Central Government
云台山	55	45	530.00	23.40	39085	
青天河	91	80	335.00	1.50	12210	
神农山	90	90	61.40	0.50	3210	
桐柏山——淮源	108	82	82.00	0.80	1500	
鸡公山	27	27	33.60	0.10	2107	
王屋山	265	265	850.00	1.20	2660	
湖北	**1590**	**748**	**1973**	**104**	**473281**	**119506**
武汉东湖	62	62	552.00	6.10	22001	9846
武当山	312	170	660.10	36.30	360000	90000
长江三峡(湖北段)	180	155	145.00	48.00	18200	800
隆中	209	14	77.60		20614	16960
大洪山	499	207	419	11	49446	750
九宫山	210	60	65.00	1.00	1300	500
陆水	118	80	54.00	2.10	1720	650
湖南	**3009**	**1336**	**5124.70**	**158.10**	**673558**	**71726**
岳麓山	35	7	815.00	45.00	13728	10459
沩山	190	120	75.00	0.40	26880	15000
炎帝陵	112	5	18.10	0.50	1873	1000
韶山	70	25	1682.00	13.10	477051	
衡山	101	52	469.80	13.60	61600	23500
白水洞	125	26	27.20		170	20
虎形山——花瑶	118	118	10.00			
崀山	108	93	335.00	24.00	8660	100
南山	187	22	9.50		300	
岳阳楼洞庭湖	333	265	245.00	26.50	6980	500
福寿山——汨罗江	166	29	39.60	0.10	600	600
桃花源	158	29	49.20	0.80	5455	1704
武陵源	398	133	388.50	22.50	21224	4444
苏仙岭——万华岩	17	2	100.30	0.10	5936	3219
东江湖	290	200	44.80	1.40	4051	160
万佛山——侗寨	166	91	220.00		11917	500
紫鹊界梯田——梅山龙宫	10	10	118.00	3.80	11012	10000
凤凰	91	2	22.60	2.00	920	
猛洞河	226	82	70.20	0.80	6318	520
德夯	108	25	384.90	3.50	8883	
广东	**713**	**290**	**5703.50**	**20.30**	**109086**	**25941**
白云山	22	18	2028.30	9.30	21483	6658
丹霞山	292	60	273.00	1.30	8196	
梧桐山	32	11	1501.00		14985	11492
西樵山	13		120.00		4538	
湖光岩	5	2	112.00	0.90	6063	3583
肇庆星湖	20	13	311.30		8595	
惠州西湖	21	18	1092.90		5426	4208
罗浮山	308	168	265.00	8.80	39800	

1-2-20 Continued 3

经营收入 Operational Income (10,000 RMB)	门票 Ticket Fees	景区资金支出合计(万元) Total Expenditure of Scenic Spots (10,000 RMB)	经营支出 Operational Expenditure	固定资产投资完成额 Completed Investment in Fixed Assets	维护支出 Maintenance Expenditure	风景名胜区名称 Name of Scenic Spots
38853	21552	34845	2973	30897	975	云台山
12210	12210	1750	860	890		青天河
2759	2759	2759	726	1312	721	神农山
1500	1300	1000	780	170	110	桐柏山——淮源
2107	1139	2215		752	156	鸡公山
2660	2660	1430		1430	1430	王屋山
218602	**135732**	**188598**	**103416**	**58984**	**27490**	**湖北**
12155	5758	22001	268	21733	3159	武汉东湖
142000	113000	71660	37011	16000	15400	武当山
17400	7900	8600	2284	6316	2960	长江三峡(湖北段)
3654	3124	37467	33862	2796	1821	隆中
41534	4091	46120	29691	10129	3700	大洪山
800	800	1300	300	900	100	九宫山
1059	1059	1450		1110	350	陆水
580265	**104558**	**412808**	**48622**	**86312**	**46974**	**湖南**
2955		11695	29	2955	2955	岳麓山
9375	3750	27600	18020	5500	2080	沩山
873	816	1293	185	1012	96	炎帝陵
469507	7544	165000	15000	15000	8000	韶山
31600	31600	136500		26855	26855	衡山
150	150	96	26	70	8	白水洞
		2800	2000	400	400	虎形山——花瑶
8560	7439	6952	100	6852	160	崀山
300	300	800	375	425	281	南山
6480	5800	2450	1100	980	650	岳阳楼洞庭湖
		1251	1051	200	200	福寿山——汨罗江
3751	2613	4789	1286	3503	2830	桃花源
13894	13894	21085	1604	542	542	武陵源
2717	1740	4850	1473	3377	126	苏仙岭——万华岩
3891	3863	5534	980	4428	126	东江湖
9600	9600	1842	1743	99	30	万佛山——侗寨
1011	989	1076	256	820	178	紫鹊界梯田——梅山龙宫
920	920	920		920	920	凤凰
5798	5757	7275	2394	4874	37	猛洞河
8883	7783	9000	1000	7500	500	德夯
68985	**32053**	**113395**	**32737**	**74520**	**31916**	**广东**
14825	6929	20964	1405	19559	2654	白云山
7169	6010	7387	909	6478	84	丹霞山
3493	3493	14942	1220	13722	13722	梧桐山
4538	4538	5974	321	5653	3650	西樵山
2480	1900	6572	288	2600	322	湖光岩
6662	6662	8403	660	6905	6905	肇庆星湖
1218		5203	199	4990	3607	惠州西湖
28600	2521	43950	27735	14613	972	罗浮山

1-2-20 续表 4

风景名胜区名称 Name of Scenic Spots	风景名胜区面积(平方公里) Area of Scenic Spots (km^2)	供游览面积 Tourism-Only Area	游人量(万人次) Number of Visits (10,000 person-times)	境外游人 Visits by Foreign Tourists	景区资金收入合计(万元) Total Revenues of Scenic Spots (10,000 RMB)	国家拨款 Financial Allocation from Central Government
广西	**5560**	**1382**	**4063.00**	**218.20**	**65786**	**626**
桂林漓江	1159	959	3902.00	210.00	62800	
桂平西山	1400	408	101.00	4.50	2956	626
花山	3001	15	60.00	3.70	30	
海南	**71**	**14**	**1197.00**	**37.60**	**123866**	
三亚热带海滨	71	14	1197.00	37.60	123866	
重庆	**2500**	**912**	**939.50**	**56.00**	**197812**	**3770**
潭獐峡	80	62	1.60		125	65
缙云山	170	14	15.90	0.30	1551	1305
四面山	213	106	89.90	5.60	54388	2315
金佛山	441	220	58.00	1.00	8552	60
长江三峡(重庆段)	1095	403	484	45	101934	25
天坑地缝	400	21	148	4	24330	
芙蓉江	101	86	142.00	0.40	6932	
四川	**16933**	**5206**	**4079.80**	**62.10**	**670430**	**25418**
西岭雪山	375	108	61.30		27767	
青城山——都江堰	150	49	642.30	5.50	44858	752
龙门山	81	35	20.00		110	110
天台山	110	45	50.00	0.30	3000	
剑门蜀道	685	328	784.10	3.20	23907	428
白龙湖	416	317	6.20		7	
峨眉山	172	97	1438.00	15.70	394505	2686
蜀南竹海	103	44	140.00	6.00	6800	
石海洞乡	94	69	35.00	0.80	3477	
光雾山——诺水河	456	310	56.00	0.30	15000	2500
黄龙	1340	700	258.30	2.90	60776	17812
九寨沟	720	55	509.70	16.00	83880	
四姑娘山	560	560	13.60	0.60	3972	800
贡嘎山	11055	2354	50.20	10.80	1578	
邛海——螺髻山	616	135	15.10		793	330
贵州	**3503**	**1600**	**3675.80**	**29.70**	**105989**	**8025**
红枫湖	200	180	11.80		404	
赤水	328	217	224.00	0.50	13857	
龙宫	60	11	311.70	9.40	8495	1800
黄果树	163	47	2026.30	1.20	49153	100
紫云格凸河穿洞	57	12	62.60	1.50	1522	55
九龙洞	56	16	9.50			
石阡温泉群	54	28	57.20		30	30
沿河乌江山峡	102	45	106.00		1800	1800
马岭河峡谷	450	74	38.40	2.20	1811	
九洞天	86	86	2.30		168	
织金洞	307	23	168.40	0.40	10208	2600
㵲阳河	625	425	23.30	0.20	1008	
黎平侗乡	156	104	215.60	4.30	9103	1560

1-2-20 Continued 4

经营收入 Operational Income (10,000 RMB)	门 票 Ticket Fees	景区资金支出合计(万元) Total Expenditure of Scenic Spots (10,000 RMB)	经营支出 Operational Expenditure	固定资产投资完成额 Completed Investment in Fixed Assets	维护支出 Maintenance Expenditure	风景名胜区名称 Name of Scenic Spots
38060	**15266**	**52638**	**7605**	**36383**	**25922**	**广西**
35700	13760	48700	5800	34250	25380	桂林漓江
2330	1506	3909	1799	2110	542	桂平西山
30		29	6	23		花山
104545	**70583**	**99791**	**15223**	**82752**	**3696**	**海南**
104545	70583	99791	15223	82752	3696	三亚热带海滨
194004	**77897**	**270640**	**169566**	**99266**	**22368**	**重庆**
57		665	205	460	388	潭獐峡
246	246	1418		269	209	缙云山
52073	4382	164867	137639	27228	7251	四面山
8492	2104	22140	13000	9140	1150	金佛山
101874	47058	65183	12975	51878	11297	长江三峡(重庆段)
24330	17175	12650	4564	7759	1562	天坑地缝
6932	6932	3717	1183	2532	511	芙蓉江
637570	**238343**	**572379**	**131905**	**189826**	**30099**	**四川**
27767	6455	45345	16998	24158	1384	西岭雪山
44106	33506	50869	5513	45356	424	青城山——都江堰
		110		110	60	龙门山
3000	2035	27175	24170	3005	2115	天台山
23479	19445	7345	1246	6099	963	剑门蜀道
7	7	30	10	15	10	白龙湖
391819	34881	397522	72977	78091	18168	峨眉山
6800	6800	6710	10	6700	852	蜀南竹海
3477	3207	3101	156	2945	84	石海洞乡
7000	2400	10740	5012	5728	3500	光雾山——诺水河
42964	42964	19263	5000	14263	2489	黄龙
83880	83880					九寨沟
1230	1080	2350	800	1550	30	四姑娘山
1578	1220	1150		1150		贡嘎山
463	463	669	13	656	20	邛海——螺髻山
95819	**76531**	**112355**	**45680**	**57707**	**6016**	**贵州**
404	404	597	16	580	479	红枫湖
13452	12971	17747	15739	1853	45	赤水
6695	6500	9182	3010	3096	259	龙宫
49053	37706	58655	13617	45038	1552	黄果树
150	103	1318	145	79	23	紫云格凸河穿洞
						九龙洞
		30	30			石阡温泉群
		1800				沿河乌江山峡
1811	1811	565	4	561	101	马岭河峡谷
168	168	64		64	10	九洞天
7608	7520	13497	6322	4365	2810	织金洞
585	585	144	13	131	6	潕阳河
7543	503	4306	4005	300	180	黎平侗乡

1-2-20 续表 5

风景名胜区名称 Name of Scenic Spots	风景名胜区面积（平方公里） Area of Scenic Spots (km^2)	供游览面积 Tourism-Only Area	游人量（万人次） Number of Visits (10,000 person-times)	境外游人 Visits by Foreign Tourists	景区资金收入合计（万元） Total Revenues of Scenic Spots (10,000 RMB)	国家拨款 Financial Allocation from Central Government
榕江苗山侗水	168	52	66.00	10.00	14	
荔波樟江	119	119	265.00		7884	
瓮安江界河	134	18	69.30			
平塘	350	55	14.20		252	
都匀斗篷山——剑江	88	88	4.20		280	80
云南	**13456**	**1295**	**2638.70**	**252.50**	**323596**	**25118**
昆明滇池	355	55	75.20	11.00	2725	
九乡	167	37	123.00	2.30	10401	
路南石林	350	12	400.00	13.20	68260	2508
腾冲热地火山	115	52	150.00	148.00	15672	
丽江玉龙雪山	360	180	336.00	48.00	132000	
建水	152	20	448.90	2.80	3661	
阿庐	13	2	31.40	0.20	3256	1315
普者黑	145	145	35.00		7756	56
西双版纳	1147	23	558.30	13.90	39216	
大理	201	138	202.00	5.60	7542	569
三江并流	10117	448	27.60	4.00	33107	20670
瑞丽江——大盈江	334	183	251.30	3.50		
西藏	**18222**	**6252**	**88.90**	**0.20**	**7685**	
纳木措——念青唐古拉山	3084	3084	88.30		7522	
土林-古格	6220	920	0.60	0.20	163	
雅砻河	920	920				
唐古拉山——怒江源	7998	1328				
陕西	**760**	**359**	**2253.10**	**188.30**	**179573**	**3098**
临潼骊山	120	91	1738.00	180.00	138500	
宝鸡天台山	134	40	6.00		280	160
合阳洽川	177	165	75.10		2820	1420
华山	148	50	230.00	1.80	24000	
黄河壶口瀑布	178	12	113.00	6.50	8778	1518
黄帝陵	3	1	91.00		5195	
甘肃	**1099**	**250**	**596.40**	**60.40**	**28396**	**3801**
麦积山	215	215	188.60	9.20	6180	633
崆峒山	84	20	277.00	48.60	10730	2918
鸣沙山	800	15	130.80	2.60	11486	250
青海	**7578**	**7578**	**165.20**	**1.20**	**22313**	
青海湖	7578	7578	165.20	1.20	22313	
宁夏	**109**	**93**	**131.90**	**3.80**	**24364**	**17021**
西夏王陵	86	86	107.90	1.10	24088	16921
须弥山石窟	23	7	24.00	2.70	276	100
新疆	**7413**	**3535**	**418.20**	**0.60**	**57294**	**36197**
库木塔格沙漠	1880	250	27.00	0.10	1128	498
天山天池	548	236	190.60	0.20	10367	
赛里木湖	1301	1301	60.20	0.10	33648	32127
罗布人村寨	134	85	29.10		782	10
博斯腾湖	3550	1663	111.30	0.20	11369	3562

1-2-20 Continued 5

经营收入 Operational Income (10,000 RMB)	门票 Ticket Fees	景区资金支出合计(万元) Total Expenditure of Scenic Spots (10,000 RMB)	经营支出 Operational Expenditure	固定资产投资完成额 Completed Investment in Fixed Assets	维护支出 Maintenance Expenditure	风景名胜区名称 Name of Scenic Spots
14	14	1118	1100	18	16	榕江苗山侗水
7884	7884	1996	517	1448	366	荔波樟江
		240	200	40	40	瓮安江界河
252	252	850	850			平塘
200	110	246	112	134	129	都匀斗篷山——剑江
253484	**155583**	**224389**	**107949**	**104926**	**32358**	**云南**
2632	2598	2718	131	798	91	昆明滇池
10401	10185	9421	47	9374		九乡
65752	65129	78748	44211	32758	15011	路南石林
15672	7427	26647	10569	10611	1185	腾冲热地火山
87500	32870	11400	8700	2300	400	丽江玉龙雪山
3661	3012	2517	96	2421	184	建水
1941	1856	2130	105	1928	34	阿庐
7700	1050	7936	850	7086	300	普者黑
38827	25390	47990	22997	23682	12300	西双版纳
6961	3042	12307	5820	5816	405	大理
12437	3024	22249	14097	8152	2448	三江并流
		326	326			瑞丽江——大盈江
7685	**7571**	**6984**	**205**	**6754**	**25**	**西藏**
7522	7408	6984	205	6754	25	纳木措——念青唐古拉山
163	163					土林-古格
						雅砻河
						唐古拉山——怒江源
170059	**167715**	**24924**	**9789**	**13001**	**2315**	**陕西**
138500	138500					临潼骊山
120	100	250	80	120	40	宝鸡天台山
1380	730	8160	7210	560	250	合阳洽川
18550	16980	9700	2300	6700	700	华山
7260	7260	1518	74	1444	855	黄河壶口瀑布
4249	4145	5296	125	4177	470	黄帝陵
24575	**17763**	**22474**	**7297**	**15177**	**4166**	**甘肃**
5527	3288	5960	3500	2460	780	麦积山
7812	3605	11131	3565	7566	1254	崆峒山
11236	10870	5383	232	5151	2132	鸣沙山
22313	**12791**	**32337**	**15730**	**16607**	**830**	**青海**
22313	12791	32337	15730	16607	830	青海湖
5333	**5285**	**12025**	**3119**	**2918**	**188**	**宁夏**
5157	5109	11749	3119	2742	88	西夏王陵
176	176	276		176	100	须弥山石窟
21097	**14266**	**27891**	**14909**	**3220**	**385**	**新疆**
630	600	970	518	452	106	库木塔格沙漠
10367	10367	14345	4583			天山天池
1521	1446	5870	5008	862	11	赛里木湖
772	662	3036	2300	736	180	罗布人村寨
7807	1191	3670	2500	1170	88	博斯腾湖

1-2-21 城市市容环境卫生（2015年）

地区名称 Name of Regions	道路清扫保洁面积（万平方米）Surface Area of Roads Cleaned and Maintained (10,000 m²)		生活垃圾								
		机械化 Mechanization	清运量（万吨）Collected and Transported (10,000 ton)	密闭车（箱）清运量 Quantity of Garbage Transported by Airtight Vehicle	处理量（万吨）Volume of Treated (10,000 ton)	无害化处理厂（场）数（座）Number of Harmless Treatment Plants/ Grounds (unit)	卫生填埋 Sanitary Landfill	焚烧 Incineration	其他 other	无害化处理能力（吨／日）Harmless Treatment Capacity (ton/day)	卫生填埋 Sanitary Landfill
全　国 National Total	**730333**	**405569**	**19141.87**	**18020.10**	**18750.36**	**890**	**640**	**220**	**30**	**576894**	**344135**
北　京 Beijing	15122	9626	790.33	790.33	788.73	26	14	6	6	23821	8621
天　津 Tianjin	11769	10156	240.68	240.70	223.21	9	4	4	1	10200	5100
河　北 Hebei	26358	17258	635.88	544.28	620.35	47	35	11	1	22864	12104
山　西 Shanxi	16083	10459	446.97	425.50	434.33	24	18	6		13971	9529
内蒙古 Inner Mongolia	19799	8382	329.12	309.78	322.37	28	26	1	1	11253	9803
辽　宁 Liaoning	36637	13042	933.20	788.15	913.05	31	26	2	3	24687	21876
吉　林 Jilin	16957	8084	490.25	407.52	482.07	25	20	4	1	13243	8893
黑龙江 Heilongjiang	23484	12605	523.00	411.40	458.18	33	26	4	3	13673	10330
上　海 Shanghai	17366	12393	613.20	613.20	613.20	12	5	5	2	20530	11230
江　苏 Jiangsu	57992	42452	1456.07	1440.02	1456.07	61	30	31		52816	20679
浙　江 Zhejiang	39195	23792	1332.63	1317.51	1332.63	59	25	33	1	47855	15220
安　徽 Anhui	29216	20116	491.94	488.03	489.74	27	18	9		17187	9437
福　建 Fujian	14881	7909	608.06	607.02	603.14	27	13	14		19105	6805
江　西 Jiangxi	14019	5638	329.25	295.90	329.06	17	17			9740	9740
山　东 Shandong	68631	46746	1377.47	1343.22	1377.47	62	39	21	2	37648	17838
河　南 Henan	29490	14261	891.83	788.46	856.08	45	40	5		24307	19457
湖　北 Hubei	33304	17233	832.15	773.86	818.22	41	28	11	2	22826	10480
湖　南 Hunan	19979	10654	638.15	613.00	636.89	32	30	2		21233	19633
广　东 Guangdong	92161	37371	2320.40	2206.52	2265.41	73	47	21	5	70206	43226
广　西 Guangxi	18189	8805	385.46	367.38	380.27	21	18	3		8851	7651
海　南 Hainan	5289	2134	160.06	152.57	159.81	11	7	4		4557	2172
重　庆 Chongqing	15313	8642	440.03	435.66	435.77	18	16	2		9350	5750
四　川 Sichuan	30196	18010	823.57	757.84	801.15	45	33	12		22565	13505
贵　州 Guizhou	7098	4695	268.34	236.18	251.73	17	14	3		7520	5320
云　南 Yunnan	16769	6435	371.04	358.03	361.33	24	19	5		9109	3909
西　藏 Tibet	5714	3499	32.92	25.15	4.17						
陕　西 Shaanxi	15884	9702	522.74	512.69	512.38	20	17	1	2	17591	15641
甘　肃 Gansu	8294	4431	262.68	244.77	261.00	18	18			5061	5061
青　海 Qinghai	2699	1057	82.24	78.14	79.11	6	6			1930	1930
宁　夏 Ningxia	7956	3337	132.24	99.35	118.91	8	8			3990	3990
新　疆 Xinjiang	14489	6645	380.04	347.94	364.53	23	23			9205	9205

Urban Environmental Sanitation(2015)

		Domestic Garbage				粪便 Excrement and Urine		公厕数(座)		市容环卫专用车辆设备总数(台)	
焚烧 Inciner-ation	其他 other	无害化处理量(万吨) Volume of Harmlessly Treated (10,000 ton)	卫生填埋 Sanitary Landfill	焚烧 Inciner-ation	其他 other	清运量(万吨) Quantity of Excrement Trans-ported (10,000 ton)	处理量(万吨) Quantity of Excrement Treated (10,000 ton)	Number of Latrines (unit)	三类以上 Grade Ⅲ and Above	Number of Vehicles and Equipment Designated for Munici-pal Environ-mental Sanitation (unit)	地区名称 Name of Regions
219080	**13679**	**18013.01**	**11483.14**	**6175.52**	**354.35**	**1436.77**	**673.67**	**126344**	**93541**	**165725**	**全 国**
10400	4800	622.42	325.77	209.38	87.26	204.66	188.84	5401	5401	10747	北 京
4800	300	223.21	109.05	114.16		28.13	7.29	1327	846	3937	天 津
10600	160	610.50	384.93	220.41	5.16	95.69	32.37	6298	3389	5493	河 北
4442		434.33	309.47	124.86		33.99	0.76	3261	1715	4603	山 西
1350	100	321.61	294.35	26.31	0.95	37.81	17.44	4171	1827	3704	内蒙古
1780	1031	888.73	777.94	70.32	40.48	89.44	17.44	5056	1839	6535	辽 宁
3850	500	415.23	290.59	114.49	10.14	67.55	38.79	3643	1168	6323	吉 林
1800	1543	409.18	316.91	38.56	53.71	122.11	30.37	6617	2668	7273	黑龙江
8300	1000	613.20	329.23	249.95	34.02	172.82	60.03	6197	2618	5503	上 海
32137		1456.07	407.31	1048.76		72.49	42.95	11739	10004	12175	江 苏
32435	200	1322.20	548.91	773.28		81.49	58.61	8199	6923	6752	浙 江
7750		489.74	287.81	201.93		15.72	3.36	3223	2813	4593	安 徽
12300		603.14	237.13	366.01		4.08	2.88	3185	3156	2531	福 建
		311.02	311.02			7.92	7.91	1887	1509	1787	江 西
18350	1460	1377.47	749.84	562.24	65.39	107.95	37.74	6351	5505	12666	山 东
4850		856.08	704.15	151.93		36.62	11.73	7540	7040	5682	河 南
11421	925	761.50	348.44	389.62	23.44	15.82	4.3	5475	3974	12710	湖 北
1600		636.89	591.16	45.73		6.70	4.77	3371	2682	3891	湖 南
25770	1210	2124.58	1388.00	708.17	28.40	85.51	48.96	9769	9309	14274	广 东
1200		380.27	354.60	25.67		8.73	5.35	1496	1370	7044	广 西
2385		159.81	69.30	90.51		5.71	0.26	457	441	1686	海 南
3600		433.86	285.59	148.26		61.25	10.62	3208	2354	2791	重 庆
9060		797.10	517.72	279.38		17.16	6.21	4383	3209	4859	四 川
2200		251.73	226.40	25.33		1.03		1440	1187	2619	贵 州
5200		334.05	146.50	187.55		20.99	9.55	2619	2330	2699	云 南
						0.12		317	160	337	西 藏
1500	450	512.38	504.27	2.70	5.41	9.08	7.75	4266	4161	3196	陕 西
		168.74	168.74			18.02	11.9	1518	1202	1923	甘 肃
		71.70	71.70			1.35		691	327	475	青 海
		118.91	118.91			6.77	5.43	746	657	1597	宁 夏
		307.39	307.39			0.06	0.06	2493	1757	5320	新 疆

二、县城部分

Statistics for County Seats

2015年县城部分概述

概况 2015年末，全国有县城1568个，据对1553个县，以及7个新撤销县、14个特殊区域及149个新疆生产建设兵团师团部驻地统计汇总，县城人口1.40亿人，暂住人口0.16亿人，建成区面积2.00万平方公里。

县城市政公用设施固定资产投资 2015年，县城完成市政公用设施固定资产投资3099.8亿元。其中：道路桥梁、园林绿化、排水分别占县城市政公用设施固定资产投资的53.7%、15.5%和8.6%。

县城供水和节水 2015年，全年供水总量106.9亿立方米，其中生产运营用水27.2亿立方米，公共服务用水11.7亿立方米，居民家庭用水49.1亿立方米。用水人口1.40亿人，用水普及率89.96%，人均日生活用水量119.43升。2015年，县城节约用水3.2亿立方米，节水措施总投资3.8亿元。

县城燃气和集中供热 2015年，人工煤气供应总量8.2亿立方米，天然气供气总量102.6亿立方米，液化石油气供气总量230.0万吨。用气人口1.19亿人，燃气普及率75.90%。2015年末，蒸汽供热能力1.4万吨/小时，热水供热能力12.6万兆瓦，集中供热面积12.3亿平方米。

县城道路桥梁 2015年末，县城道路长度13.4万公里，道路面积24.9亿平方米，其中人行道面积6.2亿平方米，人均城市道路面积15.98平方米。

县城排水与污水处理 2015年末，全国县城共有污水处理厂1599座，污水厂日处理能力2999万立方米，排水管道长度16.8万公里。县城全年污水处理总量78.9亿立方米，污水处理率85.22%，其中污水处理厂集中处理率83.46%。

县城园林绿化 2015年末，县城建成区绿化覆盖面积61.7万公顷，建成区绿化覆盖率30.78%；建成区绿地面积54.2万公顷，建成区绿地率27.05%；公园绿地面积16.4万公顷，人均公园绿地面积10.47平方米。

县城市容环境卫生 2015年末，全国县城道路清扫保洁面积23.7亿平方米，其中机械清扫面积10.3亿平方米，机械清扫率43.5%。全年清运生活垃圾、粪便0.71亿吨。全国县城共有生活垃圾无害化处理厂（场）1187座，日处理能力18.1万吨，处理量0.53亿吨，县城生活垃圾无害化处理率79.04%。

Overview

General situation There were 1568 counties across the country at the end of 2015. Based on 1553 counties statistics, 7 counties, 14 special regions and 149 Xinjiang Production and Construction Corps stations with a total population of 140 million and temporary residents of 16 million. Built-up areas in county seats accounted for 20 thousand square kilometers.

The fixed assets investment in municipal utilities In 2015, The fixed assets investment in the county seat municipal utilities reached 309.98 billion. Among this fixed assets investment in the municipal utilities, the investment in roads and bridges, greening and landscaping, drainage accounted for 53.7%,15.5%, 8.6% of the total fixed assets investment in municipal utilities respectively.

County Seat water supply and water conservation In 2015, the total quantity of County Seat water supplied was 10.69 billion m3. The total quantity of water used for industrial production and operation was 2.72 billion m3. The quantity of water used for public service was 1.17 billion m3. The quantity of domestic water use came to 4.91 billion m3. County Seat water coverage rate was 89.96%, supplying a total population of 140 million. Daily per capita water consumption was 119.43 liter. 320 million cubic meters of county seat water was saved in the year with total investment in water saving measures reaching RMB 380 million yuan.

County Seat gas and centralized heating In 2015, the total quantity of man-made coal gas supply was 820 million m3, natural gas supply was 10.26 billion m3, and LPG supply was 2.3 million tons. County Seat population supplied with gas was 119 million with coverage rate registering 75.9%. By the end of 2015, the supply capacity of heating from steam and hot water reached 14 thousand tons per hour and 126 thousand megawatts respectively. The centrally heated area extended to reach 1230 million square meters.

County Seat roads and bridge At the end of 2015, the country claimed a total length of County Seat road of 134 thousand kilometers whose surface area was 2.49 billion square meters with sidewalks 0.62 billion square meters, and per capita road surface area is 15.98 square meters.

County Seat drainage and wastewater treatment At the end of 2015, there were a total of 1599 wastewater treatment plants in cities with daily treatment capacity of 29.99 million cubic meters. The length of drainage pipelines reached 168 thousand kilometers. The total quantity of county seat wastewater treated within the year was 7.89 billion cubic meters with treatment rate of 85.22% and central treatment rate of 83.46%.

County Seat greening and landscaping By the end of 2015, the area in built-up district covered by greenery totaled 617 thousand hectare. The coverage rate increased to 30.78%. The total green space in built-up areas amounted to 542 thousand hectares with coverage rate of 27.05%. The country claimed 164 thousand hectares of public green space with public green space per capita was 10.47 square meters

The County Seat environmental sanitation By the end of 2015, the total surface area of road cleaned and maintained was 2.37 billion square meters, of which mechanically cleaned area was 1030 million square meters with a mechanical cleaning rate of 43.5%. The total amount of domestic garbage and night soil cleared and transported throughout the year was 71 million tons. There are 1187 non-hazardous treatment facilities for domestic solid waste in county seat across the country, handling a treatment volume of 53 million tons with daily treatment capacity of 181 thousand tons. The non-hazardous treatment rate for county seat domestic solid waste is 79.04%.

2-1-1 全国历年县城市政公用设施水平
Level of Service Facilities of National County Seat in Past Years

年份 Year	用水普及率 (%) Water Coverage Rate (%)	燃气普及率 (%) Gas Coverage Rate (%)	每万人拥有公共交通车辆 (标台) Motor Vehicle for Public Fransport Per 10,000 Persons (standardunit)	人均道路面积 (平方米) Road Surface Area Per Capita (m^2)	污水处理率 (%) Wastewater Treatment Rate (%)	园林绿化 人均公园绿地面积 (平方米) Public Recreational Green Space Per Capita (m^2)	园林绿化 建成区绿化覆盖率 (%) Green Coverage Rate of Built District (%)	园林绿化 建成区绿地率 (%) Green Space Rate of Built District (%)	每万人拥有公厕 (座) Number of Public Lavatories per 10,000 Persons (unit)
2000	84.83	54.41	2.64	11.20	7.55	5.71	10.86	6.51	2.21
2001	76.45	44.55	1.89	8.51	8.24	3.88	13.24	9.08	3.54
2002	80.53	49.69	2.51	9.37	11.02	4.32	14.12	9.78	3.53
2003	81.57	53.28	2.52	9.82	9.88	4.83	15.27	10.79	3.59
2004	82.26	56.87	2.77	10.30	11.23	5.29	16.42	11.65	3.54
2005	83.18	57.80	2.86	10.80	14.23	5.67	16.99	12.26	3.46
2006	76.43	52.45	2.59	10.30	13.63	4.98	18.70	14.01	2.91
2007	81.15	57.33	3.07	10.70	23.38	5.63	20.20	15.41	2.90
2008	81.59	59.11	3.04	11.21	31.58	6.12	21.52	16.90	2.90
2009	83.72	61.66		11.95	41.64	6.89	23.48	18.37	2.96
2010	85.14	64.89		12.68	60.12	7.70	24.89	19.92	2.94
2011	86.09	66.52		13.42	70.41	8.46	26.81	22.19	2.80
2012	86.94	68.50		14.09	75.24	8.99	27.74	23.32	2.09
2013	88.14	70.91		14.86	78.47	9.47	29.06	24.76	2.77
2014	88.89	73.24		15.39	82.12	9.91	29.80	25.88	2.76
2015	89.96	75.90		15.98	85.22	10.47	30.78	27.05	2.78

注：1.自2006年起，人均和普及率指标按县城人口和县城暂住人口合计为分母计算，以公安部门的户籍统计和暂住人口统计为准。
2.“人均公园绿地面积”指标2005年及以前年份为“人均公共绿地面积”。
3.自2009年起，县城公共交通内容不再统计。

Note:1.Since 2006,figure in tems of per capita and coverage rate have been calculated based on denominater which combines both permanent and temporary residents in county seat areas. And the population should come from statistics of police.
2.Since 2006, Public Green Space Per Capita is changed to be Public Recreational Green Space Per Capita.
3.Since 2009,statistics on county seat public transport have been removed.

2-1-2 全国历年县城数量及人口、面积情况
National Changes in Number of Counties, Population and Area in Past Years

面积计量单位：平方公里 Area Measurement Unit: Square Kilometer
人口计量单位：万人 Population Measurement Unit:10,000 persons

年份 Year	县个数 Number of Counties	县城人口 Couty Seat Population	县城暂住人口 Couty Seat Temporary Population	县城面积 Couty Seat Area	建成区面积 Area of Built District	城市建设用地面积 Area of Urban Construction Land
2000	1674	14157		53197	13135	8788
2001	1660	9012		57651	10427	9157
2002	1649	8874		56138	10496	9455
2003	1642	9235		53197	11115	10180
2004	1636	9641		53649	11774	11106
2005	1636	10030		63382	12383	12383
2006	1635	10963	934	76508	13229	13456
2007	1635	11581	1011	93887	14260	14680
2008	1635	11947	1079	130813	14776	15534
2009	1636	12259	1120	154603	15558	15671
2010	1633	12637	1236	175926	16585	16405
2011	1627	12946	1393	93567	17376	16151
2012	1624	13406	1514	94834	18740	17437
2013	1613	13701	1566	86225	19503	17935
2014	1596	14038	1615	79946	20111	18694
2015	1568	14017	1598	75204	20043	18718

2-1-3 全国历年县城维护建设资金收入

National Revenue of County Seat Maintenance and Construction Fund in Past Years

计量单位：万元 Measurement Unit:10,000RMB

年份 Year	合计 Total	城市维护建设税 Urban Maintenance and Construction Tax	城市公用事业附加 Extra-Charges for Municipal Utilities	中央财政拨款 Financial Allocation From Central Government Budget	地方财政拨款 Financial Allocation From Local Government Budget	水资源费 Water Resource Fee	国内贷款 Domestic Loan	利用外资 Foreign Investment	企事业单位自筹资金 Self-Raised Funds by Enterprises and Institutions	其他收入 Other Revenues
2000	1475288	218874	45849	83404	209840	5421	177939	52215	243841	437904
2001	2339413	284380	47428	68460	378484	7807	261940	65162	535359	690393
2002	3165232	319198	49195	163717	552206	9087	374804	76792	775543	844690
2003	4703331	418992	52225	249529	829818	14283	603166	131672	1261785	1141861
2004	5178923	482254	58156	159856	1080049	13112	645288	134733	1203808	1401667
2005	6043627	562226	66971	173570	1405247	16618	698906	158159	1440598	1521332
2006	5280388	624690	87843	281139	121727	30201				4134788
2007	7218834	827944	115565	255958	2022760	55081				3941526
2008	9736493	1109612	217957	647527	2927932	59435				4774030
2009	13820241	1272267	165937	1125862	5319207	88990				5847978
2010	20582038	1520894	215283	1410514	5465372	116924				11853051
2011	26240827	1989632	393902	1878689	7259456	267072				14452076
2012	31833379	2529027	403033	2937679	9382874	283277				16297489
2013	36096026	2840257	523755	2811897						
2014	42036116	2984908	488213	2469729						
2015	36400093	2818465	479671	2199425						

注：自2006年起，县城维护建设资金收入仅包含财政性资金，不含社会融资。地方财政拨款中包括省、市财政专项拨款和市级以下财政资金；其他收入中包括市政公用设施配套费、市政公用设施有偿使用费、土地出让转让金、资产置换收入及其他财政性资金。

Note: Since 2006, national revenue of county seats'maintenance and construction fund includes the fund fiscal budget, not including social funds. Local Financial Allocation include province and city special finacial allocation, and Other Revenues include fee for expansion of municipal utilites capacity, fee for use of municaipal utilities,land drainage facilities, water resource fee, property displace fee and so on.

2-1-4 全国历年县城维护建设资金支出

计量单位：万元

年份 Year	支出合计 Total	按用途分 By Purpose					
		固定资产投资支出 Expenditure from Investment in Fixed Assets	维护支出 Maintenance Expenditure	其他支出 Other Expenditures	供 水 Water Supply	燃 气 Gas Supply	集中供热 Central Heating
2000	1543701	1224032	280838	38831	159991	17394	44294
2001	2336929	1746365	333699	256865	203748	42053	81911
2002	3196841	2529827	389298	277716	237120	82809	100698
2003	4661734	3907547	459527	294660	350503	120290	176962
2004	5077874	4221092	559888	296894	418492	132216	226354
2005	5927238	4831130	659689	436419	486596	187305	270791
2006	4971017	3660147	858483	452387	335755	84706	138289
2007	6806308	4796581	1207586	802141	356545	91517	227936
2008	9192126	6722788	1434309	1020577	429065	161977	322488
2009	13182941	10266437	1773499	1322453	581938	195643	471494
2010	20451108	16006075	2348570	2096535	764970	347357	607139
2011	24246084	18101051	3240910	2904123			
2012	33299318	23820534	3899428	5579356			
2013	29418982						
2014	29798372						
2015	27900620						

注：从2009年起，县城公共交通内容不再统计。

National Expenditure of County Seat Maintenance and Construction Fund in Past Years

Measurement Unit:10,000RMB

按行业分 By Indurstry							年份 Year
公共交通 Public Transportation	道路桥梁 Road and Bridge	排水 Sewerage	防洪 Flood Control	园林绿化 Landscaping	市容环境卫生 Environmental Sanitation	其他 Other	
21325		113500		81017	69388	226679	2000
56570	900589	170371	84847	167091	105395	524354	2001
69067	1267934	256982	107759	213189	129337	731946	2002
92844	2040028	401354	149805	293000	208242	828706	2003
110896	2068361	447482	164216	386914	206046	916897	2004
136966	2390132	545025	192193	419119	239892	1059219	2005
93385	2192650	533822	144505	434397	284086	729422	2006
164390	2897997	781286	191378	605518	398862	1090879	2007
232359	3904437	1098048	183828	964899	524292	1370733	2008
	5120827	2278356	299657	1375296	1009819	1849911	2009
	8356614	2383811	418408	2543138	1380225	7444422	2010
							2011
							2012
							2013
							2014
							2015

Note: Since 2009,statistics on county seat public transport have been removed.

2-1-5 按行业分全国历年县城市政公用设施建设固定资产投资

National Fixed Assets Investment of County Seat Sevice Facilities by Industry in Past Years

计量单位：亿元 Measurement Unit：100 million RMB

年份 Year	本年固定资产投资总额 Completed Investment of This Year	供水 Water Supply	燃气 Gas Supply	集中供热 Central Heating	公共交通 Public Transportation	道路桥梁 Road and Bridge	排水 Sewerage	污水处理及其再生利用 Wastewater Treatment and reused	防洪 Flood Control	园林绿化 Landscaping	市容环境卫生 Environmental Sanitation	垃圾处理 Garbage Treatment	其他 Other
2000													
2001	337.4	23.6	6.2	8.3	10.0	117.2	20.4	5.3	11.8	18.2	6.9	1.6	114.9
2002	412.2	28.1	10.5	13.2	10.6	152.9	33.0	12.9	13.7	22.0	10.6	3.9	117.7
2003	555.7	38.8	13.9	18.5	11.8	228.3	44.6	16.1	17.5	30.5	14.9	7.0	136.6
2004	656.8	44.4	15.1	24.3	12.3	246.7	52.5	17.2	19.1	41.0	14.7	4.5	186.7
2005	719.1	53.4	21.9	29.8	14.1	285.1	63.5	24.6	20.4	45.0	17.0	5.4	169.8
2006	730.5	44.3	24.1	28.9	10.3	319.1	72.1	37.0	11.6	46.2	42.2	7.6	132.4
2007	812.0	42.3	26.9	42.4	17.7	358.1	107.1	67.2	17.5	76.0	29.2	16.4	94.9
2008	1146.1	48.2	35.7	58.5	18.3	532.1	141.2	80.8	26.4	174.1	37.2	23.2	74.4
2009	1681.4	78.2	37.0	72.9		690.3	305.7	225.7	42.1	222.8	94.7	62.9	137.6
2010	2569.8	88.1	67.2	124.2		1132.1	271.1	165.7	45.8	373.6	121.9	83.4	345.9
2011	2859.6	127.6	112.7	155.7		1393.4	201.6	108.8	49.3	445.7	172.2	67.2	201.5
2012	3984.7	146.6	137.3	167.8		1934.7	229.6	105.0	69.8	581.4	274.6	136.0	442.8
2013	3833.6	164.9	182.3	223.4		1923.5	276.1	114.9		587.4	97.3	44.2	378.7
2014	3572.9	172.6	158.1	187.6		1908.4	296.1	139.2		521.0	97.4	36.0	231.9
2015	3099.8	156.4	112.6	171.0		1663.9	265.8	113.3		480.8	74.0	31.6	175.3

注：1.自2009年开始，全国县城市政公用设施建设固定资产投资中不再包括公共交通固定资产投资。
　　2.自2013年开始，全国县城市政公用设施建设固定资产投资中不再包括防洪固定资产投资。

Note:1.Starting from 2009, the national fixed assets investment in the construction of municipal public utilities facilities has not included the fixed assets investment in public transport.

2.Starting from 2013, the national fixed assets investment in the construction of municipal public utilities facilities has not included the fixed assets investment in flood prevention.

2-1-6 按资金来源分全国历年县城市政公用设施建设固定资产投资
National Fixed Assets Investment of County Seat Service Facilities by Capital Source in Past Years

计量单位：亿元　　Measurement Unit：100 million RMB

年份 Year	本年资金来源合计 Completed Investment of This Year	上年末结余资金 The Balance of The revious Year	本年资金来源 Sources of Fund							
			小计 Subtotal	中央财政拨款 Financial Allocation From Central Government Budget	地方财政拨款 Financial Allocation From Local Government Budget	国内贷款 Domestic Loan	债券 Securities	利用外资 Foreign Investment	自筹资金 Self-Raised Funds	其他资金 Other Funds
2000										
2001	306.4	7.6	298.8	13.7	47.4	33.2	1.5	23.4	116.1	63.5
2002	377.1	4.2	372.9	19.7	74.2	46.3	1.2	12.6	149.5	69.4
2003	518.1	6.8	511.3	30.2	101.6	69.0	1.6	25.1	202.2	81.7
2004	619.2	7.3	611.9	20.6	133.4	84.1	2.2	38.7	222.1	110.7
2005	682.8	9.5	673.3	25.1	170.1	76.9	2.2	39.9	247.3	111.9
2006	755.2	16.9	738.3	54.8	255.4	89.6	1.5	26.2	234.2	76.6
2007	833.0	13.1	819.8	34.5	346.7	88.1	2.2	26.3	240.3	81.8
2008	1126.7	16.3	1110.4	52.5	520.4	107.6	1.4	28.0	297.0	103.5
2009	1682.9	20.8	1662.1	107.0	662.0	298.6	11.7	32.9	385.5	164.4
2010	2559.8	34.3	2525.5	325.5	985.8	332.6	4.1	44.3	606.6	226.6
2011	2872.6	31.7	2840.9	152.4	1523.8	278.0	3.2	31.8	644.6	207.2
2012	3887.7	51.7	3835.9	205.0	2073.7	318.1	2.3	85.0	877.2	274.7
2013	3683.0	60.7	3622.2	135.8	1070.7	277.2	7.7	56.1	1610.4	464.3
2014	3690.4	63.2	3627.2	111.8	968.5	315.5	4.1	23.3	1767.7	436.3
2015	3011.2	52.8	2958.4	121.7	930.7	222.2	5.1	33.1	1233.3	412.2

注：1.自2013年起，"本年资金来源合计"为"本年实际到位资金合计"。
2.自2013年起，"中央财政拨款"为"中央预算资金"，"地方财政拨款"为除"中央预算资金"外的"国家预算资金"合计。

Note:1.Since 2013, Completed Investment of This Year is changed to be The Total Funds Actually Available for The Reported Year.
2.Since 2013, Financial Allocation from Central Government Budget is changed to be Central Budgetary Fund, and Financial Allocation from Local Government Budget is State Budgetary Fund excluding Central Budgetary Fund.

2-1-7 全国历年县城供水情况
National Couty Seat Water Supply in Past Years

年份 Year	综合生产能力(万立方米/日) Integrated Production Capacity (10,000 m^3/day)	供水管道长度(公里) Length of Water Supply Pipelines (km)	供水总量(万立方米) Total Quantity of Water Supply (10,000 m^3)	生活用量 Residential Use	用水人口(万人) Population with Access to Water Supply (10,000 persons)	人均日生活用水量(升) Daily Water Consumption Per Capita (liter)	用水普及率(%) Water Coverage Rate (%)
2000	3662	70046	593588	310331	6931.2	122.7	84.83
2001	3754	77316	577948	327081	6889.2	130.1	76.45
2002	3705	78315	567915	338689	7145.7	129.9	80.53
2003	3400	87359	606189	363311	7532.9	132.1	81.57
2004	3680	92867	653814	395181	7931.1	136.5	82.26
2005	3862	98980	676548	409045	8342.2	134.3	83.18
2006	4207	113553	746892	407389	9093.4	122.7	76.43
2007	5744	131541	794495	448943	10218.7	120.4	81.15
2008	5976	142507	826300	459866	10628.4	119.4	81.59
2009	4775	148578	856291	484644	11200.7	118.6	83.72
2010	4683	159905	925705	509266	11811.4	118.9	85.14
2011	5174	173452	977115	534918	12345.0	118.7	86.09
2012	5446	186500	1020298	565835	12971.0	119.5	86.94
2013	5239	194465	1038662	584759	13456.0	119.1	88.14
2014	5437	203514	1063270	600436	13913.4	118.2	88.89
2015	5769	214736	1069191	612383	14048.3	119.4	89.96

注：自2006年起，用水普及率指标按城区人口和城区暂住人口合计为分母计算。

Note: Since 2006,water coverage rate has been calculated based on denominator which combines both permanent and temporary residents in urban areas, and the datas of brackets are the same index but calculated by the method of past years.

2-1-8 全国历年县城节约用水情况
National County Seat Water Conservation in Past Years

年份 Year	计划用水量 (万立方米) Planned Quantity of Water Use (10,000 m^3)	新水取用量 (万立方米) Fresh Water Used (10,000 m^3)	工业用水重复利用量 (万立方米) Quantity of Industrial Water Recycled (10,000 m^3)	节约用水量 (万立方米) Water Saved (10,000 m^3)
2000	115591	109069	95763	20322
2001	161795	133634	24206	28161
2002	110702	91610	26321	19092
2003	120551	94938	24815	25613
2004	123176	98004	25790	25163
2005	155933	118727	32852	37206
2006		122700	32523	21546
2007		127318	99648	22675
2008		122275	53278	20480
2009		139735	130864	23135
2010		157563	133337	35963
2011		119923	95932	26165
2012		180603	52051	30853
2013		136223	159152	22286
2014		140966	164833	30029
2015		126923	173337	32419

注：自2006年起，不统计计划用水量指标。
Note:From 2006, "Planned Quantity of Water Use" has not been counted.

2-1-9 全国历年县城燃气情况
National County Seat Gas in Past Years

年份 Year	人工煤气 Man-Made Coal Gas 供气总量(亿立方米) Total Gas Supplied (100 million m^3)	家庭用量 Domestic Consumption	用气人口(万人) Population with Access to Gas (10,000 persons)	管道长度(公里) Length of Gas Supply Pipeline (km)	天然气 Natural Gas 供气总量(亿立方米) Total Gas Supplied (100 million m^3)	家庭用量 Domestic Consumption	用气人口(万人) Population with Access to Gas (10,000 persons)	管道长度(公里) Length of Gas Supply Pipeline (km)	液化石油气 LPG 供气总量(吨) Total Gas Supplied (ton)	家庭用量 Domestic Consumption	用气人口(万人) Population with Access to Gas (10,000 persons)	管道长度(公里) Length of Gas Supply Pipeline (km)	燃气普及率(%) Gas Coverage Rate (%)
2000	1.72	1.63	73.10	615	3.31	2.25	237	5268	110.84	98.23	2723	96	54.41
2001	2.14	1.85	89.85	424	4.37	2.71	274	6400	127.55	109.90	3653	674	44.55
2002	1.19	1.13	68.30	493	6.36	3.30	316	7398	142.42	124.23	4025	760	49.69
2003	0.73	0.60	51.33	519	7.67	4.16	361	8397	174.45	140.17	4508	1033	53.28
2004	1.80	1.51	81.91	551	10.97	5.43	437	9881	188.94	156.37	4961	1172	56.87
2005	3.04	2.01	127.35	830	18.12	5.83	519	12602	185.90	147.10	5151	1203	57.80
2006	1.26	0.49	54.58	745	16.47	7.11	780	17487	195.04	147.07	5405	1728	52.45
2007	1.44	0.51	58.52	1158	24.45	7.01	943	21882	203.22	158.60	6217	2355	57.33
2008	2.68	1.84	72.22	1426	23.26	9.00	1123	27110	202.14	160.60	6504	2899	59.11
2009	1.78	0.97	69.12	1459	32.16	13.79	1404	34214	212.58	171.00	6776	3136	61.66
2010	4.06	1.03	69.97	1520	39.98	17.09	1835	42156	218.50	174.97	7098	3053	64.89
2011	9.51	1.14	66.53	1458	53.87	22.83	2414	52450	242.17	205.23	7058	2594	66.52
2012	8.57	1.08	53.58	1255	70.14	28.11	2926	66697	256.94	212.13	7241	2773	68.50
2013	7.65	2.24	63.15	1345	81.58	31.55	3555	77122	241.07	196.89	7208	2236	70.91
2014	8.49	2.12	56.05	1542	92.65	34.50	4165	88862	235.32	198.38	7242	2538	73.24
2015	8.21	2.29	55.50	1376	102.60	37.97	4715	106466	230.01	192.99	7081	2068	75.90

2-1-10 全国历年县城集中供热情况
National County Seat Centralized Heating in Past Years

年份 Year	供热能力 Heating Capacity		供热总量 Total Heat Supplied		管道长度 Length of Pipelines		集中供热面积(万平方米) Heated Area
	蒸汽(吨/小时) Steam (ton/hour)	热水(兆瓦) Hot Water (mega watts)	蒸汽(万吉焦) Steam (10,000 gigajoules)	热水(万吉焦) Hot Water (10,000 gigajoules)	蒸汽(公里) Steam (km)	热水(公里) Hot Water (km)	(10,000 m^2)
2000	4418	11548	1409	9076	1144	4187	0.67
2001	3647	11180	1872	20568	658	4478	0.92
2002	4848	14103	2627	27245	881	4778	1.45
2003	5283	19446	2871	22286	904	6136	1.73
2004	5524	20891	3194	21847	991	7094	1.72
2005	8837	20835	8781	18736	1176	8048	2.06
2006	9193	26917	8520	23535	1367	9450	2.37
2007	13461	35794	15780	39071	1564	12795	3.17
2008	12370	44082	14708	75161	1612	14799	3.74
2009	16675	62330	12519	56013	1874	18899	4.81
2010	15091	68858	16729	103005	1773	23737	6.09
2011	14738	81348	8475	63264	1665	28577	7.81
2012	13914	97281	8358	51943	1965	31901	9.05
2013	13285	107498	6413	68193	2929	37169	10.33
2014	13011	129447	5693	63928	2733	41209	11.42
2015	13680	125788	10957	96566	3283	43013	12.31

注：2000年蒸汽供热总量计量单位为万吨。
Note:Heating capacity through steam in 2000 is measured with the unit of 10,000 tons.

2-1-11 全国历年县城道路和桥梁情况
National County Seat Road and Bridge in Past Years

年份 Year	道路长度 (万公里) Length of Roads (10000 km)	道路面积 (亿平方米) Surface Area of Roads (100 million m^2)	防洪堤长度 (公里) Length of Flood Control Dikes (10000 km)	人均城市道路面积 (平方米) Urban Road Surface Area Per Capita (m^2)
2000	5.04	6.24	0.93	11.20
2001	5.10	7.67	0.90	8.51
2002	5.32	8.31	0.96	9.37
2003	5.77	9.06	0.93	9.82
2004	6.24	9.92	1.00	10.30
2005	6.68	10.83	0.98	10.80
2006	7.36	12.26	1.32	10.30
2007	8.38	13.44	1.17	10.70
2008	8.88	14.60	1.33	11.21
2009	9.50	15.98	1.19	11.95
2010	10.59	17.60	1.25	12.68
2011	10.86	19.24	1.37	13.42
2012	11.80	21.02	1.38	14.09
2013	12.52	22.69		14.86
2014	13.04	24.08		15.39
2015	13.35	24.95		15.98

注：1.自2006年起，人均道路面积按县城人口和县城暂住人口合计为分母计算。
2.自2013年起,不再统计防洪堤长度数据。

Note:1.Since 2006, road surface per capita has been calculated based on denominator which combines both permanent and temporary residents in county seat areas.
2.Starting from 2013, the data on the length of flood prevention dyke has been unavailable.

2-1-12 全国历年县城排水和污水处理情况

National County Seat Drainage and Wastewater Treatment in Past Years

年份 Year	排水管道长度 (万公里) Length of Drainage Pipelines (10000 km)	污水年排放量 (亿立方米) Annual Quantity of Wastewater Discharged (100 million m^3)	污水处理厂 Wastewater Treatment Plant		污水年处理总量 (亿立方米) Annual Treatment Capacity (100 million m^3)	污水处理率 (%) Wastewater Treatment Rate (%)
			座数 (座) Number of Wastewater Treatment Plant (unit)	处理能力 (万立方米/日) Treatment Capacity (10,000 m^3/day)		
2000	4.00	43.20	54	55	3.26	7.55
2001	4.40	40.14	54	455	3.31	8.24
2002	4.44	43.58	97	310	3.18	11.02
2003	5.32	41.87	93	426	4.14	9.88
2004	6.01	46.33	117	273	5.20	11.23
2005	6.04	47.40	158	357	6.75	14.23
2006	6.86	54.63	204	496	6.00	13.63
2007	7.68	60.10	322	725	14.10	23.38
2008	8.39	62.29	427	961	19.70	31.58
2009	9.63	65.70	664	1412	27.36	41.64
2010	10.89	72.02	1052	2040	43.30	60.12
2011	12.18	79.52	1303	2409	55.99	70.41
2012	13.67	85.28	1416	2623	62.18	75.24
2013	14.88	88.09	1504	2691	69.13	78.47
2014	16.03	90.47	1555	2882	74.29	82.12
2015	16.79	92.65	1599	2999	78.95	85.22

2-1-13 全国历年县城园林绿化情况

National County Seat Landscaping in Past Years

计量单位：公顷 Measurement Unit:Hectare

年份 Year	建成区绿化覆盖面积 Built District Green Coverage Area	建成区绿地面积 Built District Area of Green Space	公园绿地面积 Area of Public Recreational Green Space	公园面积 Park Area	人均公园绿地面积（平方米） Public Recreational Green Space Per Capita (m^2)	建成区绿化覆盖率（%） Green Coverage Rate of Built District (%)	建成区绿地率（%） Green Space Rate of Built District (%)
2000	142667	85452	31807	15736	5.71	10.86	6.51
2001	138338	94803	35082	69829	3.88	13.24	9.08
2002	148214	102684	38378	73612	4.32	14.12	9.78
2003	169737	119884	44628	28930	4.83	15.27	10.79
2004	193274	137170	50997	33678	5.29	16.42	11.65
2005	210393	151859	56869	32830	5.67	16.99	12.26
2006	247318	185389	59244	39422	4.98	18.70	14.01
2007	288085	219780	70849	54488	5.63	20.20	15.41
2008	317981	249748	79773	51510	6.12	21.52	16.90
2009	365354	285850	92236	56015	6.89	23.48	18.37
2010	412730	330318	106872	67325	7.70	24.89	19.92
2011	465885	385636	121300	80850	8.46	26.81	22.19
2012	519812	436926	134057	85272	8.99	27.74	23.32
2013	566706	482823	144644	96630	9.47	29.06	24.76
2014	599348	520483	155083	105680	9.91	29.80	25.88
2015	617022	542249	163526	114093	10.47	30.78	27.05

注：1.自2006年起，“公共绿地”统计为“公园绿地”。
2.自2006年起，“人均公共绿地面积”统计为以城区人口和城区暂住人口合计为分母计算的“人均公园绿地面积”。

Note: 1.Since 2006, Public Green Space is changed to Public Recreatinal Green Space.
2.Since 2006, Public recreational green space per capita has been calculated based on denominator which combines both permanent and temporary resiclents in urban areas.

2-1-14 全国历年县城市容环境卫生情况

National County Seat Environmental Sanitation in Past Years

年份 Year	生活垃圾 Domestic Garbage 清运量 Quantity of Collected and Transported (万吨) (10,000 ton)	无害化处理场(厂)座数 Number of Harmless Treatment Plants/Grounds (座) (unit)	无害化处理能力 Harmless Treatment Capacity (吨/日) (ton/day)	无害化处理量 Quantity of Harmlessly Treated (万吨) (10,000 ton)	粪便清运量 Volume of Soil Collected and Transported (万吨) (10,000 ton)	公厕数量 Number of Latrine (座) (unit)	市容环卫专用车辆设备总数 Number of Vehicles and Equipment Designated for Municipal Environmental Sanitation (台) (unit)	每万人拥有公厕 Number of Latrine per 10,000 Population (座) (unit)
2000	5560	358	18493	782.52	1301	31309	13118	2.21
2001	7851	489	29300	1551.88	1709	31893	13472	3.54
2002	6503	460	31582	1056.61	1659	31282	13817	3.53
2003	7819	380	29546	1159.35	1699	33139	15114	3.59
2004	8182	295	26032	865.13	1256	34104	16144	3.54
2005	9535	203	23049	688.78	1312	34753	17697	3.46
2006	6266	124	15245	414.30	710	34563	17367	2.91
2007	7110	137	18785	496.56	2507	36542	19220	2.90
2008	6794	211	34983	838.69	1151	37718	20947	2.90
2009	8085	286	45430	1220.15	759	39618	22905	2.96
2010	6317	448	69310	1732.51	811	40818	25249	2.94
2011	6743	683	103583	2728.72	751	40096	28045	2.80
2012	6838	848	126747	3690.65	649	41588	31164	2.09
2013	6506	992	151615	4298.28	553	42217	35096	2.77
2014	6657	1129	168131	4766.44	532	43159	38913	2.76
2015	6655	1187	181429	5259.94	489	43480	42702	2.78

注：自2006年起，生活垃圾填埋场的统计采用新的认定标准，生活垃圾无害化处理数据与往年不可比。

Note:Since 2006, treatment of domestic garbage through sanitary landfill has adopted new certification standard,so the datas of harmless treatmented garbage are not compared with the past years.

2-2-1 全国县城市政公用设施水平(2015年)

地区名称 Name of Regions	人口密度 (人/平方公里) Population Density (person/ square kilometer)	人均日生活用水量(升) Daily Water Consumption Per Capita (liter)	用水普及率 (%) Water Coverage Rate (%)	燃气普及率 (%) Gas Coverage Rate (%)	建成区供水管道密度 (公里/平方公里) Density of Water Supply Pipelines in Built District (km/km^2)	人均道路面积 (平方米) Road Surface Area Per Capita (m^2)
全　国 National Total	**2076**	**119.43**	**89.96**	**75.90**	**10.71**	**15.98**
天　津 Tianjin	2055	106.91	100.00	100.00	22.44	20.01
河　北 Hebei	2356	111.73	96.79	88.41	8.67	21.67
山　西 Shanxi	3430	83.94	97.42	76.08	11.53	14.81
内蒙古 Inner Mongolia	906	77.55	94.19	81.25	10.07	25.04
辽　宁 Liaoning	1541	96.24	86.30	70.92	12.66	11.28
吉　林 Jilin	2903	107.07	76.37	73.16	11.14	9.74
黑龙江 Heilongjiang	2767	83.78	80.80	49.66	9.80	12.23
江　苏 Jiangsu	1930	134.91	99.48	99.06	16.03	19.23
浙　江 Zhejiang	882	172.04	99.96	98.68	24.61	20.60
安　徽 Anhui	1711	124.43	92.44	84.29	11.95	19.86
福　建 Fujian	2408	167.30	97.76	96.68	11.95	14.07
江　西 Jiangxi	4631	116.77	93.86	85.78	10.36	17.61
山　东 Shandong	1257	126.87	97.25	92.28	7.66	22.69
河　南 Henan	2473	115.04	70.99	48.56	6.32	14.01
湖　北 Hubei	3156	132.83	91.08	83.51	8.90	16.33
湖　南 Hunan	4217	130.40	88.11	75.69	11.47	12.77
广　东 Guangdong	1778	155.48	88.15	85.11	17.34	10.48
广　西 Guangxi	2413	155.66	90.42	78.08	10.82	13.49
海　南 Hainan	3102	165.20	95.33	90.40	8.17	20.59
重　庆 Chongqing	2207	102.81	94.82	90.97	13.17	8.62
四　川 Sichuan	1260	136.92	86.09	76.45	12.98	10.63
贵　州 Guizhou	2463	98.48	87.66	55.23	8.17	10.46
云　南 Yunnan	3899	108.88	89.81	46.55	12.97	12.69
西　藏 Tibet	1966	205.98	55.65	29.74	3.84	13.35
陕　西 Shaanxi	3932	86.32	89.59	75.07	6.87	12.98
甘　肃 Gansu	4959	64.82	91.11	56.13	8.48	13.04
青　海 Qinghai	1942	101.93	95.35	49.55	9.76	16.19
宁　夏 Ningxia	3059	96.70	94.16	71.52	8.21	30.21
新　疆 Xinjiang	3110	117.46	93.65	83.62	10.24	19.98
新疆生产建设兵团 Xinjiang Production and Construction Corps	2162	142.81	89.57	61.58	12.98	29.58

Level of National County Seat Service Facilities(2015)

建成区排水管道密度 (公里/平方公里) Density of Sewers in Built District (kilometer/ square kilometer)	污水处理率 (%) Wastewater Treatment Rate (%)	污水处理厂集中处理率 Centralized Treatment Rate of Wastewater Treatment Plants	人均公园绿地面积 (平方米) Public Recreational Green Space Per Capita (m^2)	建成区绿化覆盖率 (%) Green Coverage Rate of Built District (%)	建成区绿地率 (%) Green Space Rate of Built District (%)	生活垃圾处理率 (%) Domestic Garbage Treatment Rate (%)	生活垃圾无害化处理率 Domestic Garbage Harmless Treatment Rate	地区名称 Name of Regions
8.38	**85.22**	**83.46**	**10.47**	**30.78**	**27.05**	**89.66**	**79.04**	**全国**
9.76	96.21	96.21	15.43	45.95	40.26	100.00	100.00	天津
7.53	93.71	93.66	11.43	35.49	31.44	95.00	90.65	河北
8.88	88.71	88.71	11.25	37.93	33.35	70.07	64.81	山西
7.29	90.60	90.60	19.51	32.97	30.10	95.73	93.79	内蒙古
5.99	93.28	93.28	8.99	18.11	16.09	84.69	52.02	辽宁
6.50	80.32	80.32	8.15	24.53	19.96	82.04	71.73	吉林
5.57	85.35	85.35	10.27	20.42	16.80	49.34	25.12	黑龙江
12.32	82.38	78.27	11.99	41.11	38.31	100.00	96.84	江苏
15.17	87.74	84.85	13.24	39.75	36.14	100.00	99.45	浙江
10.78	92.00	90.90	10.94	33.37	29.10	96.14	83.31	安徽
10.36	85.46	85.24	13.83	42.15	38.89	93.33	88.30	福建
9.60	81.19	80.83	14.02	40.03	36.44	99.33	66.57	江西
9.66	95.10	95.04	14.92	38.19	33.33	99.62	99.62	山东
7.67	86.10	86.10	6.85	20.32	17.08	83.44	83.44	河南
7.34	82.62	77.50	9.49	26.62	23.77	83.69	61.24	湖北
9.33	90.75	87.61	9.02	35.33	30.72	98.49	98.49	湖南
6.52	83.53	78.51	11.66	33.07	30.60	83.93	74.78	广东
9.42	85.90	81.59	8.10	28.96	25.46	97.17	95.35	广西
4.96	61.37	61.37	8.81	32.19	27.87	99.39	99.39	海南
12.72	95.13	95.13	11.46	38.27	34.62	99.83	99.83	重庆
7.97	70.48	67.44	9.04	30.63	26.44	88.56	82.10	四川
5.43	77.84	77.84	5.76	19.04	15.71	75.44	74.19	贵州
10.17	76.22	76.02	8.34	29.31	25.78	95.43	77.62	云南
2.76			5.21	5.23	4.63	19.48		西藏
6.66	84.12	84.12	9.24	30.58	26.25	93.38	90.63	陕西
6.18	76.88	76.88	7.48	17.43	14.13	94.72	69.62	甘肃
6.00	47.25	47.25	3.85	13.94	9.59	93.15	63.52	青海
6.45	71.16	53.24	14.70	34.90	30.40	86.32	51.35	宁夏
6.14	75.78	65.96	10.85	31.20	28.52	91.58	35.88	新疆
6.01	62.21	59.50	5.29	14.82	10.25	56.44	1.03	新疆生产建设兵团

2-2-2 全国县城人口和建设用地(2015年)

面积计量单位：平方公里

人口计量单位：万人

地区名称 Name of Regions	县面积 County Area	县人口 County Permanent Population	县暂住人口 County Temporary Population	县城面积 County Seat Area	县城人口 County Seat Permanent Population	县城暂住人口 County Seat Temparory Population	建成区面积 Area of Built District	小计 Subtotal
全　国 National Total	**7654262.33**	**68793.34**	**3110.26**	**75204.21**	**14017.10**	**1598.14**	**20043.07**	**18718.37**
天　津 Tianjin	1589.74	85.66	1.50	77.17	14.96	0.90	30.65	30.43
河　北 Hebei	145651.97	4309.79	200.88	4458.71	954.23	96.36	1533.47	1518.36
山　西 Shanxi	127699.00	2071.40	80.83	1824.78	578.38	47.58	698.22	640.74
内蒙古 Inner Mongolia	1050507.89	1541.24	119.52	5857.25	466.16	64.23	966.82	880.38
辽　宁 Liaoning	83992.71	1239.97	36.99	1784.85	253.45	21.55	358.52	321.15
吉　林 Jilin	86558.28	748.61	24.96	662.18	182.36	9.87	230.18	218.32
黑龙江 Heilongjiang	251170.03	1480.36	33.93	1389.33	362.72	21.74	580.68	522.88
江　苏 Jiangsu	35579.40	2121.34	46.09	2798.17	512.37	27.79	667.83	647.23
浙　江 Zhejiang	50220.58	1504.75	231.96	4812.33	348.47	76.21	549.64	572.10
安　徽 Anhui	100934.70	4549.66	166.35	5206.86	794.10	96.71	1182.73	1136.16
福　建 Fujian	77863.72	1773.69	134.75	1634.12	339.77	53.71	460.80	436.44
江　西 Jiangxi	132343.91	3100.09	99.15	1821.20	780.91	62.51	983.36	938.42
山　东 Shandong	71118.67	4120.46	104.90	8035.57	946.64	63.79	1483.95	1405.33
河　南 Henan	120748.33	7068.48	227.93	5676.34	1283.24	120.69	1638.76	1530.22
湖　北 Hubei	99097.16	2256.05	98.73	1479.02	415.39	51.42	555.63	508.43
湖　南 Hunan	164546.00	4759.06	258.29	2473.61	894.88	148.19	1080.84	986.60
广　东 Guangdong	77328.99	2195.41	98.36	2621.06	427.57	38.45	476.49	474.48
广　西 Guangxi	174211.59	3387.59	88.15	2286.54	497.01	54.83	659.27	613.88
海　南 Hainan	17417.16	313.21	22.40	245.91	69.76	6.52	131.58	127.42
重　庆 Chongqing	47883.17	1260.04	77.17	1156.36	209.02	46.21	199.70	185.27
四　川 Sichuan	413823.43	5488.04	249.74	9598.07	1078.82	130.78	1332.18	1244.75
贵　州 Guizhou	150796.91	3253.56	125.45	2253.63	496.20	58.85	669.77	612.13
云　南 Yunnan	311737.24	3342.85	146.38	1601.44	546.35	78.13	711.89	647.28
西　藏 Tibet	1205568.32	262.59	44.82	265.58	37.86	14.36	168.38	138.72
陕　西 Shaanxi	172793.20	2411.09	104.27	1545.24	533.27	74.35	716.15	656.76
甘　肃 Gansu	371869.02	1856.23	98.90	762.40	329.97	48.14	462.81	416.07
青　海 Qinghai	549157.02	398.23	29.25	569.53	96.29	14.29	181.05	136.10
宁　夏 Ningxia	39501.23	330.08	19.52	314.12	83.89	12.21	175.17	157.07
新　疆 Xinjiang	1461755.43	1355.07	107.55	1160.86	324.40	36.59	642.85	578.00
新疆生产建设兵团 Xinjiang Production and Construction Corps	60797.53	208.74	31.54	831.98	158.66	21.18	513.70	437.25

County Seat Population and Construction Land(2015)

Area Measurement Unit: Square Kilometer

Population Measurement Unit:10,000 persons

城市建设用地面积 Area of Urban Construction Land								本年征用土地面积 Area of Land Requisition This Year		地区名称 Name of Regions
居住用地 Residential	公共管理与公共服务用地 Administration and Public Services	商业服务业设施用地 Commercial and Business Facilities	工业用地 Industrial, Manufacturing	物流仓储用地 Logistics and Warehouse	道路交通设施用地 Road, Street and Transportation	公用设施用地 Municipal Utilities	绿地与广场用地 Green Space and Square		耕地 Arable Land	
6316.84	**1832.29**	**1407.54**	**2536.69**	**642.97**	**2474.99**	**974.46**	**2532.59**	**904.32**	**393.39**	**全　国**
14.96	3.01	2.01	2.55	0.59	5.13	0.93	1.25	3.95	0.97	天　津
482.87	136.35	114.06	235.43	66.13	210.64	52.16	220.72	116.70	79.93	河　北
237.50	65.79	35.41	48.82	15.91	102.74	30.32	104.25	16.02	2.88	山　西
296.67	87.60	62.88	84.19	27.43	154.01	43.70	123.90	13.93	4.18	内蒙古
138.19	21.83	20.82	50.96	8.18	27.66	20.62	32.89	6.69	2.19	辽　宁
89.83	17.79	15.93	30.19	11.28	26.77	7.79	18.74	4.89	0.52	吉　林
225.89	41.39	36.05	70.72	22.53	67.23	21.76	37.31	10.31	4.96	黑龙江
218.77	57.74	49.03	128.76	17.59	65.44	32.18	77.72	35.32	21.40	江　苏
177.34	49.94	34.64	129.85	17.12	63.36	27.82	72.03	33.45	18.49	浙　江
338.76	89.78	85.02	198.19	44.17	158.83	55.54	165.87	93.26	30.76	安　徽
150.86	38.64	31.53	63.15	12.85	63.02	18.50	57.89	44.70	12.80	福　建
286.68	88.23	74.42	149.50	29.86	141.36	43.68	124.69	53.43	14.92	江　西
424.00	127.23	104.75	285.85	42.92	140.28	63.21	217.09	49.83	15.87	山　东
493.04	149.06	114.96	194.39	53.33	246.80	84.56	194.08	30.09	15.39	河　南
153.86	57.93	42.06	64.15	16.01	82.30	28.24	63.88	15.15	5.94	湖　北
315.64	111.61	83.12	126.41	43.52	100.18	75.50	130.62	50.25	13.17	湖　南
167.34	53.83	45.44	53.46	17.51	48.66	30.97	57.27	16.65	2.12	广　东
210.79	54.69	39.13	89.39	19.74	99.34	26.81	73.99	24.24	10.04	广　西
29.87	10.04	6.81	27.40	5.54	25.41	4.39	17.96	3.82	0.81	海　南
62.03	14.76	11.75	20.85	3.40	26.55	10.92	35.01	19.48	11.39	重　庆
405.38	123.57	95.93	170.65	48.63	145.14	69.79	185.66	62.09	33.39	四　川
234.12	68.60	49.50	52.60	23.71	67.08	40.17	76.35	48.06	21.75	贵　州
230.80	81.82	48.74	53.54	16.38	95.53	34.42	86.05	34.61	17.43	云　南
52.33	21.02	14.62	9.92	3.39	18.04	8.73	10.67	14.90	9.40	西　藏
217.07	55.51	45.97	50.27	15.92	95.69	38.39	137.94	12.88	6.23	陕　西
152.90	56.22	32.75	30.73	12.99	51.21	29.97	49.30	14.28	8.60	甘　肃
51.37	19.44	10.54	13.25	4.63	10.90	10.97	15.00	3.57	1.43	青　海
61.77	17.77	13.83	12.74	1.27	23.83	8.70	17.16	7.73	3.94	宁　夏
235.04	59.10	44.80	54.16	23.10	64.20	25.89	71.71	52.21	17.92	新　疆
161.17	52.00	41.04	34.62	17.34	47.66	27.83	55.59	11.83	4.57	新疆生产建设兵团

2-2-3 全国县城维护建设资金(财政性资金)收支(2015年)

计量单位：万元

地区名称 Name of Regions	县城市政公用设施建设维护管理财政性资金收入 Revenue of county seat Construction, Maintenance and Management of Municipal Public Utilities Facilities Fund							
	合计 Completed of Revenue	中央预算资金 Central Budgetary Fund	省级预算资金 Provincial Budgetary Fund	县级预算资金				
				合计 Subtotal	城市维护建设税 Urban Maintenance and Construction Tax	城市公用事业附加 Extra-Charges for Municipal Utilities	城市基础设施配套费 Fees for Supporting Urban Infrastructure	国有土地使用权出让收入 Income Generated from The Transfer of State-owned Land-use Right
全　国 National Total	**36400093**	**2199425**	**1464014**	**31373032**	**2818465**	**479671**	**2030657**	**15843148**
天　津 Tianjin	13724			13724	3382			
河　北 Hebei	2274488	33475	16395	2065671	247172	56406	65713	1112517
山　西 Shanxi	545346	26019	11080	502988	111442	12810	59421	119303
内蒙古 Inner Mongolia	1374025	50836	52755	1161154	145645	7374	49789	297974
辽　宁 Liaoning	376313	3710	14963	357640	35005	2168	51748	230187
吉　林 Jilin	263130	14146	7210	235549	59515	3911	17412	79121
黑龙江 Heilongjiang	419483	44007	20762	346563	40601	3558	29834	113137
江　苏 Jiangsu	1362291	22454	11616	1293114	240990	32536	66264	448186
浙　江 Zhejiang	1295964	14775	29936	1240427	187806	12125	65782	553510
安　徽 Anhui	4459659	179600	27449	4006694	163043	18116	270220	2279633
福　建 Fujian	1007953	59324	57640	879141	82514	19692	48985	540263
江　西 Jiangxi	4312916	56710	77860	4052997	159974	22340	56363	2122960
山　东 Shandong	2408749	23349	22449	2319780	256524	47950	188244	1583189
河　南 Henan	1468623	21698	16837	1429938	100776	27225	137935	886486
湖　北 Hubei	692805	34465	27596	610948	55684	4744	40063	284251
湖　南 Hunan	2389952	99384	69692	2023689	143152	21521	56490	1542718
广　东 Guangdong	650249	2930	16299	622505	57635	24594	45997	427467
广　西 Guangxi	785235	33734	82469	665684	66765	10893	47148	300723
海　南 Hainan	475618	1702	27336	446503	56145	2346	48651	297923
重　庆 Chongqing	393013	39358	10868	339174	35247	1994	142024	116444
四　川 Sichuan	2883095	181927	366272	2201126	117635	18698	184296	1126715
贵　州 Guizhou	1582045	108440	51838	1405067	86745	19713	25885	693572
云　南 Yunnan	702646	104495	54044	515457	76327	12521	67308	185936
西　藏 Tibet	366795	274068	44368	47906	24346	746	6916	2281
陕　西 Shaanxi	1572264	191948	121288	1192825	121876	35176	68803	167537
甘　肃 Gansu	446278	82124	39328	311770	36292	4848	24056	85908
青　海 Qinghai	212536	99442	24078	88621	14289	3195	3111	49832
宁　夏 Ningxia	504102	40354	85893	375855	22420	6446	33102	49460
新　疆 Xinjiang	679324	105235	40582	456695	56482	22978	56572	131351
新疆生产建设兵团 Xinjiang Production and Construction Corps	481472	249716	35111	163827	13036	23047	72525	14564

National Revenue and Expenditure of County Seat Maintenance and Construction Fund (Fiscal Budget)(2015)

Measurement Unit: 10,000 RMB

				县城市政公用设施建设维护管理财政性资金支出 Expenditure of county seat Construction, Maintenance and Management of Municipal Public Utilities Facilities Fund						
County Seat-Level Budgetary Fund			其他财政资金 Others	合计 Completed of Expenditure	城乡社区规划与管理 Planning and Management of Urban and Rural Communities	市政公用行业市场监管 Market Supervision of Municipal Public Utilities Industry	市政公用设施建设维护与管理 Construction, Maintenance and Management of Municipal Public Utilities Facilities	风景名胜区规划与保护 Planning and Protection of National Parks	其他 Others	地区名称 Name of Regions
市政公用设施有偿使用费 Fee for Use of Municipal Utilities	污水处理费 Wastewater Treatment Fee	垃圾处理费 Garbage Treat-ment Fee								
809782	**459931**	**205871**	**1363622**	**27900620**	**1839878**	**1046339**	**18833668**	**546229**	**5634506**	**全　国**
				13724			13724			天　津
56101	34935	11896	158947	1679458	142916	14743	1037348	23959	460492	河　北
10524	6524	2751	5259	577177	15783	25621	442260	6108	87405	山　西
16280	9487	5370	109280	1199653	31498	27136	1020780	50	120189	内蒙古
6020	2744	322		237419	21858	18919	164122	322	32198	辽　宁
2199	1448	541	6225	188537	20799	8360	145062	4024	10292	吉　林
4637	3706	136	8151	402902	30125	20637	311533	208	40399	黑龙江
37494	22061	12878	35107	1155735	124070	39979	633181	102847	255658	江　苏
57353	40900	11878	10826	975819	53164	12188	771730	22417	116320	浙　江
42737	24723	8868	245916	2794103	61681	51289	2407431	24678	249024	安　徽
45710	24380	12965	11848	1048864	69722	16653	865618	17459	79412	福　建
44231	23805	5690	125349	2159857	237856	145561	1321558	76726	378156	江　西
67237	45608	16945	43171	1648244	45685	124669	1049442	22753	405695	山　东
45537	25078	12945	150	1329307	109007	49792	1008687	33233	128588	河　南
23901	14608	7574	19796	692447	38215	12669	526940	5277	109346	湖　北
63191	31145	16328	197187	2163217	173837	54505	1205729	45140	684006	湖　南
21702	14855	6627	8515	330830	23205	11045	143988	2040	150552	广　东
49625	31221	14547	3348	767392	47256	22933	623810	8471	64922	广　西
3115	1641	1410	77	497128	15601	13360	180943	2579	284645	海　南
11964	5782	4664	3613	389926	7410	1627	368690	2354	9845	重　庆
40533	26873	10738	133770	1981851	213657	95771	860051	48690	763682	四　川
25381	11888	7545	16700	762477	59758	63941	517790	42253	78735	贵　州
34465	20954	10307	28650	456807	29521	38095	292478	10894	85819	云　南
260	15	144	453	37238	4705	1468	27537	1857	1671	西　藏
54631	20283	10052	66203	2360842	114556	102949	1845256	22876	275205	陕　西
11987	5599	3899	13056	440823	12136	13286	287807	8533	119061	甘　肃
4058	1756	2144	395	209084	11662	40220	156754	408	40	青　海
1595	988	589	2000	613747	57449	30	145509		410759	宁　夏
19849	5599	4769	76812	545596	38454	13583	319794	5468	168297	新　疆
7465	1325	1349	32818	240416	28292	5310	138116	4605	64093	新疆生产建设兵团

2-2-4 按行业分全国县城市政公用设施建设固定资产投资(2015年)

计量单位:万元

地区名称 Name of Regions		本年完成投 资 Completed Investment of This Year	供水 Water Supply	燃气 Gas Supply	集中供热 Central Heating	道路桥梁 Road and Bridge	排水 Sewerage
全 国	**National Total**	**30998145**	**1564039**	**1126463**	**1709695**	**16639049**	**2658058**
天 津	Tianjin	8400					
河 北	Hebei	1723627	143565	88099	287986	522465	130553
山 西	Shanxi	1024220	54008	58520	191285	452609	108167
内蒙古	Inner Mongolia	2030593	86026	61859	309722	754479	142575
辽 宁	Liaoning	177168	11663	13140	48523	49172	16921
吉 林	Jilin	151628	34600	2217	20995	51694	16021
黑龙江	Heilongjiang	406852	36616	23590	178561	83103	40088
江 苏	Jiangsu	575643	40787	14659		218913	89849
浙 江	Zhejiang	1124597	83860	26636		521137	193158
安 徽	Anhui	3265510	167221	110310	10000	1950056	268879
福 建	Fujian	1440105	66696	33655		920879	105926
江 西	Jiangxi	2521525	106304	100271		1191175	196733
山 东	Shandong	1386646	59710	89453	143236	433903	165719
河 南	Henan	1223605	81070	53584	81622	545122	159796
湖 北	Hubei	692385	31065	26969		500437	41528
湖 南	Hunan	1374065	110215	55436		903696	160184
广 东	Guangdong	191778	855	8746		151465	8022
广 西	Guangxi	989157	39216	29315		634898	159940
海 南	Hainan	85997	37300	200		37589	3156
重 庆	Chongqing	437106	16457	20340		301372	28302
四 川	Sichuan	3900813	68621	40879	2795	3007522	110886
贵 州	Guizhou	1715732	53472	55285		1336896	102262
云 南	Yunnan	1227773	34281	32460		748785	96158
西 藏	Tibet	38265	8110			15633	1744
陕 西	Shaanxi	1557830	61996	81475	188149	689295	155426
甘 肃	Gansu	493500	39078	35729	34036	246299	30450
青 海	Qinghai	170465	8961	13000	19905	83265	35588
宁 夏	Ningxia	165155	1485	11328	37741	51794	12015
新 疆	Xinjiang	544657	39351	36644	100061	153990	62540
新疆生产建设兵团	Xinjiang Production and Construction Corps	353348	41450	2664	55078	81406	15472

National Investment in Fixed Assets of County Seat Service Facilities by Industry(2015)

Measurement Unit: 10,000 RMB

污水处理 Wastewater Treatment	污泥处置 Sludge Disposal	再生水利用 Wastewater Recycled and Reused	园林绿化 Landscaping	市容环境卫生 Environmental Sanitation	垃圾处理 Domestic Garbage Treatment	其他 Other	本年新增固定资产 Newly Added Fixed Assets of This Year	地区名称 Name of Regions
1084762	**12316**	**48642**	**4807826**	**739533**	**316466**	**1753482**	**27725498**	**全国**
			8400				8400	天津
50344	701	1126	374398	63827	33656	112734	1429982	河北
42935	1000	2905	103324	50902	30792	5405	854087	山西
35872	1121	13549	613035	52795	11267	10102	1864107	内蒙古
8336			30840	6909	5472		155653	辽宁
6721		2700	22476	3625	1280		139915	吉林
24232	520		15359	29535	21253		392193	黑龙江
27310			201410	9345	680	680	574942	江苏
96973	400	6	162625	35229	7718	101952	931577	浙江
99020		1589	641027	42172	10678	75845	3125342	安徽
39481	600		227304	21736	15098	63909	1118786	福建
79405	125		383928	68441	37399	474673	2417776	江西
61470	2983	7169	324448	45424	34979	124753	1299248	山东
59632	1284	9880	245334	19731	10114	37346	1225121	河南
15284			66889	20015	2487	5482	642629	湖北
84407	275		113452	21098	2956	9984	971896	湖南
1980	86		7269	3344	1408	12077	151007	广东
41666	463		112537	13251	8495		771924	广西
3156			1622	6130	5180		84543	海南
380			62092	5743	685	2800	461016	重庆
64836	1058		263788	20240	7768	386082	3719131	四川
75348			103217	46533	23106	18067	1478947	贵州
38316		6647	163102	43727	11480	109260	963217	云南
150			1569	4443	2880	6766	9137	西藏
41432	1700	580	313400	67659	13330	430	1328749	陕西
23927		2491	83446	6089	2570	18373	461670	甘肃
25581			1982	7764	769		170153	青海
6622			37381	8439	5308	4972	162955	宁夏
27683			96099	7964	3476	48008	514713	新疆
2263			26073	7423	4182	123782	296682	新疆生产建设兵团

2-2-5 按资金来源分全国县城市政公用设施建设固定资产投资(2015年)

计量单位:万元

地区名称 Name of Regions		本市实际到位资金合计 The Total Funds Actually Available for The Reported Year	上年末结余资金 The Balance of The Previous Year	本年资金来源 小计 Subtotal	国家预算资金 State Budgetary Fund	中央预算资金 Central Budgetary Fund	国内贷款 Domestic Loan
全　国	**National Total**	**30111692**	**528183**	**29583509**	**10524054**	**1216812**	**2221932**
天　津	Tianjin	8400		8400	2788		3300
河　北	Hebei	1785621	43750	1741871	308103	21151	16439
山　西	Shanxi	821548	1098	820450	294466	1652	1280
内蒙古	Inner Mongolia	1920132	940	1919192	342302	23600	
辽　宁	Liaoning	165891		165891	57552	660	2662
吉　林	Jilin	149129		149129	73299	24346	5614
黑龙江	Heilongjiang	414010	12365	401645	104543	23197	1472
江　苏	Jiangsu	576810	6116	570694	106136	10974	103778
浙　江	Zhejiang	1070027	25999	1044028	276077	1896	198279
安　徽	Anhui	3131610	99408	3032202	2123604	50607	213742
福　建	Fujian	1708572	24402	1684170	815295	34535	7215
江　西	Jiangxi	2513161	34955	2478206	578478	108563	42594
山　东	Shandong	1325557	9164	1316393	656138	44371	9000
河　南	Henan	1203531	3220	1200311	915929	15763	10070
湖　北	Hubei	633889	3764	630125	141797	22929	16800
湖　南	Hunan	1343052	10078	1332974	143611	24110	146200
广　东	Guangdong	162953	350	162603	94920	81944	3500
广　西	Guangxi	1006341	1604	1004737	366380	28293	57522
海　南	Hainan	92079	1496	90583	3124	1027	388
重　庆	Chongqing	433435	3865	429570	279961	31439	104700
四　川	Sichuan	3696455	76449	3620006	765570	185602	997974
贵　州	Guizhou	1688979	17670	1671309	132198	12349	101815
云　南	Yunnan	928375	94659	833716	127345	37141	35963
西　藏	Tibet	35658		35658	28592	9983	
陕　西	Shaanxi	1552594	10783	1541811	1184835	61870	14350
甘　肃	Gansu	503192	9858	493334	94875	41156	102188
青　海	Qinghai	172215	1130	171085	140095	82529	10532
宁　夏	Ningxia	136218	2376	133842	39174	16260	430
新　疆	Xinjiang	533870	23285	510585	118236	50138	13040
新疆生产建设兵团	Xinjiang Production and Construction Corps	398388	9399	388989	208631	168727	1085

National Investment in Fixed Assets of County Seat Service Facilities by Capital Source(2015)

Measurement Unit:10,000 RMB

Sources of Fund							
债券 Securities	利用外资 Foreign Investment	外商直接投资 Foreign Direct Investment	自筹资金 Self-Raised Funds	单位自有资金 Self-Owned Funds	其他资金 Other Funds	各项应付款 Sum Payable This Year	地区名称 Name of Regions
50942	**330923**	**211021**	**12333313**	**1617033**	**4122345**	**3847780**	**全　国**
			2312				天　津
	11000	8000	871943	177462	534386	185396	河　北
	6415		437046	59167	81243	249460	山　西
			1415641	12908	161249	232262	内 蒙 古
	3942		91273	11727	10462	25189	辽　宁
3000			62081	4120	5135	24565	吉　林
5911			211829	40396	77890	24041	黑 龙 江
	7000		329722	39591	24058	163388	江　苏
	2477	2477	560173	70311	7022	95363	浙　江
			547317	202215	147539	366205	安　徽
	5000		709917	53110	146743	74538	福　建
19694	55049	18210	1358428	60279	423963	579181	江　西
	18033	6500	544934	138597	88288	82497	山　东
			268870	73708	5442	33022	河　南
	1550	1550	348788	53598	121190	126582	湖　北
7700	9215	9215	780248	71792	246000	92910	湖　南
6261			50796	1770	7126	5179	广　东
1150			526878	15012	52807	39051	广　西
			68021		19050		海　南
			44769	9850	140	20389	重　庆
1840	23216	1000	485096	117671	1346310	209801	四　川
	171015	153265	1123909	207961	142372	287326	贵　州
	5640	3640	476870	23657	187898	451831	云　南
			3107		3959	4130	西　藏
			242156	15769	100470	69648	陕　西
			221386	20498	74885	131639	甘　肃
			20103		355	3283	青　海
1500	6844	6844	82177	3600	3717	88491	宁　夏
3886	4207		286116	30405	85100	120669	新　疆
	320	320	161407	101859	17546	61744	新疆生产建设兵团

2-2-6 全国县城市政公用设施建设施工规模和新增生产能力(或效益)(2015年)

指标名称	Index	计量单位	Measurement Unit
1.供水综合生产能力	1.Integrated Water Production Capacity	万立方米/日	10,000 m^3/day
2.供水管道长度	2.Length of Water Pipelines	公里	Kilometer
3.人工煤气生产能力	3.Production Capacity of Man-made Coal Gas	万立方米/日	10,000 m^3/day
4.人工煤气储气能力	4.Storage Capacity of Man-made Coal Gas	万立方米	10,000 m^3
5.人工煤气供气管道长度	5.Length of Man-made Gas Pipelines	公里	Kilometer
6.天然气储气能力	6.Storage Capacity of Natural Gas	万立方米	10,000 m^3
7.天然气供气管道长度	7.Length of Natural Gas Pipelines	公里	Kilometer
8.液化石油气储气能力	8.LPG Storage Capacity	吨	Ton
9.液化石油气供气管道长度	9.Length of LPG Pipelines	公里	Kilometer
10.集中供热能力：蒸汽	10.Central Heating Capacity (Steam)	吨/小时	Ton/Hour
11.集中供热能力：热水	11.Central Heating Capacity (Hot Water)	兆瓦	Mega Watts
12.集中供热管道长度：蒸汽	12.Length of Central Heating Pipelines (Steam)	公里	Kilometer
13.集中供热管道长度：热水	13.Length of Central Heating Pipelines (Hot Water)	公里	Kilometer
14.桥梁座数	14.Number of Bridges	座	Unit
15.道路新建、扩建长度	15.Length of Extension of Roads and New Roads	公里	Kilometer
16.道路新建、扩建面积	16.Surface Area of Extension of Roads and New Roads	万平方米	10,000 m^2
17.排水管道长度	17.Length of Sewerage Piplines	公里	Kilometer
18.污水处理厂处理能力	18.Wastewater Treatment Capacity	万立方米/日	10,000 m^3/day
19.再生水管道长度	19.Length of Recycled Water Piplines	公里	Kilometer
20.再生水生产能力	20.Recycled Water Production Capacity	万立方米/日	10,000 m^3/day
21.绿地面积	21.Area of Green Space	公顷	Hectare
22.垃圾无害化处理能力	22.Garbage Treatment Capacity	吨/日	Ton/day

National County Seat Service Facilities Construction Scale and Newly Added Production Capacity (or Benefites)(2015)

建设规模 Construction Scale	本年施工规模 Construction Scale This Year	本年新开工 Newly Started This Year	累计新增生产能力(或效益) Accumulative Newly Added Production Capicity (or Benefits)	本年新增 Newly Added This Year
43031.69	12925.21	12874.91	229.81	206.93
32455.86	30153.06	29818.28	8877.47	8319.03
55.71	55.71	55.71	47.76	47.76
3814.18	3256.13	554.71	579.67	563.88
15326.01	9496.02	9233.47	9140.81	8555.92
8826.30	4326.30	4326.30	4215.30	4215.30
327.03	314.05	153.49	132.62	132.62
1468	1468	1314	1185	1185
51558	27593	27481	7548	6966
549	505	503	437	434
4118	3317	3267	2972	2744
610	531	459	432	412
38947.89	8660.69	8080.27	6968.82	6649.61
41527.64	38871.45	37808.96	10722.72	10147.94
24495.34	21054.19	20370.74	12730.95	11944.97
5817.9	3550.4	3506.1	184.4	173.3
259.38	212.66	197.11	162.41	149.77
37.8	33.8	33.3	24.9	24.9
29086	25521	23825	23176	22350
12422	9771	7266	6441	6022

2-2-7 县城供水(2015年)

地区名称 Name of Regions		综合生产能力(万立方米/日) Integrated Production Capacity (10,000 m³/ day)	地下水 Underground Water	供水管道长度(公里) Length of Water Supply Pipelines (km)	供水总量(万立方米) Total Quantity of Water Supply (10,000m³)	生产运营用水 The Quantity of Water for Production and Operation
全　国	**National Total**	**5769.24**	**2159.50**	**214731.51**	**1069190.93**	**272420.13**
天　津	Tianjin	9.00	9.00	687.66	997.97	46.00
河　北	Hebei	350.60	298.31	13291.96	74204.91	22804.81
山　西	Shanxi	153.00	135.64	8053.04	30265.49	7583.99
内蒙古	Inner Mongolia	151.71	143.13	9733.34	23091.68	5496.16
辽　宁	Liaoning	73.72	29.72	4537.76	13589.86	2345.62
吉　林	Jilin	50.23	16.41	2565.22	10709.67	2270.18
黑龙江	Heilongjiang	108.09	87.19	5689.22	16013.88	3573.90
江　苏	Jiangsu	231.82	38.19	10702.41	49017.61	14219.81
浙　江	Zhejiang	297.03	9.18	13528.82	55948.37	18836.23
安　徽	Anhui	296.67	94.04	14133.94	66231.74	17516.07
福　建	Fujian	217.75	9.36	5506.38	40028.97	7800.68
江　西	Jiangxi	318.90	14.16	10187.65	54885.24	9852.81
山　东	Shandong	477.58	283.63	11368.74	107966.24	48805.38
河　南	Henan	376.15	284.72	10360.23	75667.97	23631.27
湖　北	Hubei	204.81	4.21	4943.35	35350.97	7990.79
湖　南	Hunan	389.43	39.99	12392.23	73032.96	13409.84
广　东	Guangdong	197.65	12.58	8264.71	39318.43	6743.03
广　西	Guangxi	242.04	38.49	7136.30	46551.54	10966.64
海　南	Hainan	47.92	0.43	1074.49	14762.71	8881.73
重　庆	Chongqing	63.05		2629.52	13446.22	1609.42
四　川	Sichuan	361.68	35.16	17287.35	77357.53	12477.73
贵　州	Guizhou	123.68	28.13	5473.91	25342.76	3194.59
云　南	Yunnan	164.07	21.43	9235.35	33081.47	4890.27
西　藏	Tibet	27.23	8.27	647.17	2895.43	235.01
陕　西	Shaanxi	152.84	91.93	4917.96	26235.33	4811.12
甘　肃	Gansu	82.96	41.82	3925.51	12195.92	2212.87
青　海	Qinghai	55.65	18.21	1766.65	6304.28	1349.05
宁　夏	Ningxia	32.77	25.95	1438.60	7457.50	2794.85
新　疆	Xinjiang	219.93	109.72	6585.68	24024.01	3443.21
新疆生产建设兵团	Xinjiang Production and Construction Corps	291.28	230.50	6666.36	13214.27	2627.07

County Seat Water Supply(2015)

公共服务用水 The Quantity of Water for Public Service	居民家庭用水 The Quantity of Water for Household Use	其他用水 The Quantity of Water for Other Purposes	用水户数(户) Number of Households with Access to Water Supply (unit)	家庭用户 Household User	用水人口(万人) Population with Access to Water Supply (10,000 persons)	地区名称 Name of Regions
116748.56	**491449.82**	**43913.41**	**38906458.00**	**34909566.00**	**14048.25**	**全　国**
87.89	530.98		67046.00	64595.00	15.86	天　津
8350.05	32946.93	3208.05	2866089.00	2584434.00	1016.85	河　北
4104.01	14362.58	923.94	1254790.00	1053609.00	609.82	山　西
3452.47	10390.44	851.69	1628407.00	1436593.00	499.56	内蒙古
2424.64	5819.41	767.80	808488.00	709088.00	237.33	辽　宁
1144.36	4577.86	449.95	577565.00	523709.00	146.80	吉　林
2427.17	7036.20	547.56	1052222.00	958090.00	310.65	黑龙江
5281.25	20991.58	1692.25	1696113.00	1607424.00	537.34	江　苏
3979.33	22631.08	2106.76	1586878.00	1425439.00	424.49	浙　江
7036.06	30195.10	2596.90	2506105.00	2298356.00	823.44	安　徽
4121.99	19307.69	1489.77	1102809.00	981274.00	384.68	福　建
6694.81	26793.54	2935.69	2159046.00	1941401.00	791.67	江　西
12612.88	32636.56	5376.63	2467023.00	2272037.00	982.62	山　东
10016.46	31693.64	2903.11	2520273.00	2343512.00	996.63	河　南
3551.11	16820.74	1060.83	1095889.00	995714.00	425.17	湖　北
6852.15	36193.16	2657.08	2275298.00	2043126.00	919.08	湖　南
3085.87	20180.37	1904.18	1168362.00	994348.00	410.78	广　东
3334.14	24959.79	860.82	1207172.00	1136137.00	498.98	广　西
835.48	3549.51	251.19	116143.00	102764.00	72.72	海　南
1156.02	7895.13	931.21	817392.00	646747.00	242.02	重　庆
7872.09	44012.41	2773.89	3469358.00	3052292.00	1041.32	四　川
2382.68	14956.23	1197.36	1046186.00	844313.00	486.58	贵　州
3431.11	18454.90	979.39	1267184.00	1106063.00	560.87	云　南
403.59	1712.28	389.04	92856.00	74750.00	29.06	西　藏
2952.37	14118.42	1509.20	1473241.00	1361239.00	544.38	陕　西
1651.84	6484.36	346.49	720055.00	664787.00	344.48	甘　肃
1053.71	2753.94	203.89	228275.00	215647	105.44	青　海
726.09	2360.24	765.66	274666.00	239715	90.49	宁　夏
3857.14	10614.83	1643.75	781077.00	697009.00	338.05	新　疆
1869.80	6469.92	589.33	580450.00	535354.00	161.09	新疆生产建设兵团

2-2-8 县城供水(公共供水)(2015年)

地区名称 Name of Regions		综合生产能力(万立方米/日) Integrated Production Capacity (10,000 m³/day)	地下水 Underground Water	水厂个数(个) Number of Water Plants (unit)	地下水 Underground Water	供水管道长度(公里) Length of Water Supply Pipelines (km)	供水总量(万立方米) 合计 Total	售水量 小计 Subtotal	生产运营用水 The Quantity of Water for Production and Operation
全　国	**National Total**	**4764.70**	**1363.76**	**2737**	**1362**	**203172.80**	**916996.56**	**772337.55**	**182017.30**
天　津	Tianjin	9.00	9.00	5	5	687.66	997.97	664.87	46.00
河　北	Hebei	262.26	218.68	169	160	11900.60	55099.01	48203.94	12582.06
山　西	Shanxi	107.48	93.29	134	119	6924.86	23970.00	20679.03	3822.19
内蒙古	Inner Mongolia	110.32	102.47	136	126	9491.05	19514.76	16613.84	3007.17
辽　宁	Liaoning	67.26	23.48	32	20	4398.68	11799.39	9567.00	1377.02
吉　林	Jilin	40.66	8.77	26	10	2356.17	8615.54	6348.22	977.30
黑龙江	Heilongjiang	92.00	71.10	66	62	5657.05	13955.80	11526.75	2167.65
江　苏	Jiangsu	199.67	13.00	37	7	10307.30	43338.53	36505.81	10488.13
浙　江	Zhejiang	288.01	5.13	51	2	13286.38	55116.11	46721.14	18112.65
安　徽	Anhui	247.25	50.71	84	24	13624.78	53736.68	44849.07	9544.63
福　建	Fujian	210.95	7.30	73	10	5389.08	38617.21	31308.37	7163.08
江　西	Jiangxi	299.92	7.90	107	13	9904.45	53350.17	44741.78	9331.59
山　东	Shandong	304.94	137.74	153	110	9897.79	66306.33	57771.54	20691.27
河　南	Henan	268.48	184.58	135	102	9221.81	50594.85	43171.36	10006.77
湖　北	Hubei	191.44	1.21	64	8	4806.66	33057.72	27130.22	6825.84
湖　南	Hunan	362.86	29.08	129	22	12051.15	69757.68	55836.95	11985.27
广　东	Guangdong	176.07	5.10	56	5	7417.30	36937.84	29532.86	6105.76
广　西	Guangxi	206.75	23.40	88	16	6785.27	40873.18	34443.03	6413.61
海　南	Hainan	47.92	0.43	16	3	1074.49	14762.71	13517.91	8881.73
重　庆	Chongqing	63.05		31		2629.52	13446.22	11591.78	1609.42
四　川	Sichuan	345.59	27.72	176	36	16997.30	73977.76	63756.35	11082.34
贵　州	Guizhou	120.48	26.27	126	39	5412.87	24802.89	21190.99	3045.98
云　南	Yunnan	145.93	12.62	161	33	8751.85	31951.85	26626.05	4737.46
西　藏	Tibet	22.53	5.99	108	31	562.93	2557.94	2402.43	200.81
陕　西	Shaanxi	114.37	56.93	128	70	4416.20	21751.82	18907.60	2824.63
甘　肃	Gansu	67.64	38.29	81	51	3805.51	11264.40	9764.04	1617.57
青　海	Qinghai	54.95	17.51	52	29	1760.65	6120.28	5176.59	1224.65
宁　夏	Ningxia	24.64	17.84	23	14	1325.47	5179.10	4368.44	745.15
新　疆	Xinjiang	200.52	93.84	110	87	6328.38	22949.19	18484.11	3040.29
新疆生产建设兵团	Xinjiang Production and Construction Corps	111.76	74.38	180	148	5999.59	12593.63	10935.48	2359.28

County Seat Water Supply (Public Water Suppliers)(2015)

Total Quantity of Water Supply(10,000m^3)						用水户数（户） Number of Households with Access to Water Supply (unit)	家庭用户 Household User	用水人口（万人） Population with Access to Water Supply (10,000 persons)	地区名称 Name of Regions
Water Sold			免费供水量 The Quantitiy of Free Water Supply		漏损水量 The Lossed Water				
公共服务用水 The Quantity of Water for Public Service	居民家庭用水 The Quantity of Water for Household Use	其他用水 The Quantity of Other Purposes		生活用水 Domestic Water Use					
97308.18	**456275.56**	**36736.51**	**20379.80**	**4184.12**	**124279.21**	**36662012**	**33008636**	**13295.19**	**全国**
87.89	530.98		133.78		199.32	67046	64595	15.86	天津
6094.21	27455.71	2071.96	731.98	170.90	6163.09	2482550	2266035	882.20	河北
3173.32	12966.38	717.14	506.50	217.80	2784.47	1134487	962349	569.18	山西
2851.73	10003.80	751.14	530.18	297.38	2370.74	1573288	1400038	485.87	内蒙古
2133.97	5343.21	712.80	258.10	93.12	1974.29	768347	670806	219.60	辽宁
934.20	4103.52	333.20	183.80	14.60	2083.52	533434	486264	134.62	吉林
1963.47	6912.17	483.46	301.94	36.09	2127.11	1041918	949954	307.99	黑龙江
4511.75	19940.23	1565.70	536.82	186.40	6295.90	1655457	1572181	523.91	江苏
3954.24	22548.91	2105.34	1179.39	45.19	7215.58	1579667	1418387	422.22	浙江
5816.29	27125.00	2363.15	802.35	166.13	8085.26	2319500	2119993	761.99	安徽
3963.03	18725.05	1457.21	1402.39	61.26	5906.45	1081481	963036	376.59	福建
6489.18	26064.19	2856.82	1242.00	254.90	7366.39	2113194	1899838	772.39	江西
7743.14	26516.39	2820.74	922.85	252.50	7611.94	2114328	1976386	853.93	山东
5693.76	25638.57	1832.26	1039.69	139.07	6383.80	2137797	2021894	860.56	河南
3319.21	16067.74	917.43	963.64	241.41	4963.86	1064260	966223	419.61	湖北
6485.46	34865.52	2500.70	2572.72	698.57	11348.01	2216309	1990270	893.95	湖南
2943.27	18722.75	1761.08	507.84	44.89	6897.14	1075538	920436	387.75	广东
3268.25	24028.68	732.49	889.54	56.81	5540.61	1156637	1087449	481.30	广西
835.48	3549.51	251.19	13.00		1231.80	116143	102764	72.72	海南
1156.02	7895.13	931.21	165.33	31.00	1689.11	817392	646747	242.02	重庆
7076.33	42871.45	2726.23	845.46	154.78	9375.95	3414800	3000063	1026.95	四川
2287.90	14793.63	1063.48	571.49	151.86	3040.41	1038445	837720	483.19	贵州
3210.38	17748.81	929.40	1058.94	403.17	4266.86	1224906	1069874	551.34	云南
349.46	1478.44	373.72	117.66	68.99	37.85	82913	66629	24.79	西藏
2442.68	12446.82	1193.47	392.06	81.42	2452.16	1362065	1258940	508.49	陕西
1517.63	6296.94	331.90	227.48	14.25	1272.88	700133	649979	337.38	甘肃
1012.71	2749.44	189.79	248.94	115.17	694.75	226773	214535	104.89	青海
709.26	2277.74	636.29	220.23	107.50	590.43	270428	236955	89.45	宁夏
3552.73	10324.28	1566.81	1713.74	21.58	2751.34	736955	675073	328.08	新疆
1731.23	6284.57	560.40	99.96	57.38	1558.19	555821	513223	156.37	新疆生产建设兵团

2-2-9 县城供水(自建设施供水)(2015年)

地区名称 Name of Regions	综合生产能力(万立方米/日) Integrated Production Capacity (10,000m³/day)	地下水 Underground Water	供水管道长度(公里) Length of Water Supply Pipelines (km)	供水总量(万立方米) 合计 Total	生产运营用水 The Quantity of Water for Production and Operation
全国 National Total	**1004.54**	**795.74**	**11558.71**	**152194.37**	**90402.83**
河北 Hebei	88.34	79.63	1391.36	19105.90	10222.75
山西 Shanxi	45.52	42.35	1128.18	6295.49	3761.80
内蒙古 Inner Mongolia	41.39	40.66	242.29	3576.92	2488.99
辽宁 Liaoning	6.46	6.24	139.08	1790.47	968.60
吉林 Jilin	9.57	7.64	209.05	2094.13	1292.88
黑龙江 Heilongjiang	16.09	16.09	32.17	2058.08	1406.25
江苏 Jiangsu	32.15	25.19	395.11	5679.08	3731.68
浙江 Zhejiang	9.02	4.05	242.44	832.26	723.58
安徽 Anhui	49.42	43.33	509.16	12495.06	7971.44
福建 Fujian	6.80	2.06	117.30	1411.76	637.60
江西 Jiangxi	18.98	6.26	283.20	1535.07	521.22
山东 Shandong	172.64	145.89	1470.95	41659.91	28114.11
河南 Henan	107.67	100.14	1138.42	25073.12	13624.50
湖北 Hubei	13.37	3.00	136.69	2293.25	1164.95
湖南 Hunan	26.57	10.91	341.08	3275.28	1424.57
广东 Guangdong	21.58	7.48	847.41	2380.59	637.27
广西 Guangxi	35.29	15.09	351.03	5678.36	4553.03
四川 Sichuan	16.09	7.44	290.05	3379.77	1395.39
贵州 Guizhou	3.20	1.86	61.04	539.87	148.61
云南 Yunnan	18.14	8.81	483.50	1129.62	152.81
西藏 Tibet	4.70	2.28	84.24	337.49	34.20
陕西 Shaanxi	38.47	35.00	501.76	4483.51	1986.49
甘肃 Gansu	15.32	3.53	120.00	931.52	595.30
青海 Qinghai	0.70	0.70	6.00	184.00	124.40
宁夏 Ningxia	8.13	8.11	113.13	2278.40	2049.70
新疆 Xinjiang	19.41	15.88	257.30	1074.82	402.92
新疆生产建设兵团 Xinjiang Production and Construction Corps	179.52	156.12	666.77	620.64	267.79

County Seat Water Supply (Suppliers with Self-Built Facilities)(2015)

Total Quantity of Water Supply(10,000m³)			用水户数(户) Number of Households with Access to Water Supply (unit)		用水人口(万人) Population with Access to Water Supply (10,000 persons)	地区名称 Name of Regions
公共服务用水 The Quantity of Water for Public Service	居民家庭用水 The Quantity of Water for Household Use	其他用水 The Quantity of Water for Other Purposes		家庭用户 Household User		
19440.38	**35174.26**	**7176.90**	**2244446**	**1900930**	**753.06**	**全　国**
2255.84	5491.22	1136.09	383539	318399	134.65	河　北
930.69	1396.20	206.80	120303	91260	40.64	山　西
600.74	386.64	100.55	55119	36555	13.69	内蒙古
290.67	476.20	55.00	40141	38282	17.73	辽　宁
210.16	474.34	116.75	44131	37445	12.18	吉　林
463.70	124.03	64.10	10304	8136	2.66	黑龙江
769.50	1051.35	126.55	40656	35243	13.43	江　苏
25.09	82.17	1.42	7211	7052	2.27	浙　江
1219.77	3070.10	233.75	186605	178363	61.45	安　徽
158.96	582.64	32.56	21328	18238	8.09	福　建
205.63	729.35	78.87	45852	41563	19.28	江　西
4869.74	6120.17	2555.89	352695	295651	128.69	山　东
4322.70	6055.07	1070.85	382476	321618	136.07	河　南
231.90	753.00	143.40	31629	29491	5.56	湖　北
366.69	1327.64	156.38	58989	52856	25.13	湖　南
142.60	1457.62	143.10	92824	73912	23.03	广　东
65.89	931.11	128.33	50535	48688	17.68	广　西
795.76	1140.96	47.66	54558	52229	14.37	四　川
94.78	162.60	133.88	7741	6593	3.39	贵　州
220.73	706.09	49.99	42278	36189	9.53	云　南
54.13	233.84	15.32	9943	8121	4.27	西　藏
509.69	1671.60	315.73	111176	102299	35.89	陕　西
134.21	187.42	14.59	19922	14808	7.10	甘　肃
41.00	4.50	14.10	1502	1112	0.55	青　海
16.83	82.50	129.37	4238	2760	1.04	宁　夏
304.41	290.55	76.94	44122	21936	9.97	新　疆
138.57	185.35	28.93	24629	22131	4.72	新疆生产建设兵团

2-2-10 县城节约用水(2015年)

计量单位：万立方米

地区名称 Name of Regions	计划用水户数(户) Planned Water Consumers (households)	自备水计划用水户数 Planned Self-produced Water Consumers	计划用水户实际用水量 合计 Total	工业 Industry	新水取水量 Fresh Water Used	工业 Industry	重复利用量 Water Reused
全国 National Total	**1355786**	**162569**	**310612**	**233047**	**126923**	**59710**	**183689**
河北 Hebei	104480	42322	3488	2500	2581	1683	907
山西 Shanxi	145567	18728	13569	6674	8421	2780	5148
内蒙古 Inner Mongolia	56061	166	2160	1960	1875	1835	285
辽宁 Liaoning	38798	8	1582	212	1355	174	227
吉林 Jilin	696	185	3891	1883	2992	1215	899
江苏 Jiangsu	137628	10674	30661	20671	15895	6615	14766
浙江 Zhejiang	1619	137	21133	18218	4724	1888	16409
福建 Fujian	14710		771	88	743	85	28
江西 Jiangxi	4955	4080	896	208	516	121	380
山东 Shandong	146641	18280	163372	146310	34371	21653	129001
河南 Henan	169605	43894	21862	9518	17519	6255	4343
湖北 Hubei	16569	4255	1130	203	759	142	371
湖南 Hunan	107	3	4400	2175	4322	2100	78
广东 Guangdong	83622	1020	4087	1206	4087	1206	
海南 Hainan	16545		11790	10200	8995	7700	2795
四川 Sichuan	187356	338	16593	8016	10399	2232	6194
贵州 Guizhou	8550	330	302	45	118	9	184
云南 Yunnan	25329	905	1158	47	987	40	171
西藏 Tibet	2860	1381	103	8	15	1	88
陕西 Shaanxi	70832	10630	1532	592	1305	450	227
甘肃 Gansu	42230	3800	1106	556	824	325	282
宁夏 Ningxia	3	2	837	837	425	425	412
新疆 Xinjiang	81023	1431	4189	920	3695	776	494

County Seat Water Conservation(2015)

Measurement Unit:10,000m^3

Actual Quantity of Water Used		重复利用率 (%) Reuse Rate (%)		节约用水量 Water Saved		节水措施投资总额(万元) Total Investment in Water-Saving Measures (10,000 RMB)	地区名称 Name of Regions
工业 Industry	超计划定额用水量 Water Quantity Consumed in Excess of Quota		工业 Industry		工业 Industry		
173337	**1913**	**59.14**	**74.38**	**32419**	**27470**	**38367**	**全　国**
817	4	26.00	32.68	868	766	96	河　北
3894	518	37.94	58.35	1542	894	2302	山　西
125	7	13.19	6.38	17	12	621	内蒙古
38		14.35	17.92	274	104	220	辽　宁
668		23.10	35.48	135	80		吉　林
14056		48.16	68.00	15870	14930	15246	江　苏
16330	17	77.65	89.64	570	459	3855	浙　江
3		3.63	3.41	128	83	14	福　建
87		42.41	41.83	124			江　西
124657	224	78.96	85.20	2680	2102	5321	山　东
3263	793	19.87	34.28	4611	3363	1604	河　南
61	89	32.83	30.05	82	62	107	湖　北
75	3	1.77	3.45	295	271	625	湖　南
				13	8	34	广　东
2500		23.71	24.51	2500	2500		海　南
5784	168	37.33	72.16	1833	1404	1942	四　川
36		60.93	80.00	16	4	14	贵　州
7	4	14.77	14.89	119	35	341	云　南
7		85.44	87.50				西　藏
142	36	14.82	23.99	219	145	2592	陕　西
231	11	25.50	41.55	252	217	470	甘　肃
412		49.22	49.22				宁　夏
144	39	11.79	15.65	271	31	2963	新　疆

2-2-11 县城人工煤气(2015年)

地区名称 Name of Regions		生产能力 (万立方米／日) Production Capacity ($10,000\ m^3$)	储气能力 (万立方米) Gas Storage Capacity ($10,000\ m^3$)	供气管道长度 (公里) Length of Gas Supply Pipeline (km)	自制气量 (万立方米) Self-Produced Gas ($10,000\ m^3$)	合计 Total
全　国	**National Total**	**491.81**	**92.80**	**1375.66**	**111963.47**	**82133.16**
河　北	Hebei		7.00	143.25		6108.01
山　西	Shanxi	49.20	64.30	897.13	1450	9121.95
黑龙江	Heilongjiang	1.00	10.00	38.60	1	468.47
江　西	Jiangxi			23.00		8.00
山　东	Shandong	410.00	4.00	37.75	107812.46	50751.00
四　川	Sichuan	13.60	4.50	179.50		2374.00
西　藏	Tibet	0.01	3	0.03	0.01	1.50
甘　肃	Gansu	18		29.10	2700	13280.00
新疆生产建设兵团	Xinjiang Production and Construction Corps			27.30		20.23

County Seat Man-Made Coal Gas(2015)

供气总量(万立方米) Total Gas Supplied (10,000 m^3)			用气户数(户) Number of Households with Access to Gas (unit)		用气人口(万人) Population with Access to Gas (10,000 persons)	地区名称 Name of Regions
销售气量 Quantity Sold	居民家庭 Households	燃气损失量 Loss Amount		家庭用户 Household User		
81139.39	**22851.06**	**993.77**	**300734**	**178843**	**55.50**	**全　国**
6051.21	2851.02	56.80	44470	44396	15.14	河　北
8871.45	5477.71	250.50	225620	103916	32.17	山　西
468.00	41.00	0.47	3679	3664	1.10	黑龙江
8.00	8.00		2230	2230	0.78	江　西
50685.00		66.00	50			山　东
1824.00	1243.00	550.00	16125	16121	4.98	四　川
1.50	0.10		575	531	0.17	西　藏
13210.00	13210.00	70.00	7012	7012	0.89	甘　肃
20.23	20.23		973	973	0.27	新疆生产建设兵团

2-2-12 县城天然气(2015年)

地区名称 Name of Regions	储气能力 (万立方米) Gas Storage Capacity (10,000 m^3)	供气管道长度 (公里) Length of Gas Supply Pipeline (km)	供气总量(万立方米) 合计 Total	销售气量 Quantity Sold	居民家庭 Households	集中供热 Central Heating
全　国 National Total	**6561.46**	**106465.70**	**1026423.66**	**1007123.31**	**379724.38**	**68514.59**
河　北 Hebei	674.16	6201.13	57469.13	56830.50	27571.92	4563.57
山　西 Shanxi	171.83	5250.76	61749.21	60268.90	22621.92	8307.76
内蒙古 Inner Mongolia	199.72	1927.86	23260.44	22986.59	5408.60	1225.27
辽　宁 Liaoning	73.02	1300.61	11553.72	11440.91	2646.75	48.50
吉　林 Jilin	73.09	696.28	4287.46	4233.11	2162.55	
黑龙江 Heilongjiang	57.95	569.56	3087.61	3062.62	1457.42	38.80
江　苏 Jiangsu	277.84	5306.10	30347.55	29951.88	11532.89	92.00
浙　江 Zhejiang	194.65	3861.83	22764.50	22551.72	2850.69	44.80
安　徽 Anhui	335.34	8117.49	51923.56	51227.01	18626.68	130.00
福　建 Fujian	476.96	1091.14	17630.41	17447.79	1447.12	24.00
江　西 Jiangxi	538.1	2855.42	14492.11	14274.88	6152.16	333.65
山　东 Shandong	142.35	10577.34	136805.31	135422.41	30873.9	4267.74
河　南 Henan	349.48	5136.68	49490.53	48675.84	17583.74	240.91
湖　北 Hubei	116.19	3792.56	13661.25	13232.19	8379.72	275.68
湖　南 Hunan	264.49	4947.20	34064.02	33676.46	12583.60	7264.69
广　东 Guangdong	139.85	790.26	2834.32	2816.73	1156.41	
广　西 Guangxi	246.41	551.27	740.86	731.86	542.14	
海　南 Hainan	80.00	250.00	12100.00	12100.00	56.00	
重　庆 Chongqing	56.95	4262.69	29342.08	28414.19	18608.19	831.00
四　川 Sichuan	207.31	21272.44	186998.53	180801.63	106853.53	
贵　州 Guizhou	375.80	968.09	6754.01	6619.67	4639.88	
云　南 Yunnan	141.71	1053.37	2547.29	2529.79	1010.82	
西　藏 Tibet	10.00		56.00	52.00	52.00	
陕　西 Shaanxi	312.10	4618.73	74198.77	73130.73	24120.83	14135.52
甘　肃 Gansu	222.69	483.53	23128.61	23088.15	2416.64	6310.02
青　海 Qinghai	89.21	474.28	20017.33	19935.60	4360.81	8631.08
宁　夏 Ningxia	99.03	844.72	27005.21	26570.62	6176.60	1600.31
新　疆 Xinjiang	501.51	3410.22	87146.66	84719.02	25097.06	9856.28
新疆生产建设兵团 Xinjiang Production and Construction Corps	133.72	5854.14	20967.18	20330.51	12733.81	293.01

County Seat Natural Gas(2015)

Total Gas Supplied (10,000 m^3)		用气户数 (户) Number of Household with Access to Gas (unit)		用气人口 (万人) Population with Accessto Gas (10,000 persons)	天然气汽车加气站 (座) Gas Stations for CNG-Fueled Motor Vehicles (unit)	地区名称 Name of Regions
燃气汽车 Gas-Powered Automobiles	燃气损失量 Loss Amount		家庭用户 Household User			
223997.18	**19300.35**	**15699447**	**14500087**	**4715.09**	**1102**	**全　国**
6601.47	638.63	1087725	1053492	380.25	94	河　北
9708.49	1480.31	734078	700752	283.25	37	山　西
13110.33	273.85	364538	340067	119.11	69	内蒙古
1422.90	112.81	260333	255866	82.12	22	辽　宁
1355.88	54.35	343500	110408	39.44	11	吉　林
1505.80	24.99	75035	74108	18.68	12	黑龙江
4340.49	395.67	683692	634219	258.37	41	江　苏
921.11	212.78	259887	253695	100.62	5	浙　江
13759.09	696.55	977293	925478	294.15	52	安　徽
186.86	182.62	153953	147038	39.96	4	福　建
380	217.23	376529	370936	109.43	1	江　西
28563.28	1382.9	1587791	1530151	566.15	165	山　东
10773.61	814.69	852737	798600	306.79	76	河　南
1966.07	429.06	414408	403933	150.27	20	湖　北
2385.68	387.56	607617	594720	200.53	13	湖　南
	17.59	70485	67877	24.47		广　东
0.32	9.00	37353	37159	13.48	1	广　西
		6000	5700	2.45		海　南
4677.51	927.89	606037	574714	174.07	13	重　庆
19719.89	6196.90	3627146	3468431	809.59	65	四　川
1456.55	134.34	138752	131075	40.08	14	贵　州
276.94	17.50	61054	58472	29.05	7	云　南
	4.00	536	536	0.30		西　藏
19325.57	1068.04	850058	718251	271.01	91	陕　西
14129.74	40.46	94869	86928	35.57	30	甘　肃
6413.27	81.73	208074	79348	25.25	18	青　海
9457.47	434.59	179018	174505	33.37	27	宁　夏
45103.16	2427.64	735968	626615	217.93	148	新　疆
6455.70	636.67	304981	277013	89.35	66	新疆生产建设兵团

2-2-13 县城液化石油气(2015年)

地区名称 Name of Regions		储气能力 (吨) Gas Storage Capacity (ton)	供气管道长度 (公里) Length of Gas Supply Pipeline (km)	供气总量(吨) 合计 Total	销售气量 Quantity Sold	居民家庭 Households
全 国	**National Total**	**327282.12**	**2068.18**	**2300091.89**	**2283882.95**	**1929867.65**
天 津	Tianjin	798.00		14291.72	14291.72	13961.08
河 北	Hebei	16091.13	188.84	133417.42	132887.57	119146.57
山 西	Shanxi	7469.00	59.59	34863.84	34275.77	31438.77
内蒙古	Inner Mongolia	7417.57	38.75	53494.50	52563.36	49674.93
辽 宁	Liaoning	5611.00	189.78	34117.18	34018.18	27460.18
吉 林	Jilin	2136.36	60.22	24068.65	24011.00	21877.00
黑龙江	Heilongjiang	6207.51	1.50	46356.09	46285.82	41993.81
江 苏	Jiangsu	19321.50	6.57	120064.00	119081.34	97391.90
浙 江	Zhejiang	17514.30	607.66	204400.78	204018.81	154155.65
安 徽	Anhui	21253.77	44.14	149937.25	149017.80	136156.87
福 建	Fujian	11585.60	246.70	119184.56	119026.60	100216.80
江 西	Jiangxi	19340.22	61.44	183248.40	181841.88	153769.04
山 东	Shandong	30432.60	69.06	138010.72	137639.73	89977.64
河 南	Henan	12958.55	1.55	119839.73	118249.77	103418.81
湖 北	Hubei	11342.48	40.15	60590.82	59501.32	55968.96
湖 南	Hunan	34308.10		214881.96	213452.90	179872.24
广 东	Guangdong	20847.50	153.52	168624.37	168187.35	151835.33
广 西	Guangxi	10729.69	142.47	134222.91	132600.03	123658.60
海 南	Hainan	1152.00		15982.19	15944.70	14121.60
重 庆	Chongqing	3114.00		23685.00	23512.00	17875.00
四 川	Sichuan	11182.27	11.30	42153.62	41675.79	33250.81
贵 州	Guizhou	4050.95	29.5	49773.56	49478.34	47189.44
云 南	Yunnan	18324.90	59	67486.03	66879.31	46945.92
西 藏	Tibet	951.70	29.71	13176.23	12922.24	2671.35
陕 西	Shaanxi	12004.40	3.55	49045.09	48533.65	44774.90
甘 肃	Gansu	4355.83		23516.42	23086.72	21310.87
青 海	Qinghai	1590.00		3268.52	3227.10	2757.83
宁 夏	Ningxia	5099.00	5.77	12213.05	12170.20	11149.00
新 疆	Xinjiang	6428.80	1.41	31576.83	31276.66	22260.25
新疆生产建设兵团	Xinjiang Production and Construction Corps	3663.39	16.00	14600.45	14225.29	13586.50

County Seat LPG Supply (2015)

Total Gas Supplied (ton)		用气户数 (户) Number of Household with Access to Gas (unit)		用气人口 (万人) Population with Access to Gas (10,000 persons)	液化石油气汽车加气站 (座) Gas Stations for LPG- Fueled Motor Vehicles (unit)	地区名称 Name of Regions
燃气汽车 Gas-Powered Automobiles	燃气损失量 Loss Amount		家庭用户 Household User			
22147.90	**16208.94**	**18189577**	**16720242**	**7081.01**	**129**	**全　国**
		67300	66375	15.86		天　津
4116.00	529.85	1281192	1230823	533.40	6	河　北
	588.07	340810	325940	160.80		山　西
674.00	931.14	835586	796278	311.84	9	内蒙古
1681.30	99.00	361891	307376	112.90	5	辽　宁
1002.00	57.65	288094	232360	101.19	5	吉　林
1452.00	70.27	525089	437946	171.16	13	黑龙江
256.00	982.66	824613	757096	276.72	1	江　苏
	381.97	1128521	988290	318.47		浙　江
	919.45	1353841	1273926	456.75		安　徽
62.00	157.96	920416	892564	340.44	1	福　建
	1406.52	1341255	1215522	613.30		江　西
203.00	370.99	919335	819452	366.24	6	山　东
3692.00	1589.96	1030303	981092	374.98	7	河　南
100.00	1089.50	649754	572146	239.55	1	湖　北
641.00	1429.06	1511607	1437528	589.01	11	湖　南
	437.02	949594	870986	372.14		广　东
	1622.88	1055536	1023220	417.37		广　西
131.00	37.49	126183	118705	66.51	1	海　南
	173.00	189165	147292	58.12		重　庆
2017.88	477.83	290757	246789	110.20	4	四　川
	295.22	467658	417817	266.48		贵　州
	606.72	543452	478990	261.64		云　南
149.95	253.99	24894	20395	15.06	15	西　藏
45.00	511.44	482343	451782	185.16	1	陕　西
132.42	429.70	288216	257031	175.77	10	甘　肃
21.00	41.42	37149	25400	29.54	1	青　海
	42.85	91309	84764	35.36		宁　夏
5488.00	300.17	203966	184314	83.92	25	新　疆
283.35	375.16	59748	58043	21.13	7	新疆生产建设兵团

2-2-14 县城集中供热(2015年)

地区名称 Name of Regions	蒸汽 Steam							
	供热能力(吨/小时) Heating Capacity (ton/hour)	热电厂供热 Heating by Co-Generation	锅炉房供热 Heating by Boilers	供热总量(万吉焦) Total Heat Supplied (10,000gcal)	热电厂供热 Heating by Co-Generation	锅炉房供热 Heating by Boilers	管道长度(公里) Length of Pipelines (km)	供热能力(兆瓦) Heating Capacity (mega watts)
全　国 National Total	**13679.97**	**8482.62**	**4838.96**	**10957.18**	**3908.96**	**6739.53**	**3282.88**	**125787.67**
天　津 Tianjin								580.80
河　北 Hebei	3695.61	812.98	2778.63	873.80	443.80	339.00	631.44	22838.11
山　西 Shanxi	1361.00	965.00	396.00	736.22	401.22	335.00	542.38	13351.13
内蒙古 Inner Mongolia	488.00	278.00	210.00	365.40	245.00	120.40	286.78	20392.94
辽　宁 Liaoning	390.00	40.00	350.00	76.00	15.00	61.00	3.48	7495.00
吉　林 Jilin	8.40		8.40	4.00		4.00	3.00	5200.86
黑龙江 Heilongjiang	638.50	513.50	125.00	400.53	359.53	41.00	84.23	10958.71
浙　江 Zhejiang	250.00	225.00	25.00	34.00	22.00	12.00	29.00	4.00
山　东 Shandong	4681.00	4594.00	87.00	1908.82	1870.32	38.50	826.53	14348.18
河　南 Henan	285.00	205.00	80.00	108.94	103.44	5.50	72.50	1418.20
四　川 Sichuan	21.00			16.69			14.00	15.00
西　藏 Tibet								0.12
陕　西 Shaanxi	610.00	430.00	12.00	182.22	45.00	3.12	198.42	3947.10
甘　肃 Gansu								4962.11
青　海 Qinghai								1408.50
宁　夏 Ningxia	40.10	40.10		29.80	29.80		0.30	3190.10
新　疆 Xinjiang	120.00		120.00	37.00		37.00	1.00	9722.37
新疆生产建设兵团 Xinjiang Production and Construction Corps	1091.36	379.04	646.93	6183.76	373.85	5743.01	589.82	5954.44

County Seat Central Heating(2015)

		热 水 Hot Water						
热电厂供 热 Heating by Co-Generation	锅炉房供 热 Heating By Boilers	供热总量(万吉焦) Total Heat Supplied (10,000gcal)	热电厂供 热 Heating by Co-Generation	锅炉房供 热 Heating by Boilers	管道长度(公里) Length of Pipelines (km)	供热面积(万平方米) Heated Area (10,000 m^2)	住宅 Housing	地区名称 Name of Regions
35713.75	**87406.60**	**96565.65**	**14825.81**	**80206.06**	**43013.48**	**123122.48**	**92621.94**	**全 国**
536.00	44.80	314.30	270.30	44.00	429.03	858.67	786.50	天 津
6246.60	15003.14	10168.54	1473.73	7686.72	5547.94	20881.42	16872.51	河 北
3850.45	9500.68	8480.03	2195.10	6284.93	5247.78	17565.84	12959.86	山 西
3643.51	16749.43	13678.13	1962.03	11716.10	7376.75	18785.69	12958.36	内蒙古
2019.70	5475.30	3800.48	693.80	3106.68	3347.32	7315.67	5493.04	辽 宁
	5070.86	3398.38		3397.38	2414.27	5654.54	4289.82	吉 林
3606.85	7260.86	7513.58	2773.28	4684.30	4021.87	13165.75	9794.73	黑龙江
	4.00	13.00		13.00	6.00	60.50	22.00	浙 江
11867.00	1714.88	5252.00	4110.18	764.45	4612.27	12608.80	10817.49	山 东
1049.00	369.20	304.22	148.70	155.52	347.19	845.99	635.09	河 南
	15.00				18.20	26.00	6.20	四 川
0.12		1.76	1.76		6.73	2.66	1.63	西 藏
1077.00	2803.20	1825.80	415.70	1331.20	767.98	3426.52	2557.53	陕 西
	4962.11	2838.64		2838.64	1602.51	5424.20	4042.84	甘 肃
	1408.50	1058.54		1058.54	663.03	1517.29	726.54	青 海
	3190.10	1320.73		1320.73	952.99	2473.75	1759.09	宁 夏
1418.58	8300.59	4565.40	570.60	3991.18	3190.24	8365.14	5637.09	新 疆
398.94	5533.95	32032.12	210.63	31812.69	2461.38	4144.05	3261.62	新疆生产建设兵团

2-2-15 县城道路和桥梁(2015年)

地区名称 Name of Regions		道路长度 (公里) Length of Roads (km)	道路面积 (万平方米) Surface Area of Roads (10,000 m^2)	人行道面积 Surface Area of Sidewalks
全　国	**National Total**	**133514**	**249496**	**61958**
天　津	Tianjin	156	317	81
河　北	Hebei	10776	22764	6005
山　西	Shanxi	5002	9268	2456
内蒙古	Inner Mongolia	6290	13283	3439
辽　宁	Liaoning	1778	3101	787
吉　林	Jilin	1206	1872	520
黑龙江	Heilongjiang	3974	4702	956
江　苏	Jiangsu	5251	10388	2241
浙　江	Zhejiang	5516	8748	1973
安　徽	Anhui	7845	17688	4393
福　建	Fujian	3305	5537	1226
江　西	Jiangxi	7707	14850	3609
山　东	Shandong	10969	22930	4774
河　南	Henan	8938	19675	4672
湖　北	Hubei	3721	7623	1860
湖　南	Hunan	7556	13324	3651
广　东	Guangdong	3888	4882	1169
广　西	Guangxi	4222	7443	1891
海　南	Hainan	664	1571	409
重　庆	Chongqing	1383	2200	699
四　川	Sichuan	6752	12861	3582
贵　州	Guizhou	3475	5804	1622
云　南	Yunnan	4306	7922	2049
西　藏	Tibet	633	697	190
陕　西	Shaanxi	4435	7889	2302
甘　肃	Gansu	2629	4930	1389
青　海	Qinghai	1160	1790	467
宁　夏	Ningxia	1248	2903	722
新　疆	Xinjiang	4016	7212	1632
新疆生产建设兵团	Xinjiang Production and Construction Corps	4710	5320	1192

County Seat Roads and Bridges(2015)

桥梁数 (座) Number of Bridges (unit)			道路照明灯盏数 (盏) Number of Road Lamps (unit)	安装路灯道路长度 (公里) Length of The Road with Street Lamp (km)	地区名称 Name of Regions
	大桥及特大桥 Great Bridge and Grand Bridge	立交桥 Intersection			
16049	**1351**	**442**	**7430149**	**93012.50**	**全　国**
36	3	1	12811	134.00	天　津
896	86	50	468958	7165.46	河　北
421	44	26	314700	3283.49	山　西
342	2	16	322525	3701.37	内蒙古
229	4	3	145170	1373.39	辽　宁
102	3	3	114851	713.79	吉　林
274	6	14	178057	2203.76	黑龙江
830	19	13	319304	4399.75	江　苏
1357	122	32	261831	4864.86	浙　江
1100	62	27	440254	5740.98	安　徽
515	31	11	220538	2712.94	福　建
733	120	35	457105	5888.77	江　西
1701	65	45	513816	8028.92	山　东
1613	31	26	439913	6197.05	河　南
457	36	10	131664	2835.08	湖　北
442	74	9	355921	5127.45	湖　南
328	47	5	253182	2628.79	广　东
724	25	6	369188	3038.13	广　西
51	9		50296	593.96	海　南
264	35	3	99903	1166.88	重　庆
970	169	20	587057	5529.39	四　川
387	34	7	237995	2091.93	贵　州
606	54	6	312760	3338.06	云　南
36	11	5	11403	253.81	西　藏
586	145	50	253565	3150.51	陕　西
378	70	13	107911	1815.79	甘　肃
117	1		51943	502.48	青　海
45	4		67070	904.35	宁　夏
316	30	4	272732	2397.69	新　疆
193	9	2	57726	1229.67	新疆生产建设兵团

2-2-16 县城排水和污水处理(2015年)

地区名称 Name of Regions	污水排放量(万立方米) Annual Quantity of Wastewater Discharged (10,000 m³)	排水管道长度(公里) Length of Drainage Piplines (km)				污水处理厂				
			污水管道 Sewers	雨水管道 Rainwater Drainage Pipeline	雨污合流管道 Combined Drainage Pipeline	座数(座) Number of Wastewater Treatment Plant (unit)	二、三级处理 Secondary and Tertiary Treatment	处理能力(万立方米/日) Treatment Capacity (10,000 m³/day)	二、三级处理 Secondary and Tertiary Treatment	处理量(万立方米) Quantity of Wastewater Treated (10,000 m³)
全　国 National Total	**926520**	**167917**	**70254**	**45470**	**52193**	**1599**	**1196**	**2999.1**	**2371.3**	**773262**
天　津 Tianjin	950	299	139	150	10	2	2	3.4	3.4	914
河　北 Hebei	74300	11548	3860	3420	4269	109	66	301.3	197.7	69590
山　西 Shanxi	26319	6202	2307	874	3021	84	45	108.3	60.6	23348
内蒙古 Inner Mongolia	23067	7047	3943	2018	1087	68	47	102.8	72.6	20899
辽　宁 Liaoning	12875	2148	698	422	1027	23	17	55.2	42.6	12010
吉　林 Jilin	9753	1496	404	254	838	18	10	32.8	17.3	7834
黑龙江 Heilongjiang	15151	3235	1154	545	1537	45	27	65.6	39.4	12931
江　苏 Jiangsu	40107	8229	3017	3619	1593	34	28	115.9	94.9	31391
浙　江 Zhejiang	46082	8337	4515	2782	1040	37	29	113.8	93.8	39101
安　徽 Anhui	56333	12751	5490	4492	2768	63	58	168.9	159.9	51206
福　建 Fujian	33121	4775	2230	1262	1282	46	46	103.2	103.2	28231
江　西 Jiangxi	41996	9436	3208	2331	3897	69	68	107.4	105.9	33947
山　东 Shandong	91772	14334	5624	5950	2761	72	72	315.4	315.4	87216
河　南 Henan	70572	12570	4523	2987	5060	86	65	269.6	200.9	60762
湖　北 Hubei	33071	4076	1327	738	2011	41	29	97.5	65.6	25630
湖　南 Hunan	69848	10086	3832	2214	4040	76	76	182.7	182.7	61195
广　东 Guangdong	33185	3105	822	771	1512	39	29	88.0	71.1	26055
广　西 Guangxi	37557	6212	2419	1107	2686	67	47	114.6	81.7	30641
海　南 Hainan	8731	653	385	225	43	13	11	27.3	23.6	5358
重　庆 Chongqing	11065	2541	1464	747	329	20	17	36.5	32.7	10526
四　川 Sichuan	63848	10617	4242	3505	2870	85	55	147.9	86.0	43058
贵　州 Guizhou	20905	3634	2126	781	727	72	56	54.6	44.6	16272
云　南 Yunnan	29946	7239	3324	2046	1869	103	85	103.5	84.8	22766
西　藏 Tibet	1184	465	72	54	339					
陕　西 Shaanxi	24126	4771	2116	967	1688	79	44	99.3	56.1	20294
甘　肃 Gansu	10401	2862	1327	652	883	66	44	49.1	31.9	7996
青　海 Qinghai	4955	1086	431	244	411	21	6	9.3	4.2	2341
宁　夏 Ningxia	6352	1129	286	219	624	12	10	17.1	15.1	3382
新　疆 Xinjiang	17721	3947	2453	40	1454	54	44	61.8	53.0	11688
新疆生产建设兵团 Xinjiang Production and Construction Corps	11227	3087	2517	54	516	95	63	46.3	30.6	6680

County Seat Drainage and Wastewater Treatment(2015)

Wastewater Treatment Plant			其他污水处理设施 Other Wastewater Treatment Facilities		污水处理总量（万立方米） Total Quantity of Wastewater Treated (10,000 m³)	再生水 Recycled Water			地区名称 Name of Regions
二、三级处理 Secondary and Tertiary Treated	干污泥产生量（吨） Quantity of Dry Sludge Produced (ton)	干污泥处置量（吨） Quantity of Dry Sludge Treated (ton)	处理能力（万立方米/日） Treatment Capacity (10,000 m³/day)	处理量（万立方米） Quantity of Wastewater Treated (10,000 m³)		生产能力（万立方米/日） Recycled Water Production Capacity (10,000 m³/day)	利用量（万立方米） Annual Quantity of Wastewater Recycled and Reused (10,000 m³)	管道长度（公里） Length of Piplines (km)	
626970	**1147901**	**1063064**	**124.6**	**16276**	**789538**	**331.8**	**38632**	**2010**	**全　国**
914	651	651			914				天　津
47349	179968	173566	5.0	35	69625	68.8	7339	258	河　北
14258	34738	30369			23348	35.6	2577	341	山　西
14591	27981	21754			20899	30.2	3352	420	内蒙古
9285	13597	12987			12010	2.5	200	6	辽　宁
4760	14937	14600			7834				吉　林
6766	16624	16623			12931	1.5		2	黑龙江
24700	52559	52330	11.7	1651	33042	16.1	3016	67	江　苏
33345	50496	50496	13.1	1331	40432	9.4	496	73	浙　江
48590	72109	61902	5.7	623	51829	8.5	150	9	安　徽
28231	39028	32639	1.0	75	28306				福　建
33393	50841	50436	3.0	148	34095				江　西
87216	118777	115126	1.8	59	87275	101.3	17354	214	山　东
46993	82727	65112			60762	8.1	1243	120	河　南
17006	30191	26329	10.4	1693	27323	14.5	535	74	湖　北
61195	85402	80648	14.8	2191	63386	0.1	36	87	湖　南
20305	45443	41463	11.3	1663	27718	4.9	7	36	广　东
22220	14530	14505	20.9	1622	32263				广　西
5055	7893	7733			5358				海　南
9935	16467	16342			10526	4.5	298	16	重　庆
24950	65973	64636	11.9	1942	45000	2.3	159	15	四　川
13052	18712	17558			16272				贵　州
18148	34103	30565		60	22826	7.3	697	107	云　南
									西　藏
10986	30079	25356			20294	5.5	274	20	陕　西
5231	13977	12776			7996	1.9	503	62	甘　肃
1339	3065	2898			2341	0.9	148	3	青　海
3090	4752	3262	3.4	1138	4520	4.3	221	48	宁　夏
9697	15074	13643	8.7	1741	13429			13	新　疆
4370	7207	6759	1.9	304	6984	3.6	27	20	新疆生产建设兵团

2-2-17 县城园林绿化(2015年)

地区名称 Name of Regions		绿化覆盖面积 (公顷) Green Coverage Area (hectare)	建成区 Built District	绿地面积 (公顷) Area of Green Space (hectare)
全　国	**National Total**	**824426**	**617022**	**668677**
天　津	Tianjin	1408	1408	1234
河　北	Hebei	63963	54429	53017
山　西	Shanxi	29747	26481	25008
内蒙古	Inner Mongolia	38736	31880	35192
辽　宁	Liaoning	7030	6492	6311
吉　林	Jilin	6377	5645	5236
黑龙江	Heilongjiang	13713	11856	10560
江　苏	Jiangsu	45288	27455	36778
浙　江	Zhejiang	40127	21850	36875
安　徽	Anhui	57111	39470	46705
福　建	Fujian	24984	19425	21228
江　西	Jiangxi	49959	39364	39368
山　东	Shandong	78249	56678	58442
河　南	Henan	37073	33305	29910
湖　北	Hubei	18413	14789	14571
湖　南	Hunan	45815	38183	39299
广　东	Guangdong	22974	15759	17707
广　西	Guangxi	22498	19095	18794
海　南	Hainan	7772	4235	3997
重　庆	Chongqing	8635	7642	7783
四　川	Sichuan	44596	40800	38469
贵　州	Guizhou	33283	12753	24164
云　南	Yunnan	26175	20868	21484
西　藏	Tibet	1171	881	946
陕　西	Shaanxi	28193	21902	22596
甘　肃	Gansu	11407	8067	7916
青　海	Qinghai	3016	2524	2041
宁　夏	Ningxia	7667	6113	6992
新　疆	Xinjiang	22116	20059	20009
新疆生产建设兵团	Xinjiang Production and Construction Corps	26931	7611	16047

County Seat Landscaping(2015)

建成区 Built District	公园绿地面积(公顷) Area of Public Recreational Green Space (hectare)	公园个数(个) Number of Parks (unit)	公园面积(公顷) Park Area (hectare)	地区名称 Name of Regions
542249	**163526**	**6793**	**114093**	**全　国**
1234	245	4	192	天　津
48207	12013	817	9134	河　北
23288	7040	296	5123	山　西
29104	10347	345	8215	内蒙古
5768	2473	75	1606	辽　宁
4594	1567	37	1163	吉　林
9755	3950	156	2479	黑龙江
25588	6477	178	3435	江　苏
19866	5622	406	3928	浙　江
34421	9745	351	7264	安　徽
17919	5443	334	4210	福　建
35835	11825	499	9640	江　西
49464	15077	313	9574	山　东
27985	9613	277	6515	河　南
13205	4429	158	2840	湖　北
33204	9406	318	6727	湖　南
14579	5434	231	5013	广　东
16784	4469	270	2685	广　西
3668	672	36	438	海　南
6914	2924	115	1876	重　庆
35219	10932	324	6109	四　川
10525	3195	128	2114	贵　州
18351	5209	392	4446	云　南
780	272	25	174	西　藏
18799	5617	217	2712	陕　西
6539	2827	151	1709	甘　肃
1736	426	29	181	青　海
5325	1413	52	1216	宁　夏
18331	3915	157	2554	新　疆
5264	952	102	819	新疆生产建设兵团

2-2-18 县城市容环境卫生(2015年)

地区名称 Name of Regions	道路清扫保洁面积(万平方米) Surface Area of Roads Cleaned and Maintained (10,000 m²)		生活垃圾								
		机械化 Mechanization	清运量(万吨) Collected and Transported (10,000 ton)	密闭车(箱)清运量 Quantity of Garbage Transported by Airtight Vehicle	处理量(万吨) Volume of Treated (10,000 ton)	无害化处理厂(场)数(座) Number of Harmless Treatment Plants/ Grounds (unit)	卫生填埋 Sanitary Landfill	焚烧 Incineration	其他 other	无害化处理能力(吨／日) Harmless Treatment Capacity (ton/day)	卫生填埋 Sanitary Landfill
全　国 National Total	**237499**	**103224**	**6655.10**	**5061.96**	**5967.10**	**1187**	**1108**	**37**	**42**	**181429**	**157615**
天　津 Tianjin	607	243	7.12	7.12	7.12	1	1			200	200
河　北 Hebei	17988	9250	493.52	314.35	468.85	102	95	1	6	16979	15999
山　西 Shanxi	26749	12564	341.27	265.94	239.12	62	57	3	2	9517	8087
内蒙古 Inner Mongolia	10526	4680	230.46	156.77	220.61	69	68		1	7744	7654
辽　宁 Liaoning	3726	1396	135.10	60.31	114.42	11	11			2700	2700
吉　林 Jilin	2745	871	90.69	72.45	74.41	15	13		2	2610	2190
黑龙江 Heilongjiang	4729	1854	199.89	84.33	98.64	15	12		3	2110	1680
江　苏 Jiangsu	9082	5534	193.73	187.66	193.73	20	14	4	2	9945	4615
浙　江 Zhejiang	8225	4017	266.55	263.36	266.55	34	25	8	1	11364	6520
安　徽 Anhui	13963	8047	317.71	262.17	305.45	37	36		1	7506	7206
福　建 Fujian	4474	1802	184.83	182.54	172.51	40	34	5	1	7840	4740
江　西 Jiangxi	11263	3029	344.19	267.74	341.88	34	33	1		4567	4342
山　东 Shandong	23592	14292	403.47	344.61	401.95	50	44	4	2	10811	9421
河　南 Henan	16068	3980	505.90	370.70	422.14	78	78			12987	12987
湖　北 Hubei	5481	2226	196.11	158.10	164.13	26	25		1	3841	3746
湖　南 Hunan	12221	4465	401.63	334.86	395.56	72	68		4	15081	13921
广　东 Guangdong	5804	2125	212.58	119.37	178.42	34	28		6	6655	5683
广　西 Guangxi	6212	1635	189.76	154.10	184.39	55	51	3	1	5665	5305
海　南 Hainan	1149	288	31.95	28.66	31.75	11	11			940	940
重　庆 Chongqing	2358	1554	116.38	113.91	116.18	15	15			2544	2544
四　川 Sichuan	14003	6970	478.56	368.75	423.79	76	71	3	2	9387	8671
贵　州 Guizhou	5063	2251	232.83	162.15	175.65	66	62	3	1	6096	5476
云　南 Yunnan	6998	1138	267.32	220.72	255.10	81	78	1	2	7169	6129
西　藏 Tibet	619	61	19.79	3.92	3.85						
陕　西 Shaanxi	6838	3157	243.71	220.09	227.56	77	76		1	9363	9284
甘　肃 Gansu	3460	520	164.59	105.07	155.90	48	48			3443	3443
青　海 Qinghai	1255	187	55.44	26.57	51.64	23	23			1336	1336
宁　夏 Ningxia	2193	889	44.80	35.02	38.68	7	6	1		633	503
新　疆 Xinjiang	6929	3083	216.72	140.64	198.48	27	24		3	2386	2283
新疆生产建设兵团 Xinjiang Production and Construction Corps	3179	1116	68.50	29.98	38.66	1	1			10	10

County Seat Environmental Sanitation(2015)

Domestic Garbage						粪便 Excrement and Urine		公厕数 (座) Number of Latrines (unit)		市容环卫专用车辆设备总数(台) Number of Vehicles and Equipment Designated for Municipal Environmental Sanitation (unit)	地区名称 Name of Regions
焚烧 Incineration	其他 other	无害化处理量(万吨) Volume of Harmlessly Treated (10,000 ton)	卫生填埋 Sanitary Landfill	焚烧 Incineration	其他 other	清运量(万吨) Quantity of Excrement Transported (10,000 ton)	处理量(万吨) Quantity of Excrement Treated (10,000 ton)		三类以上 Grade Ⅲ and Above		
16144	**7670**	**5259.94**	**4688.26**	**401.43**	**170.25**	**489.17**	**153.04**	**43480**	**21369**	**42702**	**全　国**
		7.12	7.12			0.43		40	40	82	天　津
120	860	447.38	427.62	4.93	14.83	65.87	12.24	4016	1354	3643	河　北
930	500	221.18	203.26	8.89	9.03	24.73	1.40	1527	967	2653	山　西
	90	216.14	212.92		3.23	56.55	12.35	5033	1194	2281	内蒙古
		70.27	70.27			21.36	5.60	1588	244	918	辽　宁
	420	65.06	59.19		5.87	10.13	4.08	673	97	543	吉　林
	430	50.21	42.11		8.11	61.93	13.68	2088	281	2019	黑龙江
4350	980	187.60	127.34	38.37	21.9	21.60	19.17	1673	1163	1238	江　苏
4594	250	265.07	154.63	99.99	10.46	19.55	16.89	1430	1222	1698	浙　江
	300	264.68	215.98	39.51	9.2	14.05	3.31	1790	1039	1380	安　徽
2900	200	163.20	121.46	38.68	3.07	0.92	0.08	878	744	807	福　建
225		229.12	220.73	8.4		9.88	6.46	1512	863	1329	江　西
860	530	401.95	318.00	66.73	17.22	22.70	12.22	1693	1264	3402	山　东
		422.14	422.14			61.94	7.87	3235	1943	2349	河　南
	95	120.10	109.83	6.76	3.51	9.43	3.76	885	344	886	湖　北
	1160	395.56	376.00		19.56	0.93	0.01	1817	1106	1994	湖　南
	972	158.97	142.44		16.53	4.45	3.37	479	210	1344	广　东
360		180.94	164.60	11.34	5.00	3.80	0.22	655	398	1374	广　西
		31.75	31.75			0.03	0.01	144	86	250	海　南
		116.18	116.18			6.01	0.48	649	536	593	重　庆
455	261	392.91	319.82	62.45	10.64	28.11	17.51	2092	1209	3097	四　川
420	200	172.73	164.91	7.80	0.02	2.40		1036	663	1635	贵　州
800	240	207.50	198.31	3.14	6.05	13.99	9.04	1557	860	1696	云　南
						0.09	0.09	431	38	198	西　藏
	79	220.88	218.67		2.21	11.70	0.94	2541	1738	2131	陕　西
		114.58	114.58			12.77	1.74	1188	627	897	甘　肃
		35.22	35.22					236	35	199	青　海
130		23.01	18.54	4.47		0.47	0.22	423	317	291	宁　夏
	103	77.76	73.94		3.82	3.35	0.30	1209	603	1201	新　疆
		0.71	0.71					962	184	574	新疆生产建设兵团

三、村镇部分

Statistics for Villages and Small Towns

2015 年村镇部分概述

概况 2015 年末，全国共有建制镇 20515 个，乡（苏木、民族乡、民族苏木）11315 个。据 17848 个建制镇、11478 个乡（苏木、民族乡、民族苏木）、643 个镇乡级特殊区域和 264.46 万个自然村（其中村民委员会所在地 54.21 万个）统计汇总，村镇户籍总人口 9.57 亿。其中，建制镇建成区 1.6 亿，占村镇总人口的 16.73%；乡建成区 0.29 亿，占村镇总人口的 3.02%；镇乡级特殊区域建成区 0.03 亿，占村镇总人口的 0.33%；村庄 7.65 亿，占村镇总人口的 79.92%。

2015 年末，全国建制镇建成区面积 390.8 万公顷，平均每个建制镇建成区占地 219 公顷，人口密度 4899 人/平方公里（含暂住人口）；乡建成区 70.0 万公顷，平均每个乡建成区占地 61 公顷，人口密度 4419 人/平方公里（含暂住人口）；镇乡级特殊区域建成区 9.4 万公顷，平均每个镇乡级特殊区域建成区占地 146 公顷，人口密度 3906 人/平方公里（含暂住人口）。

规划管理 2015 年末，全国已编制总体规划的建制镇 16798 个，占所统计建制镇总数的 94.1%，其中本年编制 1452 个；已编制总体规划的乡 9030 个，占所统计乡总数的 78.7%，其中本年编制 666 个；已编制总体规划的镇乡级特殊区域 479 个，占所统计镇乡级特殊区域总数的 74.5%，其中本年编制 32 个；已编制村庄规划的行政村 328162 个，占所统计行政村总数的 60.5%，其中本年编制 20216 个。2015 年全国村镇规划编制投入达 32.25 亿元。

建设投入 2015 年，全国村镇建设总投入 15673 亿元。按地域分，建制镇建成区 6781 亿元，乡建成区 559 亿元，镇乡级特殊区域建成区 129 亿元，村庄 8203 亿元，分别占总投入的 43.3%、3.6%、0.8%、52.3%。按用途分，房屋建设投入 11945 亿元，市政公用设施建设投入 3728 亿元，分别占总投入的 76.2%、23.8%。

在房屋建设投入中，住宅建设投入 8785 亿元，公共建筑投入 1310 亿元，生产性建筑投入 1850 亿元，分别占房屋建设投入的 73.5%、11.0%、15.5%。

在市政公用设施建设投入中，供水 434 亿元，道路桥梁 1589 亿元，分别占市政公用设施建设总投入的 11.6%和 42.6%。

房屋建设 2015 年，全国村镇房屋竣工建筑面积 11.36 亿平方米，其中住宅 8.56 亿平方米，公共建筑 1.13 亿平方米，生产性建筑 1.68 亿平方米。2015 年末，全国村镇实有房屋建筑面积 381.02 亿平方米，其中住宅 320.68 亿平方米，公共建筑 24.49 亿平方米，生产性建筑 35.86 亿平方米，分别占 84.2%、6.4%、9.4%。

2015 年末，全国村镇人均住宅建筑面积 33.52 平方米。其中，建制镇建成区人均住宅建筑面积 34.61 平方米，乡建成区人均住宅建筑面积 31.17 平方米，镇乡级特殊区域建成区人均住宅建筑面积 34.33 平方米，村庄人均住宅建筑面积 33.37 平方米。

公用设施建设 在建制镇、乡和镇乡级特殊区域建成区内，年末实有供水管道长度 57.64 万公里，排水管道长度 18.17 万公里，排水暗渠长度 9.43 万公里，铺装道路长度 42.54 万公里，铺装道路面积 29.13 亿平方米，公共厕所 15.39 万座。

2015 年末，建制镇建成区用水普及率 83.79%，人均日生活用水量 98.69 升，燃气普及率 48.7%，人均道路面积 12.8 平方米，排水管道暗渠密度 6.17 公里/平方公里，人均公园绿地面积 2.45 平方米。乡建成区用水普及率 70.37%，人均日生活用水量 84.32 升，燃气普及率 21.4%，人均道路面积 13.1 平方米，排水管道暗渠密度 4.18 公里/平方公里，人均公园绿地面积 1.10 平方米。镇乡级特殊区域建成区用水普及率 89.86%，人均日生活用水量 82.80 升，燃气普及率 52.3%，人均道路面积 16.29 平方米，排水管道暗渠密度 6.00 公里/平方公里，人均公园绿地面积 3.03 平方米。

2015 年末，全国 65.6%的行政村有集中供水，11.4%的行政村对生活污水进行了处理，62.2%的行政村对生活垃圾进行处理。

Overview

General Situation

By the end of 2015, there were a total of 20515 towns and 11315 townships. Based on the data collected from 17848 towns, 11478 townships, 643 special districts at township level, and 2.64 million natural villages among which 542.1 thousand villages accommodate villagers' committees, rural population totaled 957 million. Among the total, 160 million people lived in the built area of towns, constituting 16.73%; 29 million in the built area of townships, making up 3.02%; 3.0 million in the built area of special districts at township level, taking a share of 0.33%; and 765 million were village inhabitants, accounting for 79.92%.

By the end of 2015, the total built area of towns covered 3.908 million hectares with 219 hectares of built area per town on average and population density of 4899 people per square kilometer; the total built area of townships covered 0.7 million hectares with 61 hectares per township on average and population density of 4419 people per square kilometer; and the total built area of special districts at township level covered 0.094 million hectares with 146 hectares per special district at township level on average and population density of 3906 people per square kilometer.

Planning and Administration

By the end of 2015, there were 16798 towns having master plans, accounting for 94.1% of the total number of towns surveyed, and among them, 1452 towns had their plans completed or revised this year; there were 9030 townships having master plans, accounting for 78.7% of the total number of townships surveyed, and among them, 666 townships had their plans completed or revised this year; there were 479 special districts at township level having master plans, accounting for 74.5% of the total number of special districts at township level surveyed, and among them, 32 special districts at township level had their plans completed or revised this year; there were 328162 administrative villages having development plans, accounting for 60.5% of the total number of administrative villages surveyed, and among them, 20216 villages had their plans completed or revised this year. The total investment in the development of village and town plans across the country in 2015 reached 3.225 billion yuan.

Construction Input

In 2015, the investment in the villages and towns development across the country totaled 1567.3 billion yuan. Divided by region, the investment in the built areas of towns, townships, special districts at township level, and villages was 678.1 billion yuan, 55.9 billion yuan, 12.9 billion yuan, and 820.3 billion yuan respectively, constituting 43.3%, 3.6%, 0.8%, and 52.3% of the total investment respectively. Broken down by purpose, the investment in the construction of buildings and public service facilities was 1194.5 billion yuan and 372.8 billion yuan respectively, accounting for 76.2% and 23.8% of the total investment respectively.

With respect to building construction, the investment in housing, public buildings, and industrial buildings was 878.5 billion yuan, 131.0 billion yuan, and 185.0 billion yuan respectively, making up 73.5%, 11.0%, and 15.5% of the total investment in building construction respectively.

Regarding the development of public service facilities, the investment in water supply, roads & bridges reached 43.4 billion yuan, 158.9 billion yuan respectively, accounting for 11.6% and 42.6% of the total investment in the development of public service facilities respectively.

Building Construction

In 2015, the new building completion in the country's villages and towns covered a total of floor space of

1136 million square meters, among which, the completed floor space of housing, public buildings, and industrial buildings amounted to 856 million, 113 million, and 168 million square meters respectively. By the end of 2015, the total floor space of the building stock in the country's villages and towns covered 38.1 billion square meters, among which, housing, public building, and industrial buildings covered 32.07 billion, 2.45 billion, and 3.59 billion square meters respectively, constituting 84.2%, 6.4%, and 9.4% of the total floor space respectively.

By the end of 2015, the per capita housing floor space in villages and towns nationwide was 33.52 square meter. This per capita figure in the built areas of towns, townships, special districts at township level, and villages was 34.61, 31.17, 34.33, and 33.37 square meters respectively.

The Development of Public Service Facilities

By the end of 2015, within the boundary of the built areas of towns, townships, and special districts at township level, there were water supply pipelines, drainage pipelines and drainage ducts of which the respective length was 576.4 thousand kilometers, 181.7 thousand kilometers, and 94.3 thousand kilometers; there were paved roads extending 425.4 thousand kilometers and covering an area of 2.91 billion square meters; and there were 153.9 thousand public latrines.

By the end of 2015, in the built areas of towns, the water coverage rate was 83.79%, daily per capita domestic water consumption was 98.69 liters, gas coverage rate was 48.7%, per capita area of paved roads was 12.8 square meters, drainage pipelines & ducts density was 6.17 kilometers per square kilometers, and per capita area of public green space was 2.45 square meters. In the built areas of townships, the water coverage rate was 70.37%, daily per capita domestic water consumption was 84.32 liters, gas coverage rate was 21.4%, per capita area of paved roads was 13.1 square meters, drainage pipelines & ducts density was 4.18 kilometers per square kilometers, and per capita area of public green space was 1.1 square meters. In the built areas of special districts at township level, the water coverage rate was 89.86%, daily per capita domestic water consumption was 82.8 liters, gas coverage rate was 52.3%, per capita area of paved roads was 16.29 square meters, drainage pipelines & ducts density was 6.00 kilometers per square kilometers, and per capita area of public green space was 3.03 square meters.

By the end of 2015, 65.6% of the administrative villages nationwide had access to central water supply, domestic wastewater had been treated in 11.4% of the administrative villages, and domestic garbage had been treated in 62.2% of the administrative villages.

3-1-1 全国历年建制镇及住宅基本情况

年份 Year	建制镇统计个数 (万个) Number of Towns (10,000 units)	建成区面积 (万公顷) Surface Area of Build Districts (10,000 hectare)	建成区户籍人口 (亿人) Registered Permanent Population (100 million persons)	非农人口 Nonagriculture Population	建成区暂住人口 (亿人) Temporary Population (100 million persons)	本年建设投入 (亿元) Construction Input This Year (100 million RMB)
1990	1.01	82.5	0.61	0.28		156
1991	1.03	87.0	0.66	0.30		192
1992	1.20	97.5	0.72	0.32		284
1993	1.29	111.9	0.79	0.34		458
1994	1.43	118.8	0.87	0.38		616
1995	1.50	138.6	0.93	0.42		721
1996	1.58	143.7	0.99	0.42		915
1997	1.65	155.3	1.04	0.44		821
1998	1.70	163.0	1.09	0.46		872
1999	1.73	167.5	1.16	0.49		980
2000	1.79	182.0	1.23	0.53		1123
2001	1.81	197.2	1.30	0.56		1278
2002	1.84	203.2	1.37	0.60		1520
2003						
2004	1.78	223.6	1.43	0.64		2373
2005	1.77	236.9	1.48	0.66		2644
2006	1.77	312.0	1.40		0.24	3013
2007	1.67	284.3	1.31		0.24	2950
2008	1.70	301.6	1.38		0.25	3285
2009	1.69	313.1	1.38		0.26	3619
2010	1.68	317.9	1.39		0.27	4356
2011	1.71	338.6	1.44		0.26	5018
2012	1.72	371.4	1.48		0.28	5751
2013	1.74	369.0	1.52		0.30	7148
2014	1.77	379.5	1.56		0.31	7172
2015	1.78	390.8	1.60		0.31	6781

National Summary of Towns and Residential Building in Past Years

住宅 Residential Building	市政公用设施 Public Facilities	本年住宅竣工建筑面积（亿平方米） Floor Space Completed of Residential Building This Year (100 million m^2)	年末实有住宅建筑面积（亿平方米） Total Floor Space of Residential Buildings (year-end) (100 million m^2)	居住人口（亿人） Resident Population (100 million persons)	人均住宅建筑面积（平方米） Per Capita Floor Space (m^2)	年份 Year
76	15	0.49	12.3	0.61	19.9	1990
84	19	0.54	12.9	0.65	19.8	1991
115	28	0.62	14.8	0.72	20.5	1992
189	56	0.80	15.8	0.78	20.2	1993
265	79	0.90	17.6	0.85	20.6	1994
305	104	1.00	18.9	0.91	20.7	1995
373	116	1.10	20.5	0.97	21.1	1996
382	122	1.06	21.8	1.01	21.5	1997
402	141	1.09	23.3	1.07	21.8	1998
464	160	1.20	24.8	1.13	22.0	1999
530	185	1.41	27.0	1.19	22.6	2000
575	220	1.47	28.6	1.26	22.7	2001
655	265	1.69	30.7	1.32	23.2	2002
						2003
903	437	1.82	33.7	1.40	24.1	2004
1000	476	1.90	36.8	1.43	25.7	2005
1139	580	2.04	39.1	1.40	27.9	2006
1061	614	1.28	38.9		29.7	2007
1211	726	1.33	41.5		30.1	2008
1465	798	1.47	44.2		32.1	2009
1828	1028	1.67	45.1		32.5	2010
2106	1168	1.72	47.3		33.0	2011
2469	1348	1.97	49.6		33.6	2012
3561	1603	2.65	52.0		34.1	2013
3550	1663	2.66	54.0		34.6	2014
3373	1646	2.53	55.4		34.6	2015

3-1-2 全国历年建制镇市政公用设施情况

年份 Year	年供水总量 (亿立方米) Annual Supply of Water (100 million m^3)	生活用水 Domestic Water Consumption	用水人口 (亿人) Population with Access to Water (100 million persons)	用水普及率 (%) Water Coverage Rate (%)	人均日生活用水量 (升) Per Capita Daily Water Consumption (liter)	道路长度 (万公里) Length of Roads (10,000 km)
1990	24.4	10.0	0.37	60.1	74.3	7.7
1991	29.5	11.6	0.42	63.9	76.1	8.4
1992	35.0	13.6	0.48	65.8	78.1	9.6
1993	39.5	15.8	0.54	68.5	80.7	10.9
1994	47.1	17.7	0.62	71.5	78.3	12.6
1995	53.7	21.5	0.69	74.2	85.5	13.4
1996	62.2	24.7	0.74	75.0	91.7	15.5
1997	68.4	27.0	0.80	76.6	92.6	17.8
1998	72.8	30.0	0.86	79.1	95.1	18.7
1999	81.4	34.3	0.93	80.2	100.8	19.4
2000	87.7	37.1	0.99	80.7	102.7	21.0
2001	91.4	39.6	1.04	80.3	104.0	22.8
2002	97.3	42.3	1.10	80.4	105.4	24.3
2003						
2004	110.7	49.0	1.20	83.6	112.1	27.5
2005	136.5	54.2	1.25	84.7	118.4	30.1
2006	131.0	44.7	1.17	83.8	104.2	26.0
2007	112.0	42.1	1.19	76.6	97.1	21.6
2008	129.0	45.0	1.27	77.8	97.1	23.4
2009	114.6	46.1	1.28	78.3	98.9	24.5
2010	113.5	47.8	1.32	79.6	99.3	25.8
2011	118.6	49.9	1.37	79.8	100.7	27.4
2012	122.2	51.2	1.42	80.8	99.1	29.1
2013	126.2	53.7	1.49	81.7	98.6	31.0
2014	131.6	55.8	1.55	82.8	98.7	32.7
2015	134.8	57.8	1.60	83.8	98.7	34.5

注：1.自2006年起，“公共绿地”统计为“公园绿地”。
2.自2006年起，“人均公共绿地面积”统计为以建制镇建成区人口和暂住人口合计为分母计算的“人均公园绿地面积”。

National Municipal Public Facilities of Towns in Past Years

桥梁数 (万座) Number of Bridges (10,000 units)	排水管道长度 (万公里) Length of Drainage Piplines (10,000 km)	公园绿地面积 (万公顷) Public Green Space (10,000 hectare)	人均公园绿地面积 (平方米) Public Recreational Green Space Per Capita (m^2)	环卫专用车辆设备 (万台) Number of Special Vehicles for Environmental Sanitation (10,000 units)	公共厕所 (万座) Number of Latrines (10,000 units)	年份 Year
2.4	2.7	0.85	1.4	0.5	4.9	1990
2.7	3.2	1.06	1.6	0.7	5.4	1991
3.1	4.0	1.22	1.7	0.8	6.1	1992
3.5	4.8	1.37	1.7	1.1	6.8	1993
3.9	5.5	1.74	2.2	1.2	7.6	1994
4.2	6.2	2.00	2.2	1.6	8.3	1995
4.8	7.5	2.27	2.3	1.7	8.7	1996
5.1	8.1	2.61	2.5	2.0	9.2	1997
5.4	8.8	2.99	2.7	2.3	9.7	1998
5.6	10.0	3.32	2.9	2.5	10.1	1999
6.1	11.1	3.71	3.0	2.9	10.3	2000
6.4	11.9	4.39	3.4	3.2	10.7	2001
6.8	13.0	4.84	3.5	3.3	11.2	2002
						2003
7.2	15.7	6.01	4.2	3.9	11.8	2004
7.7	17.1	6.81	4.6	4.2	12.4	2005
7.2	11.9	3.3	2.4	4.8	9.4	2006
8.3	8.8	2.72	1.8	5.0	9.0	2007
9.1	9.9	3.09	1.9	6.0	12.1	2008
9.9	10.7	3.14	1.9	6.6	11.6	2009
10.0	11.5	3.36	2.0	6.9	9.8	2010
9.7	12.2	3.45	2.0	7.6	10.1	2011
10.4	13.2	3.73	2.1	8.7	10.5	2012
10.8	14.0	4.33	2.4	9.7	14.0	2013
11.0	15.1	4.48	2.4	10.6	11.4	2014
11.4	16.0	4.69	2.5	11.5	11.9	2015

Note: 1.Since 2006, Public Green Space is changed to Public Recreatinal Green Space.
2.Since 2006, Public Recreational Green Space Per Capita has been calculated based on denominator which combines both permanent and temporary resiclents in built area of town.

3-1-3 全国历年乡及住宅基本情况

年份 Year	乡统计个数 (万个) Number of Townships (10,000 units)	建成区面积 (万公顷) Surface Area of Build Districts (10,000 hectare)	建成区户籍人口 (亿人) Registered Permanent Population (100 million persons)	非农人口 Nonagriculture Population	建成区暂住人口 (亿人) Temporary Population (100 million persons)	本年建设投入 (亿元) Construction Input This Year (100 million RMB)
1990	4.02	110.1	0.72	0.17		121
1991	3.90	109.3	0.70	0.16		136
1992	3.72	98.1	0.66	0.15		168
1993	3.64	99.9	0.65	0.15		191
1994	3.39	101.2	0.62	0.14		234
1995	3.42	103.7	0.63	0.15		260
1996	3.15	95.2	0.60	0.14		296
1997	3.03	95.7	0.60	0.14		296
1998	2.91	93.7	0.59	0.15		316
1999	2.87	92.6	0.59	0.15		325
2000	2.76	90.7	0.58	0.14		300
2001	2.35	79.7	0.53	0.14		283
2002	2.26	79.1	0.52	0.14		325
2003						
2004	2.18	78.1	0.53	0.15		344
2005	2.07	77.8	0.52	0.14		377
2006	1.46	92.83	0.35		0.03	355
2007	1.42	75.89	0.34		0.03	352
2008	1.41	81.15	0.34		0.03	438
2009	1.39	75.76	0.33		0.03	471
2010	1.37	75.12	0.32		0.03	558
2011	1.29	74.19	0.31		0.02	535
2012	1.27	79.55	0.31		0.02	634
2013	1.23	73.69	0.31		0.02	706
2014	1.19	72.23	0.30		0.02	671
2015	1.15	70.00	0.29		0.02	559

注：2006年以后，本表统计范围由原来的集镇变为乡。

National Summary of Townships and Residential Building in Past Years

住宅 Residential Building	市政公用设施 Public Facilities	本年住宅竣工建筑面积 (亿平方米) Floor Space Completed of Residential Building This Year (100 million m^2)	年末实有住宅建筑面积 (亿平方米) Total Floor Space of Residential Buildings (year-end) (100 million m^2)	居住人口 (亿人) Resident Population (100 million persons)	人均住宅建筑面积 (平方米) Per Capita Floor Space (m^2)	年份 Year
61	7	0.52	13.8	0.72	19.1	1990
67	8	0.53	13.8	0.70	19.8	1991
76	10	0.55	13.4	0.65	20.6	1992
85	13	0.49	13.3	0.64	20.6	1993
113	16	0.51	12.8	0.63	20.3	1994
133	22	0.57	12.7	0.62	20.5	1995
151	26	0.59	12.2	0.58	21.0	1996
155	33	0.56	12.3	0.59	21.0	1997
175	37	0.57	12.3	0.58	21.4	1998
193	36	0.66	12.8	0.58	22.1	1999
175	35	0.60	12.6	0.56	22.6	2000
167	33	0.55	12.0	0.52	23.0	2001
188	39	0.57	12.0	0.51	23.6	2002
						2003
188	48	0.56	12.5	0.50	24.9	2004
186	55	0.56	12.8	0.50	25.5	2005
145	66	0.40	9.1	0.35	25.9	2006
147	75	0.26	9.1		27.1	2007
187	99	0.28	9.2		27.2	2008
212	101	0.29	9.4		28.8	2009
262	129	0.35	9.7		29.9	2010
267	122	0.32	9.5		30.3	2011
306	152	0.36	9.6		30.5	2012
365	153	0.39	9.6		31.2	2013
332	132	0.36	9.3		31.2	2014
285	134	0.32	9.0		31.2	2015

Note:Since 2006, coverage of the statistics in the table is changed to be township.

3-1-4 全国历年乡市政公用设施情况

年份 Year	年供水总量 (亿立方米) Annual Supply of Water (100 million m^3)	生活用水 Domestic Water Consumption	用水人口 (亿人) Population with Access to Water (100 million persons)	用水普及率 (%) Water Coverage Rate (%)	人均日生活用水量 (升) Per Capita Daily Water Consumption (liter)	道路长度 (万公里) Length of Roads (10,000 km)
1990	10.8	5.0	0.26	35.7	53.4	15.2
1991	12.3	5.1	0.27	39.3	51.1	14.9
1992	12.7	5.2	0.28	42.6	50.6	14.2
1993	12.3	5.6	0.27	40.6	58.2	14.2
1994	12.8	6.0	0.30	47.8	55.5	14.0
1995	13.7	6.4	0.32	49.9	55.4	14.4
1996	13.9	6.6	0.29	49.0	61.1	14.4
1997	16.2	7.3	0.31	52.3	63.7	14.5
1998	17.2	7.9	0.33	55.5	66.4	14.3
1999	17.3	8.8	0.35	58.2	69.7	14.4
2000	16.8	8.8	0.35	60.1	69.2	13.7
2001	15.7	8.2	0.32	61.0	69.3	12.1
2002	16.4	8.4	0.32	62.1	71.9	12.1
2003						
2004	17.4	9.5	0.35	65.8	74.8	12.6
2005	17.5	9.6	0.35	67.2	75.6	12.4
2006	25.8	6.3	0.22	63.4	78.0	7.0
2007	11.9	6.0	0.21	59.1	76.1	6.2
2008	11.9	6.3	0.23	62.6	75.5	6.4
2009	11.4	6.5	0.22	63.5	79.5	6.3
2010	11.8	6.8	0.23	65.6	81.4	6.6
2011	11.5	6.7	0.22	65.7	82.4	6.5
2012	12.0	6.9	0.22	66.7	83.9	6.7
2013	11.5	6.8	0.22	68.2	82.8	6.8
2014	11.3	6.7	0.22	69.3	83.1	7.0
2015	11.2	6.7	0.22	70.4	84.3	7.1

注：1.自2006年起，“公共绿地”统计为“公园绿地”。
2.自2006年起，“人均公共绿地面积”统计为以乡建成区人口和暂住人口合计为分母计算的“人均公园绿地面积”。

National Municipal Public Facilities of Townships in Past Years

桥梁数 (万座) Number of Bridges (10,000 units)	排水管道长度 (万公里) Length of Drainage Piplines (10,000 km)	公园绿地面积 (万公顷) Public Green Space (10,000 hectare)	人均公园绿地面积 (平方米) Public Recreational Green Space Per Capita (m^2)	环卫专用车辆设备 (万台) Number of Special Vehicles for Environmental Sanitation (10,000 units)	公共厕所 (万座) Number of Latrines (10,000 units)	年份 Year
3.3	2.3	0.64	0.88	0.16	5.33	1990
3.5	2.3	0.83	1.19	0.26	5.74	1991
3.7	2.5	0.87	1.32	0.31	5.89	1992
3.4	2.4	0.91	1.4	0.29	5.77	1993
3.3	2.6	1.11	1.76	0.42	6.18	1994
3.4	3.7	1.09	1.73	0.50	6.42	1995
3.4	3.2	1.08	1.79	0.50	6.12	1996
3.5	3.1	1.15	1.91	0.54	6.25	1997
3.5	3.2	1.31	2.22	0.62	6.21	1998
3.5	3.2	1.32	2.23	0.65	6.04	1999
3.4	3.3	1.35	2.33	0.68	5.86	2000
2.9	3.1	1.36	2.56	0.70	5.03	2001
2.9	3.6	1.31	2.54	0.75	5.05	2002
						2003
2.8	4.3	1.41	2.57	0.77	4.58	2004
2.9	4.3	1.37	2.65	0.80	4.57	2005
2.2	1.9	0.29	0.85	0.88	2.92	2006
2.7	1.1	0.24	0.66	1.04	2.76	2007
2.6	1.2	0.26	0.72	1.30	3.34	2008
2.8	1.4	0.30	0.84	1.34	2.96	2009
2.7	1.4	0.31	0.88	1.45	2.75	2010
2.6	1.4	0.30	0.90	1.53	2.58	2011
2.6	1.5	0.32	0.95	1.85	3.08	2012
2.6	1.6	0.35	1.08	2.56	3.94	2013
2.7	1.6	0.34	1.07	2.37	3.19	2014
2.7	1.7	0.34	1.10	2.41	3.04	2015

Note: 1.Since 2006, Public Green Space is changed to Public Recreatinal Green Space.
2.Since 2006, Public recreational green space per capita has been calculated based on denominator which combines both permanent and temporary resiclents in build area of township.

3-1-5 全国历年村庄基本情况

年份 Year	村庄统计个数 (万个) Number of Villages (unit)	村庄现状用地面积 (万公顷) Area of Villages (10,000 hectare)	村庄户籍人口 (亿人) Registered Permanent Population (100 million persons)		村庄暂住人口 (亿人) Temporary Population (100 million persons)	本年建设投入 (亿元) Construction Input This Year (100 million RMB)	
				非农人口 Non-agriculture Population			住宅 Residential Building
1990	377.3	1140.1	7.92	0.16		662	545
1991	376.2	1127.2	8.00	0.16		744	618
1992	375.5	1187.7	8.06	0.16		793	624
1993	372.1	1202.7	8.13	0.17		906	659
1994	371.3	1243.8	8.15	0.18		1175	885
1995	369.5	1277.1	8.29	0.20		1433	1089
1996	367.6	1336.1	8.18	0.19		1516	1176
1997	365.9	1366.4	8.18	0.20		1538	1175
1998	355.8	1372.6	8.15	0.21		1585	1220
1999	359.0	1346.3	8.13	0.22		1607	1245
2000	353.7	1355.3	8.12	0.24		1572	1203
2001	345.9	1396.1	8.06	0.25		1558	1145
2002	339.6	1388.8	8.08	0.26		2002	1288
2003							
2004	320.7	1362.7	7.95	0.32		2064	1243
2005	313.7	1404.2	7.87	0.31		2304	1374
2006	270.9		7.14		0.23	2723	1524
2007	264.7	1389.9	7.63		0.28	3544	1923
2008	266.6	1311.7	7.72		0.31	4294	2558
2009	271.4	1362.8	7.70		0.28	5400	3456
2010	273.0	1399.2	7.69		0.29	5692	3412
2011	266.9	1373.8	7.64		0.28	6204	3773
2012	267.0	1409.0	7.63		0.28	7420	4312
2013	265.0	1394.3	7.62		0.28	8183	4898
2014	270.2	1394.1	7.63		0.28	8088	5020
2015	264.5	1401.3	7.65		0.28	8203	5059

National Summary of Villages in Past Years

市政公用设施 Public Facilities	本年住宅竣工建筑面积(亿平方米) Floor Space Completed of Residential Building This Year (100 million m^2)	年末实有住宅建筑面积(亿平方米) Total Floor Space of Residential Buildings (year-end) (100 million m^2)	居住人口(亿人) Resident Population (100 million persons)	人均住宅建筑面积(平方米) Per Capita Floor Space (m^2)	道路长度(万公里) Length of Roads (10,000 km)	桥梁数(万座) Number of Bridges (10,000 units)	年份 Year
33	4.82	159.3	7.84	20.3	262.1		1990
26	5.54	163.3	7.95	20.5	240.0	37.7	1991
32	4.86	167.4	8.01	20.9	262.9	40.2	1992
57	4.38	170.0	8.12	20.9	268.7	43.0	1993
65	4.49	169.1	7.90	21.4	263.2	43.0	1994
104	4.95	177.7	8.06	22.0	275.0	44.7	1995
106	4.96	182.4	8.13	22.4	279.3	44.1	1996
136	4.66	185.9	8.12	22.9	283.2	44.7	1997
139	4.73	189.2	8.07	23.5	290.3	43.4	1998
152	4.62	192.8	8.04	24.0	287.3	45.7	1999
139	4.47	195.2	8.02	24.3	287.0	46.3	2000
160	4.28	199.1	7.97	25.0	283.6	46.7	2001
368	4.39	202.5	7.94	25.5	287.3	47.1	2002
							2003
342	4.22	205.0	7.75	26.5	285.1	57.8	2004
380	4.42	208.0	7.72	26.9	304.0	58.0	2005
501	4.75	202.9	7.14	28.4	221.9	50.7	2006
616	3.65	222.7		29.2			2007
793	4.10	227.2		29.4			2008
863	4.91	237.0		30.8			2009
1105	4.56	242.6		31.6			2010
1216	4.86	245.1		32.1			2011
1660	5.25	247.8		32.5			2012
1850	5.46	250.6		32.9	228.0		2013
1707	5.46	253.4		33.2	234.1		2014
1919	5.66	255.2		33.4	239.3		2015

3-2-1 建制镇市政公用设施水平(2015年)

地区名称 Name of Regions		人口密度 (人/平方公里) Population Density (person/km^2)	人均日生活用水量 (升) Per Capita Daily Water Consumption (liter)	供水普及率 (%) Water Coverage Rate (%)	燃气普及率 (%) Gas Coverage Rate (%)	人均道路面积 (平方米) Road Surface Area Per Capita (m^2)	排水管道暗渠密度 (公里/平方公里) Density of Drains (km/km^2)
全 国	**National Total**	**4899**	**98.69**	**83.79**	**48.71**	**12.79**	**6.17**
北 京	Beijing	3734	107.82	81.93	51.42	15.05	5.89
天 津	Tianjin	4455	89.64	93.48	70.45	14.37	5.75
河 北	Hebei	4245	71.40	81.28	38.39	10.08	2.71
山 西	Shanxi	4964	74.44	87.42	16.12	12.45	4.95
内蒙古	Inner Mongolia	3160	72.09	65.51	17.07	14.02	2.47
辽 宁	Liaoning	3614	91.16	74.17	32.32	13.36	4.39
吉 林	Jilin	3815	79.89	73.72	21.15	10.75	2.05
黑龙江	Heilongjiang	3659	67.07	83.90	18.59	15.99	2.46
上 海	Shanghai	4950	143.34	94.21	87.27	9.91	4.59
江 苏	Jiangsu	5846	104.63	96.90	88.53	17.94	10.98
浙 江	Zhejiang	5016	128.18	81.35	53.08	13.73	7.92
安 徽	Anhui	4765	101.82	72.01	43.35	11.85	7.34
福 建	Fujian	5695	118.12	89.85	68.77	13.60	6.64
江 西	Jiangxi	4938	96.39	69.05	33.28	10.50	5.65
山 东	Shandong	4710	77.11	93.28	67.65	18.40	8.34
河 南	Henan	5521	83.76	75.93	9.20	11.49	4.98
湖 北	Hubei	4834	99.59	87.29	44.02	10.72	6.14
湖 南	Hunan	4955	104.43	74.72	36.54	9.49	4.85
广 东	Guangdong	4758	127.88	88.10	66.15	14.22	6.74
广 西	Guangxi	6960	104.01	88.35	70.98	11.27	8.38
海 南	Hainan	3701	99.66	81.37	72.11	13.25	5.47
重 庆	Chongqing	6778	95.24	90.41	62.52	5.94	6.70
四 川	Sichuan	5230	94.54	81.56	50.77	10.34	6.09
贵 州	Guizhou	4837	94.75	78.86	11.63	10.89	4.71
云 南	Yunnan	5731	91.79	88.58	12.42	9.00	5.51
陕 西	Shaanxi	5038	63.85	75.22	16.62	9.37	5.01
甘 肃	Gansu	4120	55.79	73.60	5.36	12.55	3.27
青 海	Qinghai	3854	65.96	73.74	20.08	8.36	2.31
宁 夏	Ningxia	3589	73.92	75.37	33.41	13.46	6.67
新 疆	Xinjiang	3105	78.19	85.82	14.86	19.93	2.77

Level of Municipal Public Facilities of Built-up Area of Towns (2015)

污水处理率 (%) Wastewater Treatment Rate (%)	污水处理厂集中处理率 Centralized Treatment Rate of Wastewater Treatment Plants	人均公园绿地面积(平方米) Public Recreational Green Space Per Capita (m^2)	绿化覆盖率 (%) Green Coverage Rate (%)	绿地率 (%) Green Space Rate (%)	生活垃圾处理率(%) Domestic Garbage Treatment Rate (%)	无害化处理率 Domestic Garbage Harmless Treatment Rate	地区名称 Name of Regions
50.95	**41.57**	**2.45**	**16.63**	**9.36**	**83.85**	**44.99**	**全　国**
58.00	47.00	6.08	20.66	13.98	96.74	83.09	北　京
56.19	53.87	0.95	19.11	7.73	89.96	29.47	天　津
28.14	21.56	0.40	9.93	4.60	31.94	6.93	河　北
13.10	4.43	0.71	19.95	7.74	31.64	2.13	山　西
46.11	40.81	1.33	10.42	5.33	56.34	2.72	内蒙古
40.71	32.08	0.62	13.85	3.77	56.84	8.68	辽　宁
24.54	23.18	0.53	7.09	2.12	54.54	9.53	吉　林
14.87	14.87	1.24	5.50	2.55	2.42	–	黑龙江
89.78	73.57	2.12	16.56	11.40	98.89	87.38	上　海
67.14	60.15	6.34	28.28	21.21	98.59	82.21	江　苏
64.52	47.23	2.27	15.87	10.17	97.39	76.84	浙　江
36.53	26.19	2.37	19.31	11.13	79.00	39.85	安　徽
42.37	30.12	7.47	26.10	16.49	94.94	51.55	福　建
32.00	22.80	1.35	9.83	5.40	84.07	31.36	江　西
64.90	51.14	5.78	27.43	17.68	97.96	91.35	山　东
32.08	25.61	1.35	21.56	4.46	78.85	9.24	河　南
30.49	26.69	0.94	15.49	8.27	88.95	36.36	湖　北
30.32	18.98	1.71	23.59	11.62	73.94	21.88	湖　南
73.47	66.44	2.46	13.68	8.55	95.50	51.61	广　东
16.33	12.94	0.41	9.86	4.07	92.82	4.43	广　西
11.71	5.24	1.81	18.88	10.88	83.97	21.84	海　南
51.82	39.91	0.21	7.76	4.34	85.93	41.13	重　庆
14.97	12.23	0.69	8.26	3.98	90.26	32.41	四　川
23.78	13.21	0.32	10.71	3.77	80.55	12.83	贵　州
9.69	7.32	0.60	5.92	3.62	63.24	13.21	云　南
9.96	5.15	0.73	6.05	3.84	46.83	3.33	陕　西
20.67	16.05	0.58	6.87	3.23	52.29	1.61	甘　肃
0.01		2.25	10.88	8.15	57.11	6.73	青　海
60.06	50.33	0.54	8.34	4.79	70.17	13.75	宁　夏
34.89	29.45	1.38	14.52	10.27	61.44	0.62	新　疆

3-2-2 建制镇基本情况(2015年)

地区名称 Name of Regions		建制镇个数 (个) Number of Towns (unit)	建成区面积 (公顷) Surface Area of Built-up Districts (hectare)	建成区户籍人口 (万人) Registered Permanent Population (10,000 persons)	建成区暂住人口 (万人) Temporary Population (10,000 persons)
全 国	**National Total**	**17848**	**3907590**	**16007.39**	**3134.30**
北 京	Beijing	118	33501	82.58	42.51
天 津	Tianjin	111	28598	95.93	31.47
河 北	Hebei	847	152735	556.16	92.14
山 西	Shanxi	472	56479	247.87	32.47
内蒙古	Inner Mongolia	432	95829	267.66	35.18
辽 宁	Liaoning	617	99498	324.33	35.31
吉 林	Jilin	397	84910	285.72	38.25
黑龙江	Heilongjiang	431	83580	289.29	16.55
上 海	Shanghai	103	129610	291.57	350.02
江 苏	Jiangsu	737	271564	1292.12	295.49
浙 江	Zhejiang	604	234898	787.10	391.10
安 徽	Anhui	837	224331	957.87	111.16
福 建	Fujian	532	127834	587.07	140.92
江 西	Jiangxi	702	129131	576.43	61.23
山 东	Shandong	1096	394877	1591.97	267.73
河 南	Henan	928	214638	1074.43	110.55
湖 北	Hubei	757	229350	1002.27	106.35
湖 南	Hunan	1019	198328	862.14	120.52
广 东	Guangdong	1036	329606	1186.84	381.34
广 西	Guangxi	669	80847	522.48	40.24
海 南	Hainan	158	34305	106.10	20.84
重 庆	Chongqing	566	73100	437.82	57.62
四 川	Sichuan	1654	186732	817.72	158.89
贵 州	Guizhou	673	108777	475.36	50.77
云 南	Yunnan	584	72937	383.50	34.47
陕 西	Shaanxi	940	117018	536.87	52.66
甘 肃	Gansu	449	51562	188.12	24.30
青 海	Qinghai	102	13984	44.40	9.49
宁 夏	Ningxia	78	16877	52.38	8.20
新 疆	Xinjiang	199	32155	83.31	16.53

Summary of Towns(2015)

规划建设管理 Planning and Administer						
设有村镇建设管理机构的个数(个) Number of Towns with Construction Management Institution (unit)	村镇建设管理人员(人) Number of Construction Management Personnel (person)	专职人员 Full-time Staff	有总体规划的建制镇个数(个) Number of Towns with Master Plans (unit)	本年编制 Compiled This Year	本年规划编制投入(万元) Input in Planning this Year (10,000RMB)	地区名称 Name of Regions
16772	**84246**	**53395**	**16798**	**1452**	**255370**	**全　国**
117	1254	699	107	2	1276	北　京
111	702	428	99	6	1907	天　津
768	2436	1714	749	57	4068	河　北
382	757	345	405	19	2160	山　西
397	1843	1262	395	69	13903	内蒙古
616	1791	1246	562	39	1907	辽　宁
394	1072	770	315	18	971	吉　林
425	967	636	380	11	204	黑龙江
102	1202	783	86	11	3831	上　海
736	7677	5363	732	144	27687	江　苏
590	5273	3201	588	74	25641	浙　江
735	3378	2155	805	112	9459	安　徽
519	1896	1318	522	28	7994	福　建
699	3028	1692	694	80	5654	江　西
1094	8364	5461	1089	99	27250	山　东
922	6548	3804	890	47	11078	河　南
743	4724	2878	741	43	21237	湖　北
940	5552	3169	942	62	19299	湖　南
975	7824	4825	915	58	14204	广　东
668	2422	1850	655	52	6286	广　西
157	470	345	157	10	3621	海　南
550	2370	1725	559	74	4386	重　庆
1505	4216	2772	1543	165	16920	四　川
645	1995	1327	636	78	8312	贵　州
557	1969	1246	564	19	3948	云　南
748	2502	1240	856	35	5804	陕　西
353	1190	645	444	25	3474	甘　肃
80	105	60	97	5	602	青　海
72	216	101	73	5	1850	宁　夏
172	503	335	198	5	437	新　疆

3-2-3 建制镇供水(2015年)

地区名称 Name of Regions		集中供水的建制镇个数(个) Number of Towns with Access to Piped Water (unit)	占全部建制镇的比例(%) Percentage of Total Rate (%)	公共供水 Public Water Supply 设施个数(个) Number of Public Water Supply Facilities (unit)	其中：水厂个数 Waterwork	综合生产能力(万立方米/日) Integrated Production Capacity (10,000m³/day)
全　国	**National Total**	**16933**	**94.9**	**29508**	**15373**	**6549.4**
北　京	Beijing	112	94.9	208	107	59.6
天　津	Tianjin	101	91.0	320	100	50.3
河　北	Hebei	717	84.7	1248	272	117.3
山　西	Shanxi	468	99.2	715	124	45.4
内蒙古	Inner Mongolia	402	93.1	742	282	63.8
辽　宁	Liaoning	503	81.5	882	192	86.3
吉　林	Jilin	356	89.7	716	239	71.0
黑龙江	Heilongjiang	402	93.3	652	229	40.0
上　海	Shanghai	102	99.0	123	62	397.1
江　苏	Jiangsu	737	100.0	1627	1136	756.8
浙　江	Zhejiang	601	99.5	1099	570	629.5
安　徽	Anhui	739	88.3	1305	1000	305.4
福　建	Fujian	529	99.4	917	556	341.8
江　西	Jiangxi	675	96.2	1065	719	167.0
山　东	Shandong	1095	99.9	3105	1186	618.8
河　南	Henan	893	96.2	1997	903	252.4
湖　北	Hubei	745	98.4	1132	863	416.1
湖　南	Hunan	938	92.1	1521	941	307.3
广　东	Guangdong	1012	97.7	1524	1051	963.7
广　西	Guangxi	659	98.5	858	613	121.1
海　南	Hainan	155	98.1	282	129	40.5
重　庆	Chongqing	565	99.8	880	662	96.4
四　川	Sichuan	1559	94.3	2153	1648	251.2
贵　州	Guizhou	633	94.1	1133	546	86.1
云　南	Yunnan	570	97.6	800	365	76.9
陕　西	Shaanxi	939	99.9	1485	466	79.4
甘　肃	Gansu	377	84.0	474	180	44.9
青　海	Qinghai	82	80.4	87	17	17.5
宁　夏	Ningxia	71	91.0	147	53	16.9
新　疆	Xinjiang	196	98.5	311	162	29.0

Water Supply of Towns(2015)

自备水源单位 Self-built Water Supply Facilities		年供水总量 (万立方米) Annual Supply of Water (10,000m³)			供水管道长度 (公里) Length of Water Supply Pipelines (km)		用水人口 (万人) Population with Access to Water (10,000 persons)	地区名称 Name of Regions
个数 (个) Number of Self-built Water Supply Facilities (unit)	综合生产能力 (万立方米/日) Integrated Production Capacity (10,000m³/day)		年生活用水量 Annual Domestic Water Consumption	年生产用水量 Annual Water Consumption for Production		本年新增 Added This Year		
46973	**1663.2**	**1347683**	**577768**	**690627**	**462095**	**26738**	**16038.8**	**全　国**
793	44.9	10442	4033	5067	5608	373	102.5	北　京
632	22.7	11453	3897	6515	5205	125	119.1	天　津
2090	107.0	34637	13732	19619	12253	709	526.9	河　北
1123	25.4	15595	6658	8154	7098	171	245.1	山　西
702	26.7	15399	5220	9390	10638	1082	198.4	内蒙古
1039	39.5	16123	8876	6322	11070	339	266.8	辽　宁
850	20.6	14754	6964	7364	7017	292	238.8	吉　林
375	13.6	9204	6282	2596	8203	84	256.6	黑龙江
17	40.9	107894	31624	72138	10870	81	604.5	上　海
1245	72.0	144500	58756	78403	57059	2327	1538.5	江　苏
2981	136.9	115855	44840	65554	31619	1448	958.4	浙　江
1370	50.4	52934	28611	20078	22460	1726	769.9	安　徽
1678	60.4	76471	28200	42813	15225	728	654.1	福　建
2215	33.8	31685	15492	13236	10506	884	440.3	江　西
7246	254.7	146293	48828	91682	52798	4193	1734.8	山　东
5604	134.4	50168	27508	20356	17978	1548	899.7	河　南
1810	88.6	69682	35179	32095	23338	1598	967.8	湖　北
2787	73.8	51398	27987	20046	18874	1593	734.3	湖　南
1913	166.3	186821	64485	107390	40519	1407	1381.5	广　东
1316	41.1	29001	18875	7977	11792	524	497.2	广　西
1023	12.4	5164	3757	1129	4339	239	103.3	海　南
363	13.1	25989	15571	8713	6826	301	447.9	重　庆
2555	67.5	52605	27487	20344	22130	1587	796.6	四　川
1172	30.9	23932	14348	6841	11787	1085	414.9	贵　州
1502	32.7	18604	12405	5650	14211	686	370.2	云　南
1723	29.6	16878	10334	5514	8882	814	443.5	陕　西
431	7.3	5343	3183	2005	5428	253	156.3	甘　肃
35	5.3	2146	957	1124	842	11	39.7	青　海
128	4.0	2177	1232	785	2771	301	45.7	宁　夏
255	6.9	4534	2445	1726	4748	230	85.7	新　疆

3-2-4 建制镇燃气、供热、道路桥梁(2015年)

地区名称 Name of Regions	用气人口(万人) Population with Access to Gas (10,000 persons)	集中供热面积(万平方米) Area of Centrally Heated District (10,000 m^2)	道路长度(公里) Length of Roads (km)	本年新增 Added This Year	本年更新改造 Renewal and Upgrading during the Reported Year	道路面积(万平方米) Surface Area of Roads (10,000 m^2)
全 国 National Total	**9324.8**	**33412**	**345414**	**20956**	**15404**	**244802**
北 京 Beijing	64.3	2845	3003	110	72	1883
天 津 Tianjin	89.8	3124	2747	74	74	1831
河 北 Hebei	248.9	1961	11124	561	330	6534
山 西 Shanxi	45.2	820	5536	102	84	3491
内蒙古 Inner Mongolia	51.7	2532	6226	1120	358	4247
辽 宁 Liaoning	116.2	3621	7952	390	582	4805
吉 林 Jilin	68.5	2451	5606	139	175	3482
黑龙江 Heilongjiang	56.9	1203	8012	61	241	4891
上 海 Shanghai	559.9	98	5795	128	89	6359
江 苏 Jiangsu	1405.5	100	38157	1432	1316	28478
浙 江 Zhejiang	625.4		21249	836	560	16180
安 徽 Anhui	463.5	89	18218	1245	846	12671
福 建 Fujian	500.7		13727	625	499	9898
江 西 Jiangxi	212.2		9962	498	476	6693
山 东 Shandong	1258.0	11693	46463	4692	3372	34220
河 南 Henan	109.0	498	19647	1493	791	13618
湖 北 Hubei	488.0		16703	1186	893	11889
湖 南 Hunan	359.1		14506	1045	794	9329
广 东 Guangdong	1037.3		29443	1155	950	22297
广 西 Guangxi	399.4		9039	557	347	6342
海 南 Hainan	91.5		2824	191	57	1682
重 庆 Chongqing	309.7		3848	185	281	2944
四 川 Sichuan	495.9		14182	761	620	10102
贵 州 Guizhou	61.2	196	7376	973	582	5732
云 南 Yunnan	51.9		5569	345	370	3763
陕 西 Shaanxi	98.0	389	9007	546	341	5521
甘 肃 Gansu	11.4	610	4214	211	158	2665
青 海 Qinghai	10.8	85	808	28	6	451
宁 夏 Ningxia	20.2	625	1380	151	57	815
新 疆 Xinjiang	14.8	472	3093	114	84	1989

Gas ,Central Heating, Road and Bridges of Towns(2015)

本年新增 Added This year	本年更新改造 Renewal and Upgrading during the Reported Year	桥梁座数(座) Number of Bridges (unit)	本年新增 Added This year	本年更新改造 Renewal and Upgrading during the Reported Year	道路照明灯盏数(盏) Number of Road Lamps (unit)	本年新增 Added This year	地区名称 Name of Regions
13858	**9564**	**113881**	**4835**	**3062**	**5798721**	**625865**	**全　国**
45	51	840	7	17	146552	11548	北　京
65	35	1105	16	14	71287	4706	天　津
287	163	1840	24	40	160079	15093	河　北
72	36	859	11	5	85924	5950	山　西
696	196	1359	74	24	108400	21781	内蒙古
217	281	2180	72	46	145449	20553	辽　宁
73	101	1620	48	36	63546	8957	吉　林
78	129	797	5	14	47376	4494	黑龙江
126	81	6063	105	74	149345	3693	上　海
1143	877	20940	835	505	701731	52664	江　苏
705	478	11965	251	234	457790	32971	浙　江
667	483	6250	282	184	213976	26856	安　徽
394	307	3604	88	110	267616	23905	福　建
304	323	2605	143	75	111200	14570	江　西
3049	2140	18787	1229	702	858615	100227	山　东
969	498	4121	385	142	270582	32068	河　南
749	581	3690	172	94	176267	20577	湖　北
609	356	3191	135	131	187159	32991	湖　南
943	720	6776	116	216	677161	54279	广　东
326	212	1434	44	28	101217	12632	广　西
90	30	413	7	13	42308	5867	海　南
126	179	1550	44	47	107220	9823	重　庆
543	418	4410	228	147	223461	22713	四　川
750	364	1279	133	55	126543	34426	贵　州
201	201	1742	92	38	78690	15640	云　南
323	155	1976	173	40	116962	22420	陕　西
124	75	767	36	4	40614	5912	甘　肃
12	2	195	9		9316	1558	青　海
107	34	181	15	12	22040	2858	宁　夏
63	58	1342	56	15	30295	4133	新　疆

3-2-5 建制镇排水和污水处理(2015年)
Drainage and Wastewater Treatment of Towns(2015)

地区名称 Name of Regions		对生活污水进行处理的建制镇 Town with Domestic Wastewater Treated 个数(个) Number (unit)	比例(%) Rate (%)	污水处理厂 Wastewater Treatment Plant 个数(个) Number of Wastewater Treatment Plants (unit)	处理能力(万立方米/日) Treatment Capacity (10,000 m^3/day)	污水处理装置 Wastewater Treatment Facilities 个数(个) Number of Wastewater Treatment Facilities (unit)	处理能力(万立方米/日) Treatment Capacity (10,000 m^3/day)	排水管道长度(公里) Length of Drainage Pipelines (km)	本年新增 Added This Year	排水暗渠长度(公里) Length of Drains (km)	本年新增 Added This Year
全　国	**National Total**	**4512**	**25.3**	**3076**	**1423.65**	**11573**	**1131.10**	**160181**	**12645**	**81036**	**6722**
北　京	Beijing	44	37.3	28	9.90	134	23.16	1613	36	359	8
天　津	Tianjin	26	23.4	29	16.45	40	10.11	1240	69	405	14
河　北	Hebei	64	7.6	43	54.38	141	26.01	2873	382	1274	234
山　西	Shanxi	26	5.5	17	5.32	25	4.73	1746	109	1050	41
内蒙古	Inner Mongolia	15	3.5	4	9.05	16	12.74	1753	157	619	108
辽　宁	Liaoning	97	15.7	85	22.52	189	18.61	2848	168	1520	81
吉　林	Jilin	22	5.5	7	9.62	74	1.19	1339	57	402	26
黑龙江	Heilongjiang	1	0.2	1	0.50	1	0.01	1374	87	685	65
上　海	Shanghai	98	95.2	16	30.33	64	15.02	5184	131	761	7
江　苏	Jiangsu	627	85.1	609	299.71	1878	217.16	21864	1429	7950	582
浙　江	Zhejiang	591	97.9	148	109.40	2127	117.98	14564	1421	4034	218
安　徽	Anhui	95	11.4	56	26.54	296	24.51	8777	702	7696	434
福　建	Fujian	244	45.9	201	68.08	396	61.15	6096	399	2388	204
江　西	Jiangxi	76	10.8	62	8.68	333	16.32	4514	309	2782	228
山　东	Shandong	790	72.1	489	304.10	1547	119.07	20426	1932	12512	1220
河　南	Henan	61	6.6	19	3.51	93	21.06	7144	668	3536	384
湖　北	Hubei	148	19.6	99	37.44	327	22.18	9716	737	4372	412
湖　南	Hunan	136	13.4	87	31.67	294	39.21	6553	630	3064	328
广　东	Guangdong	170	16.4	155	241.17	670	216.10	13703	497	8514	390
广　西	Guangxi	61	9.1	45	6.38	130	8.05	4315	427	2462	199
海　南	Hainan	11	7.0	5	1.25	62	6.09	1124	71	753	47
重　庆	Chongqing	328	58.0	348	56.76	742	61.41	3130	183	1770	100
四　川	Sichuan	461	27.9	366	47.82	1299	57.64	7126	540	4250	334
贵　州	Guizhou	150	22.3	64	11.14	396	17.31	2285	610	2842	467
云　南	Yunnan	37	6.3	18	1.82	93	2.27	2254	226	1768	179
陕　西	Shaanxi	69	7.3	41	4.44	117	6.44	3451	377	2413	317
甘　肃	Gansu	18	4.0	7	1.74	30	1.67	1253	120	431	52
青　海	Qinghai	3	2.9			9	0.02	263	24	61	29
宁　夏	Ningxia	24	30.8	19	2.86	38	2.86	896	79	229	8
新　疆	Xinjiang	19	9.6	8	1.07	12	1.02	755	67	136	5

3-2-6 建制镇园林绿化及环境卫生(2015年)
Landscaping and Environmental Sanitation of Towns(2015)

地区名称 Name of Regions		园林绿化(公顷) Landscaping(hectare)				环境卫生 Environmental Sanitation		
		绿化覆盖面积 Green Coverage Area	绿地面积 Area of Parks and Green Space	本年新增 Added This Year	公园绿地面积 Public Green Space	生活垃圾中转站(座) Number of Garbage Transfer Station (unit)	环卫专用车辆设备(台) Number of Special Vehicles for Environmental Sanitation (unit)	公共厕所(座) Number of Latrines (unit)
全　国	**National Total**	**649832**	**365713**	**20344**	**46892**	**34134**	**115051**	**118555**
北　京	Beijing	6920	4684	334	760	609	2024	2631
天　津	Tianjin	5465	2212	90	121	577	3328	2140
河　北	Hebei	15165	7031	545	257	1000	3246	3284
山　西	Shanxi	11269	4371	108	199	145	2987	1663
内蒙古	Inner Mongolia	9988	5109	751	401	797	1327	4019
辽　宁	Liaoning	13785	3756	164	221	801	2384	2657
吉　林	Jilin	6023	1802	73	171	700	1456	2053
黑龙江	Heilongjiang	4595	2128	54	380	220	1094	2670
上　海	Shanghai	21464	14776	268	1360	784	2498	3235
江　苏	Jiangsu	76787	57592	2946	10068	1523	14082	13732
浙　江	Zhejiang	37278	23896	1172	2679	1756	10198	14777
安　徽	Anhui	43318	24962	1113	2532	998	8012	5497
福　建	Fujian	33369	21076	907	5438	873	5225	5734
江　西	Jiangxi	12698	6978	309	861	1082	2026	3518
山　东	Shandong	108311	69817	6192	10749	1408	12415	8997
河　南	Henan	46271	9579	613	1601	1465	6044	4609
湖　北	Hubei	35522	18974	728	1043	1913	4156	4515
湖　南	Hunan	46783	23038	1195	1680	1826	3449	3367
广　东	Guangdong	45093	28171	736	3864	2546	8871	7714
广　西	Guangxi	7971	3288	161	230	725	3891	2317
海　南	Hainan	6477	3733	165	229	240	1337	686
重　庆	Chongqing	5671	3170	103	102	962	1588	2254
四　川	Sichuan	15423	7425	329	678	6494	5508	4748
贵　州	Guizhou	11651	4101	338	170	1259	1598	2494
云　南	Yunnan	4319	2637	124	250	378	1098	3131
陕　西	Shaanxi	7075	4489	596	430	1836	2591	3364
甘　肃	Gansu	3542	1666	63	124	811	807	1114
青　海	Qinghai	1522	1139	32	121	71	315	397
宁　夏	Ningxia	1408	809	75	33	144	1125	492
新　疆	Xinjiang	4670	3303	60	138	191	371	746

3-2-7 建制镇房屋(2015年)

地区名称 Name of Regions	住宅 Residential Building							
	本年建房户数(户) Number of Households of Building Housing This Year (unit)	在新址上新建 New Construction on New Site	年末实有建筑面积(万平方米) Total Floor Space of Buildings (year-end) (10,000m²)	混合结构以上 Mixed Strucure and Above	本年竣工建筑面积(万平方米) Floor Space Completed This Year (10,000m²)	混合结构以上 Mixed Strucure and above	房地产开发 Real Estate Develop-ment	人均住宅建筑面积(平方米) Per Capita Floor Space (m²)
全　国 National Total	**1070126**	**607817**	**554083.5**	**438826.0**	**25337.3**	**21372.6**	**9929.0**	**34.61**
北　京 Beijing	6746	5903	4524.4	4095.3	272.4	264.1	60.7	54.79
天　津 Tianjin	1146	201	4907.3	3913.4	311.5	236.5	129.7	51.15
河　北 Hebei	23066	5236	15390.2	10862.1	420.8	419.3	139.2	27.67
山　西 Shanxi	12783	5909	7569.0	5096.6	145.0	130.2	21.0	30.54
内蒙古 Inner Mongolia	18807	5484	7492.8	5888.6	211.9	165.8	48.8	27.99
辽　宁 Liaoning	15948	9352	9508.9	6155.5	190.3	152.4	133.6	29.32
吉　林 Jilin	9987	2460	7239.8	4178.9	238.2	187.7	134.1	25.34
黑龙江 Heilongjiang	6703	1267	6966.9	6658.0	64.7	64.7	9.1	24.08
上　海 Shanghai	7505	7431	21993.3	21362.0	1145.6	852.6	732.1	75.43
江　苏 Jiangsu	115896	85046	55726.7	48574.2	3076.0	2836.8	1555.9	43.13
浙　江 Zhejiang	48204	37316	38948.2	33797.1	1471.2	1287.4	585.9	49.48
安　徽 Anhui	61604	31737	29277.7	22024.1	1223.9	1025.9	355.1	30.57
福　建 Fujian	24719	12593	23884.2	19059.9	1084.5	987.1	428.1	40.68
江　西 Jiangxi	26842	13044	20128.8	15359.1	734.9	699.8	189.3	34.92
山　东 Shandong	207439	120553	50358.1	37907.8	3184.9	2784.1	1027.8	31.63
河　南 Henan	49916	21148	34520.3	26047.7	988.9	778.8	283.8	32.13
湖　北 Hubei	43996	22840	33027.4	27492.0	1441.4	1187.2	552.1	32.95
湖　南 Hunan	43358	26186	29561.5	24933.5	1344.6	1114.2	498.9	34.29
广　东 Guangdong	69678	53466	38822.9	30212.6	2543.1	1665.2	1556.0	32.71
广　西 Guangxi	26805	12592	14251.3	11749.4	599.5	543.2	61.5	27.28
海　南 Hainan	11136	8219	3644.4	2500.1	166.1	147.3	47.4	34.35
重　庆 Chongqing	18758	10368	14972.5	13179.1	402.8	380.5	113.3	34.20
四　川 Sichuan	71375	32460	31879.6	25708.8	1310.4	1218.9	448.5	38.99
贵　州 Guizhou	48340	26131	13313.9	9215.7	1092.3	831.0	303.3	28.01
云　南 Yunnan	20466	7521	11275.6	6575.3	378.2	312.5	62.2	29.40
陕　西 Shaanxi	34888	21668	14123.9	9938.5	620.9	472.8	128.4	26.31
甘　肃 Gansu	13740	5470	5087.4	3114.9	182.6	179.1	67.7	27.04
青　海 Qinghai	7791	3165	1308.3	650.8	66.5	43.8	2.2	29.47
宁　夏 Ningxia	9954	7191	1931.3	1299.7	310.1	307.0	243.3	36.87
新　疆 Xinjiang	12530	5860	2446.9	1275.2	113.9	96.7	10.3	29.37

Building Construction of Towns(2015)

公共建筑 Public Building					生产性建筑 Industrial Building					
年末实有建筑面积(万平方米) Total Floor Space of Buildings (year-end) (10,000m²)	混合结构以上 Mixed Strucure and Above	本年竣工建筑面积(万平方米) Floor Space Completed This Year (10,000m²)	混合结构以上 Mixed Strucure and Above	房地产开发 Real Estate Develop-ment	年末实有建筑面积(万平方米) Total Floor Space of Buildings (year-end) (10,000m²)	混合结构以上 Mixed Strucure and Above	本年竣工建筑面积(万平方米) Floor Space Completed This Year (10,000m²)	混合结构以上 Mixed Strucure and Above	房地产开发 Real Estate Develop-ment	地区名称 Name of Regions
118482.6	**102954.8**	**5021.5**	**4559.9**	**830.0**	**178308.1**	**155402.0**	**8830.1**	**7894.9**	**511.3**	**全　国**
870.9	787.6	69.5	67.2	36.7	1719.8	1565.6	37.4	36.7	6.0	北　京
931.1	841.7	46.3	43.4	13.6	3333.1	3166.3	78.7	72.8	3.0	天　津
3531.4	2748.5	105.8	103.2	30.9	6346.6	4835.9	156.4	120.4	9.3	河　北
1426.2	1197.1	56.7	50.6	7.3	1497.8	1233.7	50.5	43.7	4.2	山　西
1838.4	1484.2	69.3	67.5	4.2	1233.5	1052.8	27.4	26.3	1.1	内蒙古
3044.2	2465.8	41.2	40.1	6.4	2764.1	2221.9	53.4	48.1	3.5	辽　宁
1607.4	1246.4	14.8	13.5	1.4	1157.7	831.0	61.0	49.6	1.7	吉　林
1858.8	1678.8	20.9	20.9		1531.3	1292.8	23.9	23.9		黑龙江
4483.6	4435.3	105.6	101.5	22.9	11802.8	11634.7	429.6	429.5	0.1	上　海
13356.5	11817.7	543.7	482.1	88.7	32068.1	29262.5	1366.1	1300.7	54.3	江　苏
7381.8	6892.4	393.0	381.4	41.2	27083.9	25223.8	1411.8	1378.7	37.6	浙　江
4901.5	4165.7	248.1	210.0	30.2	6293.5	4886.8	368.4	284.4	10.7	安　徽
4981.1	4376.5	198.4	181.8	7.3	7765.1	6760.5	278.0	258.9	9.4	福　建
2913.1	2544.0	182.0	177.6	33.9	2286.3	1847.8	138.7	134.6	7.4	江　西
14230.2	12153.7	975.0	864.9	172.8	24250.1	20406.0	1674.1	1463.4	34.4	山　东
3843.7	3233.1	198.9	184.4	13.9	4775.1	4104.6	271.9	245.2	15.4	河　南
10294.4	9295.3	232.4	215.7	20.1	5990.6	5277.1	415.5	394.3	8.7	湖　北
5157.6	4606.3	278.2	245.3	31.5	4857.9	4239.3	367.2	291.0	53.7	湖　南
8499.1	7532.9	263.4	214.5	100.4	15944.1	13414.1	776.9	583.9	183.3	广　东
4129.4	3333.8	122.3	112.5	6.8	2316.4	1609.6	50.0	41.6	0.3	广　西
616.8	459.5	36.5	32.0	7.8	275.6	186.7	26.3	24.2	0.8	海　南
2532.6	2287.9	68.0	66.7	3.6	1656.5	1444.9	81.7	73.6	0.8	重　庆
4975.7	4409.0	129.2	116.1	11.4	4510.5	3566.1	233.7	175.0	31.6	四　川
2221.1	1923.3	241.9	216.5	42.3	1430.6	1139.4	234.6	206.0	13.7	贵　州
2253.7	1823.0	77.1	68.3	4.1	1069.6	780.4	28.6	26.8	0.5	云　南
2731.0	2346.4	119.2	104.7	7.3	1676.3	1340.7	121.1	103.1	17.3	陕　西
2182.4	1589.3	126.6	124.5	76.2	1290.2	944.5	31.3	28.4	1.9	甘　肃
505.5	422.4	10.8	9.9	0.9	338.7	319.6	4.1	2.3		青　海
365.4	279.5	18.1	17.2	4.4	375.7	293.2	20.9	17.3		宁　夏
818.2	577.8	28.8	26.1	1.6	666.7	519.9	11.0	10.6	0.8	新　疆

3-2-8 建制镇建设投入(2015年)

计量单位：万元

地区名称 Name of Regions		本年建设投入合计 Total Construction Input of This Year	房屋 Building						
			小计 Input of House	房地产开发 Real Estate Development	住宅 Residential Building	公共建筑 Public Building	生产性建筑 Industrial Building	小计 Input of Municipal Public Facilities	供水 Water Supply
全　国	**National Total**	**67813592**	**51354937**	**17753069**	**33729542**	**6799359**	**10826073**	**16458749**	**1529819**
北　京	Beijing	847668	622395	302979	416591	148590	57214	225273	14073
天　津	Tianjin	1362609	1116268	316750	882368	73067	160834	246343	15519
河　北	Hebei	1008304	824147	275787	553596	92384	178169	184165	19918
山　西	Shanxi	351721	230527	19589	141689	46568	42270	121196	10096
内蒙古	Inner Mongolia	684033	354741	73512	230734	89190	34817	329293	17702
辽　宁	Liaoning	714746	489734	269737	354803	65927	69005	225013	27834
吉　林	Jilin	661913	539183	298184	402778	37917	98489	122730	32408
黑龙江	Heilongjiang	205076	102071	10992	59962	19398	22710	103008	6442
上　海	Shanghai	5662223	5068031	2171174	3651457	342104	1074470	594192	62460
江　苏	Jiangsu	9035085	7153511	2769514	4698761	813171	1641583	1881575	143613
浙　江	Zhejiang	6366515	4870392	1627311	2565779	649079	1655537	1496129	108834
安　徽	Anhui	2639168	2068749	453020	1372606	243319	452829	570420	85810
福　建	Fujian	2522839	1957892	830865	1327355	230469	400068	564946	58418
江　西	Jiangxi	1515394	933411	316092	623218	203633	106559	581990	60698
山　东	Shandong	9466110	6920993	1776417	3496400	1197354	2227238	2545128	212568
河　南	Henan	1908029	1626457	213113	1169217	181676	275563	281572	41628
湖　北	Hubei	2466199	1836315	554733	1264447	229715	342160	629891	67586
湖　南	Hunan	2441312	1829060	421094	1184352	309421	335291	612262	95439
广　东	Guangdong	5442210	4510982	2200671	3364119	399161	747709	931229	79313
广　西	Guangxi	905690	677359	72226	500859	129273	47232	228331	18674
海　南	Hainan	493906	280434	64327	173926	54612	51894	213473	70690
重　庆	Chongqing	840775	627223	204033	479131	70603	77489	213557	26898
四　川	Sichuan	3386363	2108252	788842	1649188	186026	273037	1278126	120055
贵　州	Guizhou	3127214	1590631	510563	1051667	292470	246493	1536589	51058
云　南	Yunnan	784013	634736	147160	475341	118671	40725	149280	24621
陕　西	Shaanxi	1319468	946264	245533	681140	155307	109820	373207	34457
甘　肃	Gansu	681406	590206	369772	226874	327782	35551	91201	6292
青　海	Qinghai	113183	84056	4600	65425	14593	4038	29128	3060
宁　夏	Ningxia	614327	554114	424961	510824	35693	7597	60215	5044
新　疆	Xinjiang	246093	206803	19518	154935	42186	9682	39287	8611

Construction Input of Towns(2015)

Measurement Unit:10,000 RMB

市政公用设施 Municipal Public Facilities									
燃气 Gas Supply	集中供热 Central Heating	道路桥梁 Road and Bridge	排水 Drainage	污水处理 Wastewater Treatment	园林绿化 Landscaping	环境卫生 Environmental Sanitation	垃圾处理 Garbage Treatment	其他 Other	地区名称 Name of Regions
624251	**416548**	**6519552**	**2256825**	**1264627**	**1767135**	**1455440**	**700120**	**1889591**	**全　国**
15632	8884	72658	15310	2319	48005	27040	6297	23674	北　京
6926	25643	61268	34364	8876	53913	15033	6531	33679	天　津
6840	17246	52359	39925	21684	16220	24390	15282	7291	河　北
15465	29765	20912	8895	2834	14898	12839	4768	8329	山　西
8165	33768	144175	21414	12299	75777	15317	5637	12975	内蒙古
12740	34801	65819	13240	5179	30333	22297	10989	17962	辽　宁
2472	13059	40933	5966	1544	10780	6894	3024	10215	吉　林
8	9933	35454	8889	2275	6445	10232	789	25604	黑龙江
59607		237871	69837	33662	43518	71529	36118	49369	上　海
68717	11142	600770	276686	156067	284445	183680	84957	312527	江　苏
37500		514387	376187	271348	161459	146225	70355	151551	浙　江
8252	153	240048	63077	18295	63218	62015	29796	47853	安　徽
6495		233441	77044	34691	77379	51256	27204	60913	福　建
7195		255391	48243	18974	39615	28932	15071	141945	江　西
148684	198439	767733	294840	161702	394345	251962	118428	276578	山　东
16570	1287	110490	40687	10519	22966	31319	12956	16655	河　南
18941		278335	108997	49566	54883	49350	22665	51848	湖　北
16874		254156	84778	38051	43880	49932	25229	67234	湖　南
19303		327343	213388	139479	81604	153786	84477	56524	广　东
196		83139	84028	63096	9743	21340	14005	11216	广　西
11359		84688	12511	5637	15344	11787	4395	7098	海　南
19134		71493	30798	20753	17254	26097	13633	21903	重　庆
74937		632529	159163	97960	68807	84625	38808	138040	四　川
5227	2002	1072124	76525	54204	58584	29633	15180	241455	贵　州
6368		65084	22049	11270	8441	12239	7563	10487	云　南
22945	8620	124195	37969	8605	38295	35668	15666	71090	陕　西
856	8602	38925	18871	9537	3572	5581	2959	8525	甘　肃
2148	239	6818	3533		10178	2888	1997	266	青　海
2391	8780	15913	6410	2734	9462	6800	2286	5419	宁　夏
2304	4185	11101	3201	1467	3772	4754	3055	1366	新　疆

3-2-9 建制镇建设财政性资金投资(2015)

计量单位：万元

地区名称 Name of Regions		财政性资金投资合计 Total Fiscal Investment	中央预算资金 Central Budgetary Fund
全 国	**National Total**	**11749891**	**694912**
北 京	Beijing	146025	201
天 津	Tianjin	165312	
河 北	Hebei	35768	11896
山 西	Shanxi	13892	1277
内蒙古	Inner Mongolia	80968	18196
辽 宁	Liaoning	81830	9817
吉 林	Jilin	72783	14420
黑龙江	Heilongjiang	18150	11370
上 海	Shanghai	1735842	2315
江 苏	Jiangsu	2351723	21186
浙 江	Zhejiang	888647	14099
安 徽	Anhui	381886	40539
福 建	Fujian	216459	17615
江 西	Jiangxi	282380	26166
山 东	Shandong	1808057	39641
河 南	Henan	95950	22851
湖 北	Hubei	328028	27833
湖 南	Hunan	227866	28419
广 东	Guangdong	801888	14384
广 西	Guangxi	199058	40485
海 南	Hainan	60505	5481
重 庆	Chongqing	155115	22050
四 川	Sichuan	430163	50405
贵 州	Guizhou	528472	56866
云 南	Yunnan	136337	56668
陕 西	Shaanxi	237621	56625
甘 肃	Gansu	60168	31708
青 海	Qinghai	28606	17782
宁 夏	Ningxia	134447	17333
新 疆	Xinjiang	45945	17284

Construction fiscal investment of Towns(2015)

Measurement Unit:10,000 RMB

省级预算资金 Provincial Budgetary Fund	地级预算资金 City-Level Budgetary Fund	县级预算资金 County-Level Budgetary Fund	镇(乡)本级预算资金 Township-Level Budgetary Fund
1062248	**687771**	**2711552**	**6593500**
23820	14745	53502	53758
2860	344	23449	138660
8214	2144	6915	6608
5034	2114	2812	2664
30999	7038	19854	4891
16717	11326	11930	32043
21540	1102	14496	21226
1615		3204	1961
44866	54151	490537	1143974
64883	22553	224038	2019062
55010	39134	232445	547963
47782	14817	155737	123014
18882	18209	52516	109237
119172	10418	47705	78920
173140	88871	259228	1247182
13799	6684	22335	30279
26310	17679	146501	109706
14480	31369	80128	73471
27051	42938	126635	590884
84727	22901	46304	4646
11228	3138	26225	14436
46789	9905	46375	30003
55021	91031	190103	43605
30992	105882	208790	125942
25031	15794	25123	13724
57735	47374	63044	12848
9292	3294	14100	1784
6802	1680	1294	1052
8794	201	103620	4501
9663	935	12607	5456

3-2-10 乡市政公用设施水平(2015年)

地区名称 Name of Regions		人口密度 (人/平方公里) Population Density (person/km²)	人均日生活用水量 (升) Per Capita Daily Water Consumption (liter)	供水普及率 (%) Water Coverage Rate (%)	燃气普及率 (%) Gas Coverage Rate (%)	人均道路面积 (平方米) Road Surface Area Per Capita (m²)	排水管道暗渠密度 (公里/平方公里) Density of Drains (km/km²)
全　国	**National Total**	**4419**	**84.32**	**70.37**	**21.38**	**13.11**	**4.18**
北　京	Beijing	2909	111.02	79.45	13.36	16.89	6.04
天　津	Tianjin	3161	93.83	95.13	36.68	10.72	3.82
河　北	Hebei	3889	68.45	68.06	23.17	11.50	2.51
山　西	Shanxi	4460	64.36	81.92	10.26	12.48	3.59
内蒙古	Inner Mongolia	2531	60.66	55.06	11.32	16.33	1.26
辽　宁	Liaoning	3765	85.22	47.84	15.76	15.48	3.32
吉　林	Jilin	3124	78.94	50.55	11.80	14.45	1.53
黑龙江	Heilongjiang	3145	66.46	76.44	9.81	21.69	1.53
上　海	Shanghai	3274	142.11	99.96	99.96	17.59	12.61
江　苏	Jiangsu	5165	103.01	96.09	83.85	17.36	9.97
浙　江	Zhejiang	4508	115.30	78.82	45.48	16.16	8.74
安　徽	Anhui	4533	97.93	63.43	37.97	12.55	5.51
福　建	Fujian	6544	109.98	88.48	64.18	14.64	7.79
江　西	Jiangxi	4894	93.36	64.91	30.91	12.48	6.80
山　东	Shandong	4073	79.53	86.59	48.64	21.24	7.95
河　南	Henan	5863	79.45	68.52	5.11	12.46	5.04
湖　北	Hubei	4380	98.30	82.76	29.65	11.30	5.11
湖　南	Hunan	4020	98.78	57.12	26.75	10.34	3.51
广　东	Guangdong	3754	125.14	81.19	53.09	14.94	8.22
广　西	Guangxi	7161	96.98	84.58	58.16	10.95	6.89
海　南	Hainan	2226	80.96	95.63	77.16	19.01	2.35
重　庆	Chongqing	5680	81.54	80.05	29.44	10.32	8.60
四　川	Sichuan	4336	79.89	64.18	22.54	10.06	3.88
贵　州	Guizhou	4607	84.35	79.45	6.19	11.24	3.77
云　南	Yunnan	5204	92.77	83.91	9.53	10.98	5.83
陕　西	Shaanxi	5435	48.30	66.31		10.27	3.85
甘　肃	Gansu	3724	57.45	52.07	3.10	14.61	2.99
青　海	Qinghai	5060	64.47	42.02		11.72	1.97
宁　夏	Ningxia	3847	67.69	76.84	20.49	16.94	4.67
新　疆	Xinjiang	2943	78.37	79.71	5.37	24.49	1.04

Level of Municipal Public Facilities of Built-up Area of Townships(2015)

污水处理率 (%) Wastewater Treatment Rate (%)	污水处理厂集中处理率 Centralized Treatment Rate of Wastewater Treatment Plants	人均公园绿地面积(平方米) Public Recreational Green Space Per Capita (m^2)	绿化覆盖率 (%) Green Coverage Rate (%)	绿地率 (%) Green Space Rate (%)	生活垃圾处理率 (%) Domestic Garbage Treatment Rate (%)	无害化处理率 Domestic Garbage Harmless Treatment Rate	地区名称 Name of Regions
11.46	**5.42**	**1.10**	**13.60**	**5.84**	**63.95**	**15.82**	**全　国**
85.45	53.96	1.72	31.98	12.96	84.80	40.93	北　京
		0.02	27.72	0.38	92.92		天　津
1.45	0.01	0.43	9.47	3.64	28.89	4.31	河　北
		1.19	19.58	7.88	31.23	0.23	山　西
		0.46	7.26	3.76	50.92	3.30	内蒙古
11.74	4.86	0.43	13.96	2.47	43.76	6.27	辽　宁
4.55		0.42	5.97	2.55	61.24	7.99	吉　林
		0.57	5.82	2.61	0.80	0.44	黑龙江
56.92	53.85	10.59	37.50	28.55	100.00	100.00	上　海
27.26	22.46	5.06	26.19	17.21	95.94	77.66	江　苏
44.05	12.13	1.39	10.38	6.09	89.20	48.75	浙　江
21.25	12.18	3.08	19.50	11.26	75.77	35.92	安　徽
25.26	12.82	7.28	27.23	15.62	95.23	48.42	福　建
12.75	6.06	0.81	11.05	6.06	79.97	23.37	江　西
7.83	3.38	1.65	19.52	7.80	96.57	92.68	山　东
13.09	3.52	0.95	22.45	4.67	74.15	7.68	河　南
8.78	4.49	1.24	11.27	5.70	87.50	32.10	湖　北
17.30	10.76	1.19	19.24	8.98	65.80	14.31	湖　南
99.80		0.39	17.60	3.72	92.60	33.33	广　东
3.71	3.51	0.31	10.39	5.76	86.17	4.47	广　西
		0.74	29.00	15.59	83.64		海　南
11.23	5.93	0.17	8.40	4.52	67.59	12.50	重　庆
10.53	7.02	0.06	6.82	1.84	77.69	14.84	四　川
5.98	0.66	0.47	9.93	4.52	75.99	10.65	贵　州
2.83	0.43	0.30	5.59	3.02	57.67	2.87	云　南
7.86	7.86	0.01	5.29	3.42	22.46		陕　西
3.99	1.05	0.34	8.56	3.28	42.29	3.24	甘　肃
			6.47	2.57	12.04		青　海
38.48	26.38	0.37	10.85	4.84	64.80	15.98	宁　夏
5.32	4.48	1.35	16.52	11.57	46.99	0.36	新　疆

3-2-11 乡基本情况(2015年)

地区名称 Name of Regions		乡个数 (个) Number of Townships (unit)	建成区面积 (公顷) Surface Area of Built-up Districts (hectare)	建成区户籍人口 (万人) Registered Permanent Population (10,000 persons)	建成区暂住人口 (万人) Temporary Population (10,000 persons)
全　国	**National Total**	**11478**	**700031**	**2888.64**	**205.12**
北　京	Beijing	15	978	2.19	0.65
天　津	Tianjin	6	1061	3.10	0.26
河　北	Hebei	870	65189	245.09	8.45
山　西	Shanxi	621	29687	122.10	10.31
内蒙古	Inner Mongolia	245	20632	48.59	3.63
辽　宁	Liaoning	226	13029	46.83	2.23
吉　林	Jilin	169	13761	39.59	3.39
黑龙江	Heilongjiang	385	28667	84.92	5.23
上　海	Shanghai	2	165	0.44	0.10
江　苏	Jiangsu	64	9853	48.02	2.87
浙　江	Zhejiang	259	13223	53.24	6.37
安　徽	Anhui	308	32961	140.38	9.02
福　建	Fujian	277	14884	91.91	5.48
江　西	Jiangxi	570	39493	181.15	12.15
山　东	Shandong	75	9368	35.42	2.74
河　南	Henan	762	85539	468.70	32.85
湖　北	Hubei	167	22282	89.26	8.34
湖　南	Hunan	859	60363	222.99	19.69
广　东	Guangdong	13	1109	3.78	0.38
广　西	Guangxi	344	12773	87.50	3.97
海　南	Hainan	21	827	1.71	0.13
重　庆	Chongqing	202	6248	32.08	3.41
四　川	Sichuan	2385	67147	265.06	26.06
贵　州	Guizhou	478	32427	138.36	11.04
云　南	Yunnan	584	31120	152.66	9.28
陕　西	Shaanxi	24	1290	6.35	0.66
甘　肃	Gansu	688	29725	104.09	6.59
青　海	Qinghai	225	5766	27.78	1.40
宁　夏	Ningxia	93	5835	21.62	0.83
新　疆	Xinjiang	541	44629	123.72	7.64

Summary of Townships(2015)

规划建设管理 Planning and Administer						
设有村镇建设管理机构的个数(个) Number of Towns with Construction Management Institution (unit)	村镇建设管理人员(人) Number of Construction Management Personnel (person)	专职人员 Full-time Staff	有总体规划的乡个数(个) Number of Townships with Master Plans (unit)	本年编制 Compiled This Year	本年规划编制投入(万元) Input in Planning This Year (10,000 RMB)	地区名称 Name of Regions
8969	**22677**	**14377**	**9030**	**666**	**65576**	**全　国**
14	78	46	13	1	10	北　京
6	20	11	3			天　津
696	1770	1256	645	63	3094	河　北
449	858	507	370	3	785	山　西
193	558	324	190	44	6065	内蒙古
226	359	290	193	4	310	辽　宁
164	313	234	89	1	191	吉　林
382	554	395	325	8	262	黑龙江
2	26	19			60	上　海
64	326	244	64	6	741	江　苏
213	523	326	212	18	2674	浙　江
255	743	472	261	41	2724	安　徽
263	562	370	272	7	1799	福　建
556	1781	996	555	73	2255	江　西
68	316	203	72	6	604	山　东
760	4013	2676	709	32	4741	河　南
159	578	354	159	13	1156	湖　北
635	1896	1071	653	55	7787	湖　南
13	52	36	11	2	2	广　东
326	517	426	322	10	4715	广　西
21	40	24	21		90	海　南
174	431	318	197	55	1573	重　庆
1317	2108	1211	1346	110	7496	四　川
451	851	584	436	36	5059	贵　州
498	1134	767	551	30	5859	云　南
12	20	11	13		125	陕　西
451	959	467	591	25	3673	甘　肃
132	162	92	132	14	868	青　海
86	149	88	87	3	428	宁　夏
383	980	559	538	6	429	新　疆

3-2-12 乡供水(2015年)

地区名称 Name of Regions		集中供水的乡个数 (个) Number of Townships with Access to Piped Water (unit)	占全部乡的比例 (%) Percentage of Total Rate (%)	公共供水 Public Water Supply			自备水源单位
				设施个数 (个) Number of Public Water Supply Facilities (unit)	水厂个数 Waterwork	综合生产能力 (万立方米/日) Integrated Production Capacity (10,000m³/day)	个数 (个) Number of Self-built Water Supply Facilities (unit)
全　国	**National Total**	**9226**	**80.4**	**12849**	**5372**	**665.2**	**14918**
北　京	Beijing	14	93.3	27	10	1.7	20
天　津	Tianjin	6	100.0	17	3	0.6	5
河　北	Hebei	599	68.9	858	186	40.1	1029
山　西	Shanxi	590	95.0	745	104	21.4	914
内蒙古	Inner Mongolia	182	74.3	298	72	13.6	284
辽　宁	Liaoning	123	54.4	158	18	9.2	184
吉　林	Jilin	112	66.3	230	54	7.9	178
黑龙江	Heilongjiang	336	87.3	351	132	14.9	183
上　海	Shanghai	2	100.0	3	3	0.9	1
江　苏	Jiangsu	64	100.0	151	100	16.4	127
浙　江	Zhejiang	249	96.1	426	78	22.0	553
安　徽	Anhui	238	77.3	395	244	43.3	335
福　建	Fujian	274	98.9	474	273	28.6	728
江　西	Jiangxi	509	89.3	735	421	46.9	1020
山　东	Shandong	74	98.7	129	66	8.8	177
河　南	Henan	701	92.0	1212	606	67.8	3147
湖　北	Hubei	162	97.0	280	182	34.9	272
湖　南	Hunan	642	74.7	858	480	58.1	1225
广　东	Guangdong	12	92.3	26	6	1.7	42
广　西	Guangxi	325	94.5	367	190	13.6	372
海　南	Hainan	21	100.0	23	4	1.0	8
重　庆	Chongqing	196	97.0	237	158	6.3	74
四　川	Sichuan	1644	68.9	1949	1089	62.8	1546
贵　州	Guizhou	436	91.2	655	216	24.9	576
云　南	Yunnan	540	92.5	779	166	33.1	845
陕　西	Shaanxi	24	100.0	20	2	0.6	10
甘　肃	Gansu	439	63.8	497	92	24.7	388
青　海	Qinghai	112	49.8	120	2	2.4	24
宁　夏	Ningxia	87	93.6	105	16	9.6	86
新　疆	Xinjiang	513	94.8	724	399	47.5	565

Water Supply of Townships(2015)

Self-built Water Supply Facilities 综合生产能力（万立方米/日） Integrated Production Capacity (10,000m³/day)	年供水总量（万立方米） Annual Supply of Water (10,000m³)	年生活用水量 Annual Domestic Water Consumption	年生产用水量 Annual Water Consumption for Production	供水管道长度（公里） Length of Water Supply Pipelines (km)	本年新增 Added This Year	用水人口（万人） Population with Access to Water (10,000 persons)	地区名称 Name of Regions
245.6	**111917**	**67004**	**37469**	**101293**	**7549**	**2177.1**	**全　国**
0.7	175	92	59	224	10	2.3	北　京
–	180	109	54	58		3.2	天　津
24.2	8932	4312	3989	5779	458	172.6	河　北
20.6	5317	2548	2523	4508	74	108.5	山　西
4.6	1723	637	945	1843	322	28.8	内蒙古
3.2	1399	730	594	1432	56	23.5	辽　宁
3.2	1135	626	483	1490	84	21.7	吉　林
3.9	2456	1672	682	2891	37	68.9	黑龙江
–	41	28	13	17		0.5	上　海
3.4	3201	1839	1255	2176	172	48.9	江　苏
9.4	3790	1977	1486	3172	141	47.0	浙　江
7.9	5233	3388	1461	4957	318	94.8	安　徽
8.1	6153	3459	2065	4275	344	86.2	福　建
10.5	7491	4275	2512	4739	597	125.5	江　西
4.5	2536	959	1527	1787	116	33.0	山　东
43.5	16307	9966	5442	9641	873	343.7	河　南
22.5	4237	2898	1146	3448	261	80.8	湖　北
12.3	8396	4998	2661	6367	678	138.6	湖　南
1.7	287	154	132	149	5	3.4	广　东
3.3	3517	2738	591	2873	101	77.4	广　西
0.3	70	52	15	105	10	1.8	海　南
0.6	1300	846	349	1235	45	28.4	重　庆
16.7	8334	5448	2096	10306	849	186.8	四　川
5.7	5432	3654	1396	5038	398	118.7	贵　州
11.2	6737	4601	1749	8181	597	135.9	云　南
0.2	102	82	13	86	5	4.7	陕　西
13.8	1769	1208	518	3024	396	57.6	甘　肃
0.1	539	289	246	913	12	12.3	青　海
1.4	681	426	227	1297	107	17.3	宁　夏
8.3	4445	2995	1238	9285	484	104.7	新　疆

3-2-13 乡燃气、供热、道路桥梁(2015年)

地区名称 Name of Regions		用气人口(万人) Population with Access to Gas (10,000 persons)	集中供热(万平方米) Area of Centrally Heated District (10,000 m²)	道路长度(公里) Length of Roads (km)	本年新增 Added This Year	本年更新改造 Renewal and Upgrading during The Reported Year	道路面积(万平方米) Surface Area of Roads (10,000 m²)
全　国	**National Total**	**661.5**	**1817**	**71202**	**5064**	**3203**	**40561**
北　京	Beijing	0.4	8	105	4	8	48
天　津	Tianjin	1.2	3	77			36
河　北	Hebei	58.7	444	5676	213	190	2916
山　西	Shanxi	13.6	260	2942	68	54	1652
内蒙古	Inner Mongolia	5.9	142	1440	454	121	853
辽　宁	Liaoning	7.7	164	1414	61	67	759
吉　林	Jilin	5.1	113	1118	23	40	621
黑龙江	Heilongjiang	8.8	64	3596	43	126	1956
上　海	Shanghai	0.5		25			10
江　苏	Jiangsu	42.7		1590	120	97	883
浙　江	Zhejiang	27.1		1742	102	62	963
安　徽	Anhui	56.7	12	3152	207	122	1874
福　建	Fujian	62.5		2511	132	148	1426
江　西	Jiangxi	59.8		4335	298	232	2412
山　东	Shandong	18.6	141	1355	223	144	811
河　南	Henan	25.6	31	10540	887	409	6248
湖　北	Hubei	28.9		1829	163	131	1103
湖　南	Hunan	64.9		4456	342	189	2510
广　东	Guangdong	2.2		124	4	5	62
广　西	Guangxi	53.2		1773	179	95	1001
海　南	Hainan	1.4		62	4	–	35
重　庆	Chongqing	10.5		617	35	32	366
四　川	Sichuan	65.6		5140	354	210	2929
贵　州	Guizhou	9.3	2	2612	264	150	1680
云　南	Yunnan	15.4		3016	249	203	1779
陕　西	Shaanxi		1	159	6	2	72
甘　肃	Gansu	3.4	115	3002	223	78	1617
青　海	Qinghai			708	57	8	342
宁　夏	Ningxia	4.6	169	705	77	59	380
新　疆	Xinjiang	7.1	149	5382	272	222	3217

Gas ,Central Heating, Roads and Bridges of Townships(2015)

本年新增 Added This year	本年更新改造 Renewal and Upgrading during The Reported Year	桥梁座数 (座) Number of Bridges (unit)	本年新增 Added This year	本年更新改造 Renewal and Upgrading during The Reported Year	道路照明灯盏数 (盏) Number of Road Lamps (unit)	本年新增 Added This Year	地区名称 Name of Regions
2686	**1534**	**27155**	**1571**	**712**	**878854**	**149378**	**全　国**
2	5.56	20		2	5470	416	北　京
		32		1	2562	509	天　津
113	85	1269	68	18	80974	13883	河　北
40	24	817	14	4	68259	6598	山　西
225	48	355	35	3	18294	6094	内蒙古
39	28	494	19	6	25720	4294	辽　宁
16	19	364	17	7	10492	1983	吉　林
25	58	336	5	1	15610	2859	黑龙江
		16			302		上　海
46	70	1356	103	33	27776	2778	江　苏
90	23	1101	34	21	38666	4420	浙　江
98	70	2469	105	48	40050	5736	安　徽
85	71	1136	34	32	46582	7273	福　建
138	92	2224	84	35	44256	6280	江　西
98	66	1030	160	123	27114	3850	山　东
491	209	4185	298	128	135811	19302	河　南
92	81	471	17	18	18083	3495	湖　北
171	94	1805	95	73	47420	9869	湖　南
5	6	43			3192	581	广　东
70	42	427	31	10	15602	2599	广　西
2	–	26	1	1	1191	69	海　南
17	18	282	11	10	12460	2413	重　庆
209	109	2280	146	70	53572	7980	四　川
153	79	555	69	26	34096	10024	贵　州
116	89	803	70	20	31637	8704	云　南
3	1	12		1	2124	73	陕　西
117	42	758	66	11	24043	7181	甘　肃
26	4	193	22		5802	2618	青　海
35	13	86	2	1	6122	1924	宁　夏
166	87	2210	65	9	35572	5573	新　疆

3-2-14 乡排水和污水处理(2015年)
Drainage and Wastewater Treatment of Townships(2015)

地区名称 Name of Regions	对生活污水进行处理的乡 Township with Domestic Wastewater Treated		污水处理厂 Wastewater Treatment Plant		污水处理装置 Wastewater Treatment Facilities		排水管道长度(公里) Length of Drainage Pipelines (km)		排水暗渠长度(公里) Length of Drains (km)	
	个数(个) Number (unit)	比例(%) Rate (%)	个数(个) Number of Wastwater Treatment Plants (unit)	处理能力(万立方米/日) Treatment Capacity (10,000 m^3/day)	个数(个) Number of Wastwater Treatment Facilities (unit)	处理能力(万立方米/日) Treatment Capacity (10,000 m^3/day)		本年新增 Added This Year		本年新增 Added This Year
全　国 National Total	**815**	**7.1**	**361**	**19.30**	**1701**	**33.46**	**17383**	**2105**	**11858**	**1550**
北　京 Beijing	6	40.0	6	0.16	11	0.11	27	–	32	
天　津 Tianjin							38	2	3	
河　北 Hebei	20	2.3			23	0.13	1040	266	594	244
山　西 Shanxi	4	0.6					623	61	444	33
内蒙古 Inner Mongolia	4	1.6					155	69	105	42
辽　宁 Liaoning	6	2.7	6	0.25	16	0.16	274	24	158	11
吉　林 Jilin	1	0.6					127	8	85	3
黑龙江 Heilongjiang							281	24	158	11
上　海 Shanghai	2	100.0	1	0.04	1	0.01	15		6	
江　苏 Jiangsu	29	45.3	28	5.06	42	1.14	672	59	311	54
浙　江 Zhejiang	236	91.1	7	0.23	674	4.41	766	172	389	46
安　徽 Anhui	26	8.4	7	0.62	95	1.47	1052	105	765	61
福　建 Fujian	95	34.3	96	3.23	144	3.32	752	64	407	61
江　西 Jiangxi	10	1.8	7	0.23	29	0.34	1576	117	1111	112
山　东 Shandong	15	20.0	7	0.26	18	0.56	396	27	349	33
河　南 Henan	30	3.9	8	0.06	43	5.36	2719	291	1595	188
湖　北 Hubei	13	7.8	10	0.87	15	0.34	645	81	494	53
湖　南 Hunan	20	2.3	11	1.59	49	1.41	1314	95	803	66
广　东 Guangdong	3	23.1	1	0.20	1	0.07	51	1	40	
广　西 Guangxi	6	1.7	3	0.15	15	0.13	575	57	305	41
海　南 Hainan						0.03	13	3	7	3
重　庆 Chongqing	51	25.3	47	1.15	69	1.25	275	31	262	24
四　川 Sichuan	165	6.9	91	3.51	254	9.18	1374	120	1232	124
贵　州 Guizhou	25	5.2	5	1.09	105	1.56	577	141	645	94
云　南 Yunnan	7	1.2	2	0.20	27	1.75	871	103	942	105
陕　西 Shaanxi	1	4.2					23	1	27	2
甘　肃 Gansu	6	0.9	3	0.05	23	0.15	494	96	395	70
青　海 Qinghai							45	17	69	64
宁　夏 Ningxia	14	15.1	10	0.19	31	0.17	223	28	50	7
新　疆 Xinjiang	20	3.7	5	0.16	16	0.41	390	41	76	1

3-2-15 乡园林绿化及环境卫生(2015年)
Landscaping and Environmental Sanitation of Townships(2015)

地区名称 Name of Regions	园林绿化(公顷) Landscaping(hectare)				环境卫生 Environmental Sanitation		
	绿化覆盖面积 Green Coverage Area	绿地面积 Area of Parks and Green Space	本年新增 Added This Year	公园绿地面积 Public Green Space	生活垃圾中转站(座) Number of Garbage Transfer Station (unit)	环卫专用车辆设备(辆) Number of Special Vehicles for Environmental Sanitation (unit)	公共厕所(座) Number of Latrines (unit)
全　国　National Total	**95234**	**40884**	**2080**	**3403**	**10536**	**24149**	**30402**
北　京　Beijing	313	127	9	5	7	57	83
天　津　Tianjin	294	4	1	0.07	15	55	188
河　北　Hebei	6171	2372	89	109	577	2108	2830
山　西　Shanxi	5812	2339	57	157	78	2386	1129
内蒙古　Inner Mongolia	1499	775	109	24	74	282	969
辽　宁　Liaoning	1819	322	28	21	145	443	845
吉　林　Jilin	822	351	11	18	132	393	340
黑龙江　Heilongjiang	1668	749	13	51	86	529	1160
上　海　Shanghai	62	47		6	8	36	14
江　苏　Jiangsu	2580	1695	98	257	87	766	473
浙　江　Zhejiang	1373	806	65	83	385	1045	1933
安　徽　Anhui	6427	3711	225	460	289	1595	1349
福　建　Fujian	4052	2325	170	709	239	973	1240
江　西　Jiangxi	4362	2393	92	156	711	1178	1960
山　东　Shandong	1829	731	52	63	64	639	586
河　南　Henan	19206	3998	240	474	913	3081	3956
湖　北　Hubei	2512	1271	98	121	272	466	529
湖　南　Hunan	11615	5423	264	288	1080	1427	1439
广　东　Guangdong	195	41	–	2	10	22	49
广　西　Guangxi	1327	735	40	28	178	859	517
海　南　Hainan	240	129	3	1	34	102	23
重　庆　Chongqing	525	283	11	6	187	276	357
四　川　Sichuan	4579	1236	55	19	3205	2206	2594
贵　州　Guizhou	3220	1466	96	70	422	596	1077
云　南　Yunnan	1740	940	44	49	337	480	1831
陕　西　Shaanxi	68	44	8	–	3	8	67
甘　肃　Gansu	2544	976	58	38	493	816	1139
青　海　Qinghai	373	148	6	–	34	140	356
宁　夏　Ningxia	633	283	27	8	226	611	273
新　疆　Xinjiang	7374	5166	115	177	245	574	1096

3-2-16 乡房屋(2015年)

地区名称 Name of Regions	住宅 Residential Building							
	本年建房户数(户) Number of Households of Building Housing This Year (unit)	在新址上新建 New Construction on New Site	年末实有建筑面积(万平方米) Total Floor Space of Buildings (year-end) (10,000m²)	混合结构以上 Mixed Strucure and Above	本年竣工建筑面积(万平方米) Floor Space Completed This Year (10,000m²)	混合结构以上 Mixed Strucure and Above	房地产开发 Real Estate Development	人均住宅建筑面积(平方米) Per Capita Floor Space (m²)
全 国 National Total	**219884**	**90048**	**90026.0**	**61983.0**	**3171.5**	**2770.7**	**265.15**	**31.17**
北 京 Beijing	80	6	101.9	74.8	13.9	13.2	13.00	46.51
天 津 Tianjin	3		74.0	59.6	0.05			23.90
河 北 Hebei	10745	2417	6561.9	4077.8	122.6	122.0	5.33	26.77
山 西 Shanxi	7816	3043	3708.7	2054.3	88.9	64.4	1.00	30.38
内蒙古 Inner Mongolia	4100	2061	1232.2	921.2	41.6	32.2	5.11	25.36
辽 宁 Liaoning	910	439	1164.3	562.4	14.2	13.5	5.31	24.86
吉 林 Jilin	1430	227	963.3	504.6	20.6	14.0	8.18	24.33
黑龙江 Heilongjiang	3703	814	1942.6	1819.1	29.3	29.3	1.30	22.88
上 海 Shanghai	8	2	15.1	13.5	0.14	0.14		34.11
江 苏 Jiangsu	8149	5420	1798.1	1475.2	124.9	106.2	40.17	37.44
浙 江 Zhejiang	2581	1100	2679.8	1962.8	74.7	66.9	8.22	50.33
安 徽 Anhui	8999	4199	4105.6	2939.7	127.1	107.2	8.54	29.25
福 建 Fujian	4260	1876	3565.5	2592.9	93.0	90.4	2.53	38.79
江 西 Jiangxi	13799	6059	6361.8	4986.7	276.1	253.5	19.48	35.12
山 东 Shandong	4940	2263	1055.7	720.0	73.9	57.7	13.19	29.81
河 南 Henan	29302	10667	14940.5	11214.5	468.3	405.2	58.70	31.88
湖 北 Hubei	6696	3590	2882.9	2365.1	138.1	125.4	11.10	32.30
湖 南 Hunan	12682	7536	7345.4	5706.3	257.9	232.8	6.42	32.94
广 东 Guangdong	402	374	73.4	52.0	5.0	5.0	0.70	19.43
广 西 Guangxi	6242	2133	2619.6	1875.8	105.8	100.7	0.92	29.94
海 南 Hainan	104	66	73.5	55.6	3.1	2.9	0.24	42.96
重 庆 Chongqing	3753	2275	1050.2	873.8	51.5	46.7	3.87	32.73
四 川 Sichuan	23901	10311	9660.3	6474.3	346.5	291.9	23.91	36.45
贵 州 Guizhou	14227	7520	3948.4	2640.4	222.6	193.3	17.48	28.54
云 南 Yunnan	10883	4046	4792.3	2320.7	160.2	133.9	6.42	31.39
陕 西 Shaanxi	1836	1530	138.4	63.2	16.8	9.9		21.79
甘 肃 Gansu	12666	3843	2747.0	1502.6	93.1	91.2	1.55	26.39
青 海 Qinghai	3308	371	758.5	295.7	28.3	16.6		27.30
宁 夏 Ningxia	2739	430	510.1	236.7	20.7	15.2	0.90	23.59
新 疆 Xinjiang	19620	5430	3155.1	1541.8	152.5	129.5	1.58	25.50

Building Construction of Townships(2015)

公共建筑 Public Building					生产性建筑 Industrial Building					地区名称 Name of Regions
年末实有建筑面积(万平方米) Total Floor Space of Buildings (year-end) (10,000m²)	混合结构以上 Mixed Strucure and Above	本年竣工建筑面积(万平方米) Floor Space Completed This Year (10,000m²)	混合结构以上 Mixed Strucure and Above	房地产开发 Real Estate Develop-ment	年末实有建筑面积(万平方米) Total Floor Space of Buildings (year-end) (10,000m²)	混合结构以上 Mixed Strucure and Above	本年竣工建筑面积(万平方米) Floor Space Completed This Year (10,000m²)	混合结构以上 Mixed Strucure and Above	房地产开发 Real Estate Develop-ment	
17404.4	**13478.3**	**862.6**	**786.1**	**38.6**	**10629.0**	**7738.9**	**594.1**	**464.9**	**38.9**	**全　国**
8.3	6.4	0.1			2.1	2.1				北　京
7.9	7.5	0.5	0.5		48.4	47.2				天　津
1077.7	808.8	34.5	33.8	0.6	1654.9	1250.5	73.2	67.1	0.5	河　北
568.8	438.8	65.6	53.9	7.6	525.6	388.2	52.6	41.6	–	山　西
311.9	259.5	15.0	11.4	0.4	207.1	138.7	8.3	3.8		内蒙古
395.8	296.6	3.9	3.9	1.0	223.0	155.9	5.8	5.8		辽　宁
221.9	141.4	4.2	3.8	0.3	106.3	72.1	1.1	0.8		吉　林
480.6	398.9	9.0	9.0		352.0	313.2	11.5	11.5		黑龙江
9.4	9.4				8.6	8.4				上　海
437.9	353.6	12.6	12.0	2.0	583.6	462.4	21.5	19.1	2.0	江　苏
372.6	316.1	16.1	14.5	0.5	312.2	244.3	4.3	3.9	0.4	浙　江
865.8	717.9	42.2	38.9	2.5	570.7	353.8	31.4	23.2	0.6	安　徽
785.8	634.3	20.8	19.9	0.5	493.7	308.3	11.8	10.6		福　建
1327.0	1056.9	61.4	52.6	1.7	600.5	452.4	41.3	35.9	1.3	江　西
341.2	261.3	29.5	28.7	4.9	351.5	226.7	33.3	26.7	4.2	山　东
2113.3	1596.8	93.1	86.3	0.7	1477.6	1096.4	120.5	58.0	27.1	河　南
550.5	459.7	60.1	59.1	8.0	312.4	251.0	32.3	30.5	1.5	湖　北
1342.6	1123.4	77.1	71.3	0.2	724.0	577.8	60.7	55.6		湖　南
18.8	16.8	0.3	0.3	0.1	14.9	13.5	0.2	0.2		广　东
743.9	537.2	28.5	28.1		232.4	115.1	1.5	1.5		广　西
21.6	17.6	2.0	2.0		1.0	0.5				海　南
236.7	216.8	8.1	7.7		90.5	72.6	4.5	4.2		重　庆
1274.9	997.5	62.2	51.5	0.3	365.7	247.6	8.0	5.3	0.1	四　川
604.6	521.6	69.7	63.1	3.9	305.0	274.9	28.4	24.6	0.2	贵　州
948.4	717.1	43.7	38.8	2.8	229.4	151.2	5.8	4.0	0.6	云　南
20.2	16.5	0.6	0.6		4.1	2.5	0.5	0.4		陕　西
1046.4	704.9	36.7	35.1	0.4	498.9	308.1	28.3	24.2	0.4	甘　肃
159.5	113.9	7.7	7.5		16.3	13.2	2.3	2.3		青　海
201.4	104.0	14.3	11.7	–	88.0	53.1	0.3	0.3		宁　夏
909.1	627.2	43.0	40.3	0.4	228.9	137.3	4.8	4.0	–	新　疆

3-2-17 乡建设投入(2015年)

计量单位：万元

地区名称 Name of Regions		本年建设投入合计 Total Construction Input of This Year	房屋 Building						
			小计 Input of House	房地产开发 Real Estate Development	住宅 Residential Building	公共建筑 Public Building	生产性建筑 Industrial Building	小计 Input of Municipal Public Facilities	供水 Water Supply
全　国	**National Total**	**5588161**	**4246740**	**371669**	**2848067**	**929584**	**469146**	**1341503**	**191701**
北　京	Beijing	42761	40340	39000	40290	50		2421	81
天　津	Tianjin	1757	1200		250	950		557	15
河　北	Hebei	245789	193619	5247	103309	31705	58613	52177	7955
山　西	Shanxi	201364	172121	2575	86575	47863	37683	29247	5145
内蒙古	Inner Mongolia	143121	83508	10093	47612	22834	13062	59615	4670
辽　宁	Liaoning	58394	36426	11390	20000	7695	8731	21969	3898
吉　林	Jilin	41009	28074	5982	19109	7813	1152	12937	1878
黑龙江	Heilongjiang	87224	52496	1550	30721	9865	11911	34735	2102
上　海	Shanghai	1013	126		126			887	
江　苏	Jiangsu	179576	149689	53455	110309	16269	23111	29886	3906
浙　江	Zhejiang	204535	128449	26961	97712	25469	5268	76091	7365
安　徽	Anhui	256540	189537	8396	116660	43437	29444	67002	12319
福　建	Fujian	213866	141654	7500	98566	30836	12250	72216	7406
江　西	Jiangxi	367467	262808	17695	186680	49441	26690	104662	13279
山　东	Shandong	156469	122550	15113	67585	27686	27280	33919	3074
河　南	Henan	580640	471875	41551	342704	73890	55283	108770	19037
湖　北	Hubei	253288	203465	26343	128426	51017	24022	49822	9022
湖　南	Hunan	448582	339433	8095	215853	76005	47595	109157	18797
广　东	Guangdong	10420	7956	2000	7367	389	200	2464	395
广　西	Guangxi	151322	120265	932	83947	34780	1540	31058	4278
海　南	Hainan	8370	6600	375	3415	3185		1770	264
重　庆	Chongqing	77116	55397	2716	41906	9395	4095	21720	3400
四　川	Sichuan	596435	434587	30739	340736	84741	9111	161853	21381
贵　州	Guizhou	352711	278232	28551	177099	72735	28402	74477	9954
云　南	Yunnan	297179	241212	15216	168730	62768	9717	55967	11195
陕　西	Shaanxi	22336	20541		18962	1006	573	1795	145
甘　肃	Gansu	195906	151811	4223	87527	40060	24232	44108	5617
青　海	Qinghai	46177	42325		27821	11997	2507	3856	978
宁　夏	Ningxia	71564	54950	3105	27882	26240	828	16616	2630
新　疆	Xinjiang	275230	215494	2866	150188	59463	5846	59749	11515

Construction Input of Townships(2015)

Measurement Unit:10,000 RMB

市政公用设施 Municipal Public Facilities									地区名称 Name of Regions
燃气 Gas Supply	集中供热 Central Heating	道路桥梁 Road and Bridge	排水 Drainage	污水处理 Wastewater Treatment	园林绿化 Landscaping	环境卫生 Environmental Sanitation	垃圾处理 Garbage Treatment	其他 Other	
28798	**25268**	**512100**	**161204**	**53879**	**130101**	**162775**	**72956**	**129818**	**全　国**
90	200	864	384	3	226	390	166	186	北　京
		10	260	50	67	180	70	25	天　津
907	2133	16310	5547	37	3412	7463	4695	8476	河　北
937	1080	6740	2160	164	6253	5657	1845	1284	山　西
100	1812	31400	4135	140	8886	4431	1541	4186	内蒙古
69	2381	6988	1142	561	2860	2694	1406	1937	辽　宁
111	1189	5484	216	10	887	1752	857	1419	吉　林
	993	13670	2243	30	3508	4920	369	7306	黑龙江
						347	175	540	上　海
283		8468	5126	2089	4217	4331	1931	3557	江　苏
214		28796	19038	14060	8361	7252	3402	5067	浙　江
1330		23229	6220	1055	6816	11139	5550	5959	安　徽
397		31803	8803	3610	9329	9827	5646	4654	福　建
2090		43284	14136	1544	11856	10585	5529	9458	江　西
512	1441	7923	9321	7485	4262	5799	2303	1589	山　东
2020	793	42151	12098	1592	10593	13325	4559	8778	河　南
1794		21044	5350	1518	4677	4360	2346	3583	湖　北
1215		40890	10686	2681	14317	14216	7155	9062	湖　南
10		1115	74		257	534	449	79	广　东
6		12818	3743	949	2514	4943	3305	2769	广　西
		469	108		422	306	77	200	海　南
2093		6333	2995	1561	1493	2791	1549	2620	重　庆
12187		56272	21113	7056	6346	22059	7427	22531	四　川
461	463	34174	9285	4468	6318	6155	2867	7679	贵　州
272		25601	5031	1345	3878	3978	2370	6028	云　南
80	200	278	69		295	241	25	487	陕　西
16	5296	16869	4785	213	2825	4097	2014	4627	甘　肃
		1047	756	1	307	604	329	164	青　海
304	2921	3333	2295	676	1752	3036	1110	352	宁　夏
1300	4366	24737	4085	981	3167	5363	1889	5216	新　疆

3-2-18 乡建设财政性资金投资(2015)

计量单位：万元

地区名称	Name of Regions	财政性资金投资合计 Total Fiscal Investment	中央预算资金 Central Budgetary Fund
全 国	**National Total**	**661222**	**170688**
北 京	Beijing	1070	
天 津	Tianjin	120	
河 北	Hebei	19787	7782
山 西	Shanxi	7482	764
内蒙古	Inner Mongolia	29699	3383
辽 宁	Liaoning	6614	582
吉 林	Jilin	9533	2255
黑龙江	Heilongjiang	3795	618
上 海	Shanghai	987	
江 苏	Jiangsu	13063	514
浙 江	Zhejiang	24601	348
安 徽	Anhui	30010	5305
福 建	Fujian	29436	3280
江 西	Jiangxi	32174	4362
山 东	Shandong	22400	2282
河 南	Henan	26637	6882
湖 北	Hubei	35653	5803
湖 南	Hunan	45974	8922
广 东	Guangdong	418	
广 西	Guangxi	32645	6413
海 南	Hainan	4682	
重 庆	Chongqing	15110	2752
四 川	Sichuan	55380	22150
贵 州	Guizhou	37702	10730
云 南	Yunnan	41345	13294
陕 西	Shaanxi	3808	3170
甘 肃	Gansu	30556	18151
青 海	Qinghai	11420	5428
宁 夏	Ningxia	13674	6512
新 疆	Xinjiang	75447	29006

Construction fiscal investment of Townships(2015)

Measurement Unit:10,000 RMB

省级预算资金 Provincial Budgetary Fund	地级预算资金 City-Level Budgetary Fund	县级预算资金 County-Level Budgetary Fund	镇(乡)本级预算资金 Township-Level Budgetary Fund
142713	**38861**	**187128**	**121908**
4	760	193	113
		20	100
5119	1515	4164	1219
1457	1135	1489	2641
8392	5719	11916	292
1218	893	2033	1887
1619	14	3933	1714
471		1629	1080
		100	887
1003	740	1575	9231
5194	637	10571	7851
6491	910	7945	9361
6888	2717	9053	7499
4760	1350	9716	11985
3679	323	3474	12642
5833	837	4362	8727
10372	832	14829	3817
4504	3711	15311	13530
68	33	203	114
13915	2085	9019	1216
		4637	45
3430	1194	5430	2306
6824	1228	21220	3964
5075	3335	10503	8061
10878	4386	9101	3686
2	77	343	217
4247	1403	5140	1628
3281	216	591	1910
5905	388	644	225
22084	2423	17984	3960

3-2-19 镇乡级特殊区域市政公用设施水平(2015年)

地区名称 Name of Regions		人口密度 (人/平方公里) Population Density (person/km²)	人均日生活用水量 (升) Per Capita Daily Water Consumption (liter)	供水普及率 (%) Water Coverage Rate (%)	燃气普及率 (%) Gas Coverage Rate (%)	人均道路面积 (平方米) Road Surface Area Per Capita (m²)	排水管道暗渠密度 (公里/平方公里) Density of Drains (km/km²)
全　国	**National Total**	**3906**	**82.80**	**89.86**	**52.32**	**16.29**	**6.00**
河　北	Hebei	2882	65.33	78.13	48.35	15.10	3.76
山　西	Shanxi	4319	90.51	86.39	1.33	9.81	2.59
内蒙古	Inner Mongolia	1821	64.81	60.42	9.94	17.73	2.30
辽　宁	Liaoning	3899	107.09	76.87	26.66	15.42	4.51
吉　林	Jilin	4222	89.73	66.90	4.32	12.86	1.82
黑龙江	Heilongjiang	4267	73.87	96.86	48.47	13.95	6.45
上　海	Shanghai	2992	84.83	100.00	100.06	27.31	6.06
江　苏	Jiangsu	4789	112.10	97.64	87.19	16.20	10.02
浙　江	Zhejiang	4622	95.96	31.62	26.22	18.14	8.48
安　徽	Anhui	4948	89.86	82.65	41.28	13.85	9.70
福　建	Fujian	5943	79.55	68.07	65.25	19.86	6.43
江　西	Jiangxi	4436	82.33	55.56	49.88	8.36	4.74
山　东	Shandong	2548	52.85	94.88	88.47	129.53	28.79
河　南	Henan	5453	51.08	34.80		10.70	1.45
湖　北	Hubei	3722	104.73	90.99	60.34	15.51	6.73
湖　南	Hunan	5212	96.77	69.44	36.17	12.06	5.64
广　东	Guangdong	2312	126.11	92.32	61.56	16.01	3.47
广　西	Guangxi	6126	109.21	96.50	80.16	16.37	22.77
海　南	Hainan	3772	121.43	84.03	75.38	12.38	4.01
云　南	Yunnan	3582	92.33	82.14	19.50	17.18	2.08
甘　肃	Gansu	3604	100.32	99.77	57.80	17.92	7.50
宁　夏	Ningxia	3915	87.12	65.65	25.66	13.87	3.65
新　疆	Xinjiang	3075	75.99	83.45	27.89	22.69	1.66
新疆生产建设兵团	Xinjiang Production and Construction Corps	3539	87.43	87.25	46.34	11.92	3.28

Level of Municipal Public Facilities of Built-up Area of Special District at Township Level(2015)

污水处理率 (%) Wastewater Treatment Rate (%)	污水处理厂集中处理率 Centralized Treatment Rate of Wastewater Treatment Plants	人均公园绿地面积 (平方米) Public Recreational Green Space Per Capita (m^2)	绿化覆盖率 (%) Green Coverage Rate (%)	绿地率 (%) Green Space Rate (%)	生活垃圾处理率 (%) Domestic Garbage Treatment Rate (%)	无害化处理率 Domestic Garbage Harmless Treatment Rate	地区名称 Name of Regions
40.75	**29.25**	**3.03**	**24.32**	**13.84**	**50.40**	**13.96**	**全国**
0.12	0.12	0.04	4.20	1.24	4.53		河北
		0.80	19.81	10.54			山西
		0.25	9.37	3.46	40.78		内蒙古
42.86	28.57	0.37	6.76	2.89	47.51		辽宁
		0.43	8.61	2.37	14.29		吉林
62.09	60.67	3.77	32.54	18.64	25.16	1.23	黑龙江
100.00	62.86	2.06	15.37	11.91	100.00	100.00	上海
37.28	27.23	4.54	26.75	21.66	99.33	30.87	江苏
21.63	21.48		10.26	5.45	78.38		浙江
3.04	3.04	2.71	19.98	9.68	63.64	27.92	安徽
11.17	6.77	3.95	22.86	17.02	97.81	22.40	福建
		1.44	8.96	6.29	83.33	9.80	江西
81.40	65.44	17.02	16.91	13.75	98.63	98.63	山东
		3.19	21.55	2.09	85.00		河南
2.37	2.17	0.83	20.27	9.66	91.57	9.58	湖北
10.13		1.52	31.40	19.60	72.97	5.41	湖南
1.83	1.83	0.83	35.71	2.11	100.00	94.36	广东
		0.29	19.24	8.75	78.57		广西
10.56	10.47	2.31	18.32	11.72	90.28	2.49	海南
		0.84	2.37	1.22	73.61		云南
100.00	100.00		29.79	19.08	50.00		甘肃
8.01	5.45	2.85	15.01	5.19	37.93		宁夏
4.34	1.45	1.85	16.58	11.80	56.68		新疆
24.75	19.63	0.61	10.11	4.69	56.52		新疆生产建设兵团

3-2-20 镇乡级特殊区域基本情况(2015年)

地区名称 Name of Regions	镇乡级特殊区域个数(个) Number of Special District at Township Level (unit)	建成区面积(公顷) Surface Area of Built-up Districts (hectare)	建成区户籍人口(万人) Registered Permanent Population (10,000 persons)	建成区暂住人口(万人) Temporary Population (10,000 persons)
全 国 National Total	**643**	**93627**	**318.31**	**47.43**
河 北 Hebei	29	2476	6.64	0.50
山 西 Shanxi	3	175	0.68	0.08
内蒙古 Inner Mongolia	30	2210	3.50	0.53
辽 宁 Liaoning	29	1453	5.50	0.17
吉 林 Jilin	8	494	1.80	0.28
黑龙江 Heilongjiang	181	46348	179.83	17.92
上 海 Shanghai	3	6684	8.97	11.03
江 苏 Jiangsu	10	1121	4.66	0.71
浙 江 Zhejiang	3	479	0.68	1.53
安 徽 Anhui	25	2472	11.37	0.86
福 建 Fujian	9	792	2.56	2.15
江 西 Jiangxi	34	2539	10.50	0.77
山 东 Shandong	4	1633	3.50	0.66
河 南 Henan	5	316	1.52	0.20
湖 北 Hubei	37	3790	12.75	1.35
湖 南 Hunan	28	700	3.50	0.14
广 东 Guangdong	13	2151	4.79	0.18
广 西 Guangxi	4	149	0.84	0.07
海 南 Hainan	53	8792	28.70	4.47
云 南 Yunnan	23	1217	3.94	0.42
甘 肃 Gansu	2	24	0.09	
宁 夏 Ningxia	18	1613	5.18	1.13
新 疆 Xinjiang	79	4617	12.52	1.68
新疆生产建设兵团 Xinjiang Production and Construction Corps	13	1384	4.30	0.60

Summary of Special District at Township Level(2015)

规划建设管理 Planning and Administer						
设有村镇建设管理机构的个数(个) Number of Towns with Construction Management Institution (unit)	村镇建设管理人员(人) Number of Construction Management Personnel (person)	专职人员 Full-time Staff	有总体规划的镇乡级特殊区域个数(个) Number of Special District at Township Level with Master Plans (unit)	本年编制 Compiled This Year	本年规划编制投入(万元) Input in Planning This Year (10,000 RMB)	地区名称 Name of Regions
524	**2194**	**1424**	**479**	**32**	**1532**	**全　国**
18	44	38	19	2	3	河　北
2	2					山　西
22	2	40	26	5	274	内蒙古
28	44	31	20	1	1	辽　宁
8	11	10	5			吉　林
157	781	597	145	14	199	黑龙江
2	6	4	3	1	35	上　海
7	19	12	9			江　苏
2	12	1	3			浙　江
20	245	139	19	1	75	安　徽
8	13	8	9		100	福　建
31	131	57	26	2	18	江　西
4	17	13	4	1	25	山　东
5	16	11	4			河　南
35	199	106	35	1	114	湖　北
20	45	26	15	1	89	湖　南
10	36	14	7		18	广　东
4	6	1	3		12	广　西
40	204	82	33	1	380	海　南
15	76	65	10			云　南
2	3	2	1			甘　肃
15	55	35	13	2	189	宁　夏
60	127	84	60			新　疆
9	50	48	10			新疆生产建设兵团

3-2-21 镇乡级特殊区域供水(2015年)

地区名称 Name of Regions		集中供水的镇乡级特殊区域个数(个) Number of Special District at Township Level with Access to Piped Water (unit)	占全部镇乡级特殊区域的比例(%) Percentage of Total Rate (%)	公共供水 Public Water Supply			自备水源单位
				设施个数(个) Number of Public Water Supply Facilities (unit)	水厂个数 Waterwork	综合生产能力(万立方米/日) Integrated Production Capacity (10,000 m³/day)	个数(个) Number of Self-built Water Supply Facilities (unit)
全　国	**National Total**	**561**	**87.3**	**914**	**403**	**91.20**	**764**
河　北	Hebei	26	89.7	47	5	15.05	34
山　西	Shanxi	3	100.0	2	2	0.08	3
内蒙古	Inner Mongolia	24	80.0	37	9	0.76	60
辽　宁	Liaoning	19	65.5	30	3	2.31	23
吉　林	Jilin	6	75.0	24	3	0.40	2.47
黑龙江	Heilongjiang	152	84.0	255	141	37.17	75
上　海	Shanghai	3	100.0	2	2	3.30	
江　苏	Jiangsu	10	100.0	22	7	2.74	7
浙　江	Zhejiang	3	100.0	4	2	1.45	
安　徽	Anhui	25	100.0	36	19	3.63	11
福　建	Fujian	8	88.9	10	6	1.14	3
江　西	Jiangxi	28	82.4	36	14	1.42	30
山　东	Shandong	4	100.0	10	7	0.61	5
河　南	Henan	3	60.0	9	6	0.08	7
湖　北	Hubei	37	100.0	57	40	6.12	54
湖　南	Hunan	24	85.7	27	10	0.89	15
广　东	Guangdong	13	100.0	16	7	1.20	57
广　西	Guangxi	4	100.0	5	3	0.37	1
海　南	Hainan	47	88.7	116	48	6.42	278
云　南	Yunnan	18	78.3	18	5	1.78	11
甘　肃	Gansu	2	100.0	2		0.03	1
宁　夏	Ningxia	16	88.9	38	5	7.04	35
新　疆	Xinjiang	74	93.7	98	47	8.04	21
新疆生产建设兵团	Xinjiang Production and Construction Corps	12	92.3	13	12	3.04	2

Water Supply of Special District at Township Level(2015)

Self-built Water Supply Facilities 综合生产能力(万立方米/日) Integrated Production Capacity (10,000 m^3/day)	年供水总量(万立方米) Annual Supply of Water ($10,000m^3$)	年生活用水量 Annual Domestic Water Consumption	年生产用水量 Annual Water Consumption for Production	供水管道长度(公里) Length of Water Supply Pipelines (km)	本年新增 Added This Year	用水人口(万人) Population with Access to Water (10,000 persons)	地区名称 Name of Regions
25.91	**19800**	**9933**	**8952**	**12991**	**446**	**328.64**	**全　国**
1.38	657	133	494	274	15	5.57	河　北
0.01	27	22	5	11		0.65	山　西
2.60	102	58	32	404	83	2.43	内蒙古
1.30	420	170	217	214	1	4.35	辽　宁
0.04	54	46	2	44		1.40	吉　林
5.96	7563	5164	2222	5912	70	191.54	黑龙江
	3024	619	2403	320	2	20.00	上　海
0.29	426	214	174	524	12	5.24	江　苏
	233	25	201	50		0.70	浙　江
0.46	561	332	144	400	25	10.11	安　徽
0.03	204	93	109	134	2	3.20	福　建
0.67	370	188	139	189	17	6.26	江　西
0.22	146	76	70	107	3	3.95	山　东
0.01	12	11	–	25		0.60	河　南
0.84	795	491	271	749	29	12.83	湖　北
0.15	117	90	24	86	3	2.53	湖　南
3.53	805	211	527	258	1	4.59	广　东
0.20	99	35	56	65	10	0.88	广　西
3.03	1789	1235	338	1280	32	27.87	海　南
0.37	152	121	30	188	3	3.58	云　南
0.02	4	3	1	10		0.09	甘　肃
3.68	1353	132	1202	246	18	4.14	宁　夏
0.93	468	329	120	1114	108	11.85	新　疆
0.21	420	136	172	389	11	4.27	新疆生产建设兵团

3-2-22 镇乡级特殊区域燃气、供热、道路桥梁(2015年)

地区名称 Name of Regions	用气人口 (万人) Population with Access to Gas (10,000 persons)	集中供热 (万平方米) Area of Centrally Heated District (10,000 m²)	道路长度 (公里) Length of Roads (km)	本年新增 Added This Year	本年更新改造 Renewal and Upgrading during The Reported Year
全 国 National Total	**191.4**	**5269**	**8827**	**341**	**15**
河 北 Hebei	3.5	36	235	2	13
山 西 Shanxi	–		9		
内蒙古 Inner Mongolia	0.4	24	122	53	7
辽 宁 Liaoning	1.5	55	185	9	7
吉 林 Jilin	0.1	4	62		
黑龙江 Heilongjiang	95.8	4892	3971	32	51
上 海 Shanghai	20.0		382	1	6
江 苏 Jiangsu	4.7		162	11	2
浙 江 Zhejiang	0.6		57	20	
安 徽 Anhui	5.1		306	8	5
福 建 Fujian	3.1		102	1	4
江 西 Jiangxi	5.6		197	9	7
山 东 Shandong	3.7	29	484	81	17
河 南 Henan			33	2	
湖 北 Hubei	8.5		357	22	15
湖 南 Hunan	1.3		79	7	4
广 东 Guangdong	3.1		177		
广 西 Guangxi	0.7		30	3	–
海 南 Hainan	25.0		890	23	24
云 南 Yunnan	0.9		149	11	2
甘 肃 Gansu	0.1	1	2		
宁 夏 Ningxia	1.6	118	163	16	8
新 疆 Xinjiang	4.0	36	571	24	36
新疆生产建设兵团 Xinjiang Production and Construction Corps	2.3	73	102	5	5

Gas ,Central Heating, Road and Bridge of Special District at Township Level(2015)

道路面积(万平方米) Surface Area of Roads (10,000 m²)	本年新增 Added This year	本年更新改造 Renewal and Upgrading during The Reported Year	桥梁座数(座) Number of Bridges (unit)	本年新增 Added This year	本年更新改造 Renewal and Upgrading during The Reported Year	道路照明灯盏数(盏) Number of Road Lamps (unit)	本年新增 Added This year	地区名称 Name of Regions
5959	**193**	**148**	**2182**	**50**	**48**	**144797**	**10037**	**全　国**
108	1	1	91			2821	413	河　北
7						95	35	山　西
71	27	3	90	7		1574	472	内蒙古
2	4	4	46	4		4034	584	辽　宁
27			9			274		吉　林
2759	24	39	143	2	3	77999	2279	黑龙江
546	12	4	247	1	2	11536	580	上　海
87	7	2	45	2		2083	85	江　苏
40	1		43			1634	100	浙　江
169	4	1	72	5	6	3505	201	安　徽
93		3	23		2	1734	316	福　建
94	4	2	41	3	1	2700	285	江　西
539	51	17	21	2		3881	542	山　东
18	1		26		1	346	46	河　南
219	14	31	363	6	2	4351	488	湖　北
44	5	2	15	3		839	258	湖　南
80		1	44	1		1302	106	广　东
15	1	–	6			533	22	广　西
411	12	15	198	2	6	12917	1300	海　南
75	5	2	36			1261	262	云　南
2						40	18	甘　肃
88	8	4	53	5	1	901	186	宁　夏
322	10	14	512	5	22	6519	905	新　疆
58	2	2	58	2	2	1918	554	新疆生产建设兵团

3-2-23 镇乡级特殊区域排水和污水处理(2015年)
Drainage and Wastewater Treatment of Special District at Township Level(2015)

地区名称 Name of Regions		对生活污水进行处理的镇乡级特殊区域 Special District at Township Level with Domestic Wastewater Treated		污水处理厂 Wastewater Treatment Plant		污水处理装置 Wastewater Treatment Facilities		排水管道长度(公里) Length of Drainage Piplines (km)		排水暗渠长度(公里) Length of Drains (km)	
		个数(个) Number (unit)	比例(%) Rate (%)	个数(个) Number of Wasetwater Treatment Plants (unit)	处理能力(万立方米/日) Treatment Capacity (10,000 m³/day)	个数(个) Number of Wastwater Treatment Facilities (unit)	处理能力(万立方米/日) Treatment Capacity (10,000 m³/day)		本年新增 Added This Year		本年新增 Added This Year
全　国	**National Total**	**56**	**8.7**	**41**	**9.11**	**15**	**8.03**	**4177**	**153**	**1441**	**48**
河　北	Hebei	2	6.9	3	1.80			71	3	22	–
山　西	Shanxi							–		4	
内蒙古	Inner Mongolia							39	15	12	8
辽　宁	Liaoning						2.47	34	1	31	1
吉　林	Jilin							2		7	
黑龙江	Heilongjiang	29	16.0	29	6.43	38	6.22	2380	73	608	4
上　海	Shanghai	3	100.0					405	1		
江　苏	Jiangsu	1	10.0	1	0.40	2	0.40	88		25	
浙　江	Zhejiang	2	66.7					39		1	
安　徽	Anhui	2	8.0	1	0.02	1	0.02	121	4	119	3
福　建	Fujian	2	22.2	2	0.03	4	0.07	49	1	2	
江　西	Jiangxi							66	2	54	4
山　东	Shandong	2	50.0	1	0.15	5	0.26	244	6	226	10
河　南	Henan							5			
湖　北	Hubei	2	5.4	2	0.10	4	0.02	166	6	89	4
湖　南	Hunan	1	3.6					28	11	11	1
广　东	Guangdong	1	7.7	1	0.15	2	0.15	38	10.37	36	1
广　西	Guangxi							14	–	20	2
海　南	Hainan	3	5.7			3	0.60	207	8	145	7
云　南	Yunnan							21	2	4	–
甘　肃	Gansu							1		1	
宁　夏	Ningxia	2	11.1	1	0.03	5	0.06	52	2	7	3
新　疆	Xinjiang	1	1.3			1	0.01	61	5	16	
新疆生产建设兵团	Xinjiang Production and Construction Corps	3	23.1			6	0.22	45	2		

3-2-24 镇乡级特殊区域园林绿化及环境卫生(2015年)
Landscaping and Environmental Sanitation of Special District at Township Level(2015)

地区名称 Name of Regions	园林绿化(公顷) Landscaping((hectare)				环境卫生 Environmental Sanitation		
	绿化覆盖面积 Green Coverage Area	绿地面积 Area of Parks and Green Space	本年新增 Added This Year	公园绿地面积 Public Green Space	生活垃圾中转站(座) Number of Garbage Transfer Station (unit)	环卫专用车辆设备(辆) Number of Special Vehicles for Environmental Sanitation (unit)	公共厕所(座) Number of Latrines (unit)
全　国 National Total	**22770**	**12955**	**277**	**1109**	**819**	**2527**	**4899**
河　北 Hebei	104	31	2	0.25	52	78	215
山　西 Shanxi	35	18	–	1		2	6
内蒙古 Inner Mongolia	207	76	3	1	3	26	187
辽　宁 Liaoning	98	42	3	2	6	35	85
吉　林 Jilin	43	12	–	1		4	10
黑龙江 Heilongjiang	15081	8640	151	745	366	1377	2749
上　海 Shanghai	1027	796	15	41	6	88	37
江　苏 Jiangsu	300	243	15	24	39	25	145
浙　江 Zhejiang	49	26	6		3	7	4
安　徽 Anhui	494	239	9	33	39	86	207
福　建 Fujian	181	135	4	19	8	21	46
江　西 Jiangxi	228	160	5	16	69	56	80
山　东 Shandong	276	224	1	71	7	70	37
河　南 Henan	68	7	–	6	3	6	16
湖　北 Hubei	768	366	17	12	58	165	311
湖　南 Hunan	220	137	2	6	15	15	32
广　东 Guangdong	768	45	1	4	15	18	40
广　西 Guangxi	29	13	–	–	2	12	8
海　南 Hainan	1611	1031	28	76	27	311	206
云　南 Yunnan	29	15	1	4	10	6	96
甘　肃 Gansu	7	5	–		2	1	29
宁　夏 Ningxia	242	84	3	18	12	49	182
新　疆 Xinjiang	766	545	12	26	36	57	125
新疆生产建设兵团 Xinjiang Production and Construction Corps	140	65	–	3	41	12	46

3-2-25 镇乡级特殊区域房屋(2015年)

地区名称 Name of Regions	住宅 Residential Building							
	本年建房户数(户) Number of Households of Building Housing This Year (unit)	在新址上新建 New Construction on New Site	年末实有建筑面积(万平方米) Total Floor Space of Buildings (year-end) (10,000m²)	混合结构以上 Mixed Strucure and Above	本年竣工建筑面积(万平方米) Floor Space Completed This Year (10,000m²)	混合结构以上 Mixed Strucure and Above	房地产开发 Real Estate Develop-ment	人均住宅建筑面积(平方米) Per Capita Floor Space (m²)
全　国 National Total	**49333**	**22823**	**10927.8**	**9924.1**	**472.8**	**462.7**	**214.6**	**34.33**
河　北 Hebei	939	136	176.2	144.4	8.4	8.2		26.54
山　西 Shanxi	14	3	16.9	14.4	0.2	0.2		24.82
内蒙古 Inner Mongolia	458	285	100.3	79.2	4.0	2.5	1.6	28.70
辽　宁 Liaoning	523	8	132.5	96.3	4.9	4.6	0.6	24.11
吉　林 Jilin	53	17	50.9	29.6	0.2	0.2		28.22
黑龙江 Heilongjiang	32094	12027	5916.2	5915.8	274.1	274.1	160.3	32.90
上　海 Shanghai	515	515	672.5	672.5	32.3	32.3	19.1	74.98
江　苏 Jiangsu	182	143	172.1	107.8	3.7	3.5	0.2	36.93
浙　江 Zhejiang			20.7	20.5				30.21
安　徽 Anhui	3264	3127	504.4	433.4	15.0	14.9	1.5	44.37
福　建 Fujian	105	61	128.3	108.1	3.2	3.2		50.16
江　西 Jiangxi	360	152	333.9	301.5	8.6	8.6	2.0	31.80
山　东 Shandong	775	522	178.4	89.6	13.8	11.8	5.0	50.92
河　南 Henan	129	45	37.0	30.7	0.8	0.7		24.36
湖　北 Hubei	1863	1343	427.3	331.6	26.4	24.9	5.9	33.51
湖　南 Hunan	173	79	110.6	100.7	4.6	4.6		31.57
广　东 Guangdong	166	44	124.0	109.4	2.5	2.5		25.89
广　西 Guangxi	61	18	27.5	15.3	0.6	0.6	0.1	32.76
海　南 Hainan	3080	1524	968.6	795.1	33.7	31.3	5.1	33.75
云　南 Yunnan	126	18	160.6	108.5	0.7	0.7		40.75
甘　肃 Gansu			2.3	1.0				26.94
宁　夏 Ningxia	1378	1190	167.1	124.9	14.8	13.9	11.3	32.24
新　疆 Xinjiang	1923	918	331.6	202.9	15.9	14.8	1.9	26.49
新疆生产建设兵团 Xinjiang Production and Construction Corps	1152	648	168.0	91.0	4.6	3.5		39.10

Building Construction of Special District at Township Level(2015)

公共建筑 Public Building					生产性建筑 Industrial Building					
年末实有建筑面积(万平方米) Total Floor Space of Buildings (year-end) (10,000m²)	混合结构以上 Mixed Strucure and Above	本年竣工建筑面积(万平方米) Floor Space Completed This Year (10,000m²)	混合结构以上 Mixed Strucure and Above	房地产开发 Real Estate Develop-ment	年末实有建筑面积(万平方米) Total Floor Space of Buildings (year-end) (10,000m²)	混合结构以上 Mixed Strucure and Above	本年竣工建筑面积(万平方米) Floor Space Completed This Year (10,000m²)	混合结构以上 Mixed Strucure and Above	房地产开发 Real Estate Develop-ment	地区名称 Name of Regions
1948.0	**1837.5**	**54.8**	**51.5**	**4.7**	**3099.0**	**2864.1**	**106.7**	**90.7**	**1.4**	**全　国**
38.3	37.1	3.0	3.0		86.7	84.7	16.8	16.7		河　北
7.8	6.1	0.1	0.1		7.9	6.6	0.1	0.1		山　西
24.0	16.7	2.0	2.0		14.9	9.8	1.8	1.6		内蒙古
52.1	38.0	0.1	0.1		100.6	92.5	2.1	2.1		辽　宁
5.1	3.8	0.8	0.8		6.6	3.7				吉　林
1169.5	1163.4	17.0	17.0	2.2	792.4	786.6	10.8	10.8		黑龙江
109.0	109.0	1.1	1.1	0.8	1066.7	1066.7	17.0	17.0		上　海
53.8	41.4	0.1	0.1	–	100.5	87.3	3.3	3.3	–	江　苏
0.4	0.3				83.5	61.7				浙　江
22.8	19.8	1.3	1.1		61.9	27.3	2.5	2.4		安　徽
22.3	19.8	1.1	0.9		204.8	202.9	2.1	1.6		福　建
36.9	35.3	3.1	3.1		42.5	40.3	8.4	8.4		江　西
32.9	30.3	2.8	2.8		205.4	147.0	23.0	10.0		山　东
3.9	3.6	0.11	0.11		3.3	3.3	0.1	0.1		河　南
85.3	76.7	4.6	4.5		111.8	96.5	8.5	8.5		湖　北
19.2	18.6	2.3	0.8	1.4	21.7	18.2	1.6	1.2		湖　南
16.3	15.2	0.7	0.7		7.7	7.4	0.6	0.6		广　东
3.2	3.2	0.2	0.2		16.3	14.1	5.4	4.2	1.2	广　西
139.3	119.5	9.2	8.8	0.4	85.6	63.2	1.8	1.1	0.2	海　南
11.2	7.4	0.2	0.2		5.5	0.9	0.3	0.3		云　南
6.0	3.6				4.0	3.2				甘　肃
30.2	24.9	0.4	0.4		41.1	22.2				宁　夏
50.7	40.5	3.6	2.9		20.7	12.9	0.8	0.8		新　疆
7.8	3.6	1.1	0.9		7.1	5.2				新疆生产建设兵团

3-2-26 镇乡级特殊区域建设投入(2015年)

计量单位：万元

地区名称 Name of Regions	合计 Total Construction Input of This Year	房屋 Building						
		本年建设投入小计 Input of House	房地产开发 Real Estate Development	住宅 Residential Building	公共建筑 Public Building	生产性建筑 Industrial Building	小计 Input of Municipal Public Facilities	供水 Water Supply
全　国 National Total	**1291073**	**1001668**	**335134**	**686384**	**62321**	**252963**	**289405**	**25469**
河　北 Hebei	25781	20797		10806	1067	8924	4984	1494
山　西 Shanxi	254	223		117	56	50	31	
内蒙古 Inner Mongolia	21580	10923	2400	5292	3284	2.47	10657	800
辽　宁 Liaoning	14466	10998	730	8649	144	2205	3468	149
吉　林 Jilin	1211	1021		331	690		190	8
黑龙江 Heilongjiang	493189	347232	191062	323109	14888	9235	145957	13716
上　海 Shanghai	357241	334227	98420	165219	5990	163018	23014	166
江　苏 Jiangsu	11293	8292	840	4899	60	3333	3001	801
浙　江 Zhejiang	559	232		232			327	
安　徽 Anhui	21250	17797	1600	14082	1422	2293	3453	759
福　建 Fujian	12980	9027		5085	1590	2352	3953	265
江　西 Jiangxi	19813	13427	900	5137	2576	5714	6386	618
山　东 Shandong	58396	53291	11250	15750	4763	32778	5105	185
河　南 Henan	1111	788		677	60	51	323	55
湖　北 Hubei	51885	39149	4343	27907	5936	5306	12736	778
湖　南 Hunan	10315	7764	150	4490	2167	1107	2551	536
广　东 Guangdong	19595	7187		5260	1014	913	12408	189
广　西 Guangxi	14227	5438	90	474	174	4790	8789	617
海　南 Hainan	66451	47026	5016	37530	7649	1847	19425	1557
云　南 Yunnan	2652	1611		1262	200	149	1041	21
甘　肃 Gansu	23						23	1
宁　夏 Ningxia	24572	20995	15151	19999	928	68	3577	626
新　疆 Xinjiang	31692	24832	3182	18561	5399	872	6860	1204
新疆生产建设兵团 Xinjiang Production and Construction Corps	30537	19391		11516	2264	5611	11146	924

Construction Input of Special District at Township Level(2015)

Measurement Unit:10,000 RMB

市政公用设施 Municipal Public Facilities									
燃气 Gas Supply	集中供热 Central Heating	道路桥梁 Road and Bridge	排水 Drainage	污水处理 Wastewater Treatment	园林绿化 Landscaping	环境卫生 Environmental Sanitation	垃圾处理 Garbage Treatment	其他 Other	地区名称 Name of Regions
3331	**48299**	**82330**	**32244**	**14369**	**26006**	**21212**	**7709**	**50514**	**全　国**
9	461	1976	166		296	525	290	57	河　北
					20	11	5		山　西
	594	6094	511	300	1593	527	389	538	内蒙古
5	1112	1044	54		187	388	258	529	辽　宁
	16	152			5	9			吉　林
300	44038	22716	22671	10953	10832	9929	2554	21755	黑龙江
771		11686	1503	120	5138	2250	1000	1500	上　海
15		1295	70	50	205	235	120	380	江　苏
		203	2		16	91	14	15	浙　江
270		1047	244	20	603	308	135	222	安　徽
4		2438	446	80	367	266	138	167	福　建
1		2937	280	70	1531	570	270	449	江　西
45	20	2116	182	87	532	1140	810	885	山　东
		188	5		21	54	19		河　南
70		7377	664	233	884	1316	416	1647	湖　北
		919	179	10	258	312	102	347	湖　南
3		447	1358	522	496	278	163	9637	广　东
		6256	1785	1732	13	78	34	40	广　西
736		2993	917	136	1453	1371	414	10398	海　南
		821	54		25	26	26	94	云　南
	1				5	16	12		甘　肃
102	332	1309	442	32	109	477	264	180	宁　夏
	510	2258	365	24	796	945	258	782	新　疆
1000	1215	6058	346		621	90	18	892	新疆生产建设兵团

3-2-27 镇乡级特殊区域建设财政性资金投资(2015)

计量单位：万元

地区名称 Name of Regions		财政性资金投资合计 Total Fiscal Investment	中央预算资金 Central Budgetary Fund	省级预算资金 Provincial Budgetary Fund
全 国	**National Total**	**191453**	**48785**	**12185**
河 北	Hebei	2652	1473	363
山 西	Shanxi			
内蒙古	Inner Mongolia	1884	582	560
辽 宁	Liaoning	1611	83	641
吉 林	Jilin	33		
黑龙江	Heilongjiang	100853	26723	1057
上 海	Shanghai	6595		
江 苏	Jiangsu	4346		
浙 江	Zhejiang			
安 徽	Anhui	6329	1850	580
福 建	Fujian	4866	15	81
江 西	Jiangxi	4760	586	1188
山 东	Shandong	3776		
河 南	Henan			
湖 北	Hubei	2607	38	
湖 南	Hunan	556		100
广 东	Guangdong	246	201	4
广 西	Guangxi	9259	3	3
海 南	Hainan	15496	2739	3257
云 南	Yunnan	709	451	256
甘 肃	Gansu	6		
宁 夏	Ningxia	1130	186	509
新 疆	Xinjiang	9910	3662	3586
新疆生产建设兵团	Xinjiang Production and Construction Corps	13829	10193	

Construction fiscal investment of Special District at Township Level(2015)

Measurement Unit:10,000 RMB

地级预算资金 City-Level Budgetary Fund	县级预算资金 County-Level Budgetary Fund	镇(乡)本级预算资金 Township-Level Budgetary Fund	地区名称 Name of Regions
1930	**17833**	**110722**	**全国**
2	15.05	103	河北
			山西
78	154	509	内蒙古
50	79	759	辽宁
33		2	吉林
	6919	66158	黑龙江
100		6495	上海
		4346	江苏
			浙江
423	816	2660	安徽
30	3330	1410	福建
20	33	2933	江西
	100	3676	山东
			河南
224	891	1453	湖北
	88	368	湖南
	5	36	广东
28	244	8982	广西
222	3858	5420	海南
		2	云南
	4	2	甘肃
300	15	120	宁夏
420	586	1654	新疆
		3636	新疆生产建设兵团

3-2-28 村庄人口及面积(2015年)

地区名称 Name of Regions		村庄现状用地面积(公顷) Area of Villages (hectare)	行政村个数(个) Number of Administrative Villages(unit)			
			合计 Total	500人以下 Under 500 (persons)	500-1000人 500-1000 (persons)	1000人以上 Above 1000 (persons)
全　国	**National Total**	**14013369**	**542080**	**102214**	**165632**	**274234**
北　京	Beijing	93619	3726	1215	1248	1263
天　津	Tianjin	59597	2960	788	1036	1136
河　北	Hebei	877405	42258	9611	15575	17072
山　西	Shanxi	380304	27469	10773	9347	7349
内蒙古	Inner Mongolia	290966	10904	2687	3910	4307
辽　宁	Liaoning	463788	10500	468	1764	8268
吉　林	Jilin	396234	9029	1419	2740	4870
黑龙江	Heilongjiang	486609	9113	1661	2572	4880
上　海	Shanghai	88227	1568	186	200	1182
江　苏	Jiangsu	716408	14220	674	2122	11424
浙　江	Zhejiang	370881	22565	4847	7711	10007
安　徽	Anhui	666738	14284	852	2960	10472
福　建	Fujian	261709	12875	1569	3611	7695
江　西	Jiangxi	490712	16782	2685	3985	10112
山　东	Shandong	1106813	64361	17944	24807	21610
河　南	Henan	992905	45998	7213	12240	26545
湖　北	Hubei	531956	24635	3376	9166	12093
湖　南	Hunan	935374	38380	6896	14910	16574
广　东	Guangdong	912100	18113	1110	2920	14083
广　西	Guangxi	527872	14311	1052	2166	11093
海　南	Hainan	119173	3543	746	809	1988
重　庆	Chongqing	223172	8550	551	1445	6554
四　川	Sichuan	869411	44988	9432	13537	22019
贵　州	Guizhou	434764	14724	1855	3795	9074
云　南	Yunnan	527326	13407	1121	1899	10387
陕　西	Shaanxi	373968	19839	4126	7081	8632
甘　肃	Gansu	348828	16087	2771	6404	6912
青　海	Qinghai	56867	4142	1482	1697	963
宁　夏	Ningxia	69022	2336	302	617	1417
新　疆	Xinjiang	315760	8680	1758	2849	4073
新疆生产建设兵团	Xinjiang Production and Construction Corps	24859	1733	1044	509	180

Population and Area of Villages(2015)

自然村个数(个) Number of Natural Villages(unit)					村庄户籍人口(万人) Registered Permanent Population (10,000 persons)	村庄暂住人口(万人) Temporary Population (10,000 persons)	地区名称 Name of Regions
合计 Total	200人以下 Under 200 (persons)	200-600人 200-600 (persons)	600-1000人 600-1000 (persons)	1000人以上 Above 1000 (persons)			
2644620	**1212396**	**904828**	**337048**	**190348**	**76461.46**	**2763.13**	**全　国**
4950	1099	1466	1147	1238	332.76	213.89	北　京
2973	136	861	852	1124	243.52	26.64	天　津
62590	15104	17805	13735	15946	4372.81	47.09	河　北
45125	17135	13809	7718	6463	1950.37	54.02	山　西
44924	21359	17068	4271	2226	1325.50	53.04	内蒙古
48474	14481	21770	7477	4746	1748.09	33.35	辽　宁
38240	10052	17249	7644	3295	1342.58	31.78	吉　林
35206	5867	18204	6726	4409	1696.77	32.94	黑龙江
24461	16827	6510	973	151	281.84	304.30	上　海
134468	62321	47450	15587	9110	3459.67	303.19	江　苏
87403	41663	29420	10611	5709	2155.35	367.43	浙　江
194615	100921	62331	23284	8079	4397.00	56.25	安　徽
65651	29323	22348	9654	4326	1876.32	105.48	福　建
165107	90914	54395	15047	4751	2988.02	58.07	江　西
87945	9150	33783	25990	19022	5119.62	114.32	山　东
187482	80651	56221	32292	18318	6572.13	84.76	河　南
144878	72018	45365	18424	9071	3325.47	51.93	湖　北
140416	79232	30609	16673	13902	4368.31	76.55	湖　南
153638	67063	57894	19084	9597	4522.04	396.21	广　东
180832	86953	59058	24745	10076	3998.49	38.84	广　西
19799	9817	7384	1841	757	534.29	17.12	海　南
64597	23061	30964	7776	2796	2000.08	35.58	重　庆
301436	174138	99886	17159	10253	5826.29	75.58	四　川
78682	32696	28256	10772	6958	2725.93	31.66	贵　州
136826	70723	47995	12667	5441	3377.14	50.30	云　南
71271	30946	24944	9894	5487	2149.38	29.38	陕　西
85931	37248	36341	8782	3560	1865.97	18.53	甘　肃
7167	2228	2954	1219	766	361.13	8.15	青　海
12696	4350	6439	1579	328	388.04	11.07	宁　夏
15025	4548	5101	3088	2288	1067.92	25.28	新　疆
1812	372	948	337	155	88.63	10.40	新疆生产建设兵团

3-2-29 村庄规划及整治(2015年)

地区名称 Name of Regions		村庄规划			
		行政村 Administrative Village			自然村
		已编制村庄规划的行政村个数(个) Number of Administrative Villages with Completed Village Plans (unit)	本年编制 Compiled This Year	占全部行政村比例(%) Percentage of Tatol (%)	已编制村庄规划的自然村个数(个) Number of Natural Villages with Completed Village Plans (unit)
全 国	**National Total**	**328162**	**20216**	**60.54**	**803172**
北 京	Beijing	3168	2	85.02	1950
天 津	Tianjin	1897	116	64.09	1026
河 北	Hebei	19513	1432	46.18	20944
山 西	Shanxi	8932	333	32.52	4051
内蒙古	Inner Mongolia	5762	1741	52.84	8936
辽 宁	Liaoning	5363	289	51.08	8569
吉 林	Jilin	2736	130	30.30	7354
黑龙江	Heilongjiang	4773	71	52.38	8057
上 海	Shanghai	762	59	48.60	4828
江 苏	Jiangsu	12459	838	87.62	44685
浙 江	Zhejiang	17437	1649	77.27	31860
安 徽	Anhui	10847	842	75.94	36208
福 建	Fujian	11094	181	86.17	13727
江 西	Jiangxi	15255	556	90.90	98253
山 东	Shandong	45483	1754	70.67	50513
河 南	Henan	26901	1246	58.48	54137
湖 北	Hubei	20537	716	83.37	71697
湖 南	Hunan	13658	2604	35.59	25602
广 东	Guangdong	10789	777	59.56	50063
广 西	Guangxi	11537	353	80.62	46470
海 南	Hainan	2445	316	69.01	13009
重 庆	Chongqing	3925	198	45.91	8664
四 川	Sichuan	16599	1592	36.90	22286
贵 州	Guizhou	7135	594	48.46	10526
云 南	Yunnan	12256	520	91.41	107421
陕 西	Shaanxi	12034	373	60.66	25291
甘 肃	Gansu	10564	588	65.67	14828
青 海	Qinghai	3454	172	83.39	2110
宁 夏	Ningxia	1823	92	78.04	5712
新 疆	Xinjiang	8094	70	93.25	3734
新疆生产建设兵团	Xinjiang Production and Construction Corps	930	12	53.66	661

Planning and Rehabilitation of Villages(2015)

Planning of Villages		村庄整治 Rehabilitation of Villages			
Natural Village					
本年编制 Compiled This Year	占全部自然村比例 (%) Percentage of Tatol (%)	已开展村庄整治的行政村个数 (个) Number of Administrative Villages That Have Carried Out Programs to Improve The Living Environment (unit)	本年新增 Added This Year	占全部行政村比例 Percentage of Tatol (%)	地区名称 Name of Regions
47699	**30.37**	**272366**	**32041**	**50.24**	**全　国**
3	39.39	3030	131	81.32	北　京
107	34.51	1753	157	59.22	天　津
2644	33.46	16025	1819	37.92	河　北
309	8.98	8443	745	30.74	山　西
3263	19.89	5461	2635	50.08	内蒙古
478	17.68	7039	1070	67.04	辽　宁
255	19.23	3446	408	38.17	吉　林
104	22.89	3500	258	38.41	黑龙江
111	19.74	1026	54	65.43	上　海
3368	33.23	13715	1029	96.45	江　苏
3653	36.45	15805	972	70.04	浙　江
1580	18.60	6917	1022	48.42	安　徽
537	20.91	8689	688	67.49	福　建
3712	59.51	11406	1243	67.97	江　西
1966	57.44	56506	5342	87.80	山　东
3454	28.88	12315	1768	26.77	河　南
2072	49.49	15407	1622	62.54	湖　北
4146	18.23	13089	2271	34.10	湖　南
3023	32.59	7854	752	43.36	广　东
1854	25.70	6469	1286	45.20	广　西
1560	65.71	2052	176	57.92	海　南
938	13.41	3081	322	36.04	重　庆
1848	7.39	16332	1815	36.30	四　川
663	13.38	4827	700	32.78	贵　州
2929	78.51	6689	781	49.89	云　南
786	35.49	10177	1440	51.30	陕　西
1138	17.26	5589	797	34.74	甘　肃
875	29.44	1344	129	32.45	青　海
198	44.99	1450	130	62.07	宁　夏
121	24.85	2432	448	28.02	新　疆
4	36.48	498	31	28.74	新疆生产建设兵团

3-2-30 村庄公共设施(一)(2015年)

地区名称 Name of Regions		集中供水的行政村 Administrative Villages With Access to Piped Water		村内自建集中供水设施的行政村 The Administrative Villages with Self-built Central Water Supply Facilities		年生活用水量(万立方米) Annual Domestic Water Consumption ($10,000m^3$)	供水管道长度(公里) Length of Water Supply Pipelines (km)
		个数(个) Number (unit)	比例(%) Rate (%)	个数(个) Number (unit)	比例(%) Rate (%)		
全 国	**National Total**	**355481**	**65.6**	**73064**	**13.5**	**1348194**	**1293203**
北 京	Beijing	3222	86.5	732	19.7	15534	16309
天 津	Tianjin	2597	87.7	649	21.9	8157	9457
河 北	Hebei	33554	79.4	8129	19.2	79589	65428
山 西	Shanxi	20411	74.3	3501	12.8	33530	43774
内蒙古	Inner Mongolia	6843	62.8	1737	15.9	13565	30534
辽 宁	Liaoning	6476	61.7	1898	18.1	28156	32843
吉 林	Jilin	5347	59.2	1490	16.5	14186	24846
黑龙江	Heilongjiang	6680	73.3	1996	21.9	24872	42445
上 海	Shanghai	1568	100.0	3	0.2	18837	9638
江 苏	Jiangsu	13688	96.3	1301	9.2	106332	111540
浙 江	Zhejiang	18039	79.9	4093	18.1	66245	62612
安 徽	Anhui	7916	55.4	990	6.9	59308	44680
福 建	Fujian	10802	83.9	3354	26.1	51148	32364
江 西	Jiangxi	8558	51.0	1500	8.9	34703	29418
山 东	Shandong	61162	95.0	12852	20.0	133858	148610
河 南	Henan	23754	51.6	3363	7.3	79286	57146
湖 北	Hubei	13967	56.7	2007	8.2	45352	42766
湖 南	Hunan	13190	34.4	2422	6.3	52268	45203
广 东	Guangdong	11993	66.2	3238	17.9	112439	55431
广 西	Guangxi	7242	50.6	1151	8.0	66281	37211
海 南	Hainan	2832	79.9	727	20.5	13279	10187
重 庆	Chongqing	5357	62.7	917	10.7	27583	23732
四 川	Sichuan	14771	32.8	3089	6.9	53834	55703
贵 州	Guizhou	9103	61.8	2337	15.9	43538	37951
云 南	Yunnan	9729	72.6	2509	18.7	72924	66124
陕 西	Shaanxi	14235	71.8	5372	27.1	36605	36327
甘 肃	Gansu	9198	57.2	852	5.3	21607	36346
青 海	Qinghai	2782	67.2	13	0.3	7043	12244
宁 夏	Ningxia	1893	81.0	82	3.5	6266	13482
新 疆	Xinjiang	6945	80.0	450	5.2	19397	50480
新疆生产建设兵团	Xinjiang Production and Construction Corps	1627	93.9	310	17.9	2474	8372

Public Facilities of Villages Ⅰ(2015)

本年新增 Added This Year	用水人口 (万人) Population with Access to Water (10,000 persons)	供水普及率 (%) Water Coverage Rate (%)	人均日生活用水量 (升) Per Capita Daily Water Consumption (liter)	用气人口 (万人) Population with Access to Gas (10,000 persons)	燃气普及率 (%) Gas Coverage Rate (%)	集中供热面积 (万平方米) Area of Centrally Heated District ($10,000\ m^2$)	地区名称 Name of Regions
100756	**50246.21**	**63.42**	**73.51**	**16916.68**	**21.35**	**11794.02**	**全　国**
50	496.06	90.75	85.79	185.85	34.00	1042.46	北　京
209	252.43	93.44	88.53	115.83	42.87	418.13	天　津
7065	3706.07	83.85	58.84	743.06	16.81	744.94	河　北
1586	1603.30	79.99	57.30	100.46	5.01	1428.09	山　西
8178	785.16	56.96	47.33	59.46	4.31	518.05	内蒙古
1801	974.15	54.68	79.19	235.96	13.25	877.83	辽　宁
1556	618.13	44.98	62.88	45.52	3.31	241.71	吉　林
1325	1036.00	59.89	65.78	44.60	2.58	267.93	黑龙江
26	554.69	94.63	93.04	374.11	63.83		上　海
4594	3558.71	94.57	81.86	2704.10	71.86	1.10	江　苏
2930	2029.83	80.46	89.41	1133.48	44.93		浙　江
3736	2198.42	49.37	73.91	968.47	21.75		安　徽
1951	1621.58	81.82	86.42	1011.74	51.05		福　建
2517	1171.33	38.45	81.17	448.98	14.74		江　西
11301	4871.88	93.08	75.28	2365.53	45.20	5046.41	山　东
5988	3654.83	54.90	59.43	172.88	2.60	189.69	河　南
3955	1758.88	52.08	70.64	612.30	18.13		湖　北
6796	1806.25	40.64	79.28	515.91	11.61		湖　南
2883	3402.98	69.19	90.52	2212.38	44.98		广　东
2017	2197.18	54.42	82.65	1285.81	31.85		广　西
690	458.87	83.22	79.28	348.56	63.21		海　南
2620	990.17	48.64	76.32	214.43	10.53		重　庆
6835	2241.23	37.97	65.81	535.05	9.07		四　川
3680	1653.85	59.97	72.12	65.26	2.37	20.46	贵　州
4710	2349.51	68.55	85.04	118.86	3.47		云　南
2501	1537.29	70.56	65.24	182.19	8.36	73.29	陕　西
4049	1195.79	63.45	49.51	42.89	2.28	159.16	甘　肃
648	306.32	82.95	62.99	2.29	0.62	1.43	青　海
2040	288.04	72.17	59.60	27.36	6.86	235.53	宁　夏
2385	849.28	77.69	62.57	24.17	2.21	199.58	新　疆
136	78.00	78.76	86.89	19.19	19.38	328.23	新疆生产建设兵团

3-2-31 村庄公共设施(二)(2015年)

地区名称 Name of Regions	村庄内道路长度(公里) The Length of Roads within Villages (kilometer)				村庄内道路面积(万平方米) The Area of Roads within Villages (ten thousand square meters)		
		本年新增 Added This Year	本年更新改造 Renewal and Upgrading during The Reported Year	硬化道路 Hardened Roads		本年新增 Added This Year	本年更新改造 Renewal and Upgrading during The Reported Year
全　国 National Total	**2393072.4**	**108387.3**	**70056.1**	**810091.4**	**1600857.1**	**78560.7**	**41962.0**
北　京 Beijing	19759.6	61.4	207.1	5535.8	17374.1	80.2	166.1
天　津 Tianjin	12202.9	275.7	290.5	2405.1	7480.2	206.2	163.0
河　北 Hebei	100587.6	3183.1	2317.3	39237.0	48410.1	1649.3	1238.3
山　西 Shanxi	51624.8	597.3	339.7	22434.6	30749.8	432.8	186.4
内蒙古 Inner Mongolia	60310.2	17222.9	4104.1	23713.6	46273.6	10417.8	2223.0
辽　宁 Liaoning	56380.9	2779.0	4037.5	23695.1	36863.8	1588.3	1890.2
吉　林 Jilin	75607.1	858.0	1149.6	21859.2	47774.1	840.9	731.2
黑龙江 Heilongjiang	80887.6	1132.2	1904.7	23674.8	44586.6	498.4	842.5
上　海 Shanghai	11855.9	121.9	281.2	6776.0	8766.8	67.9	207.8
江　苏 Jiangsu	129224.5	4412.4	3565.1	60033.5	75757.7	2977.2	1951.4
浙　江 Zhejiang	71329.2	1916.2	1515.9	22008.7	61264.0	1770.7	1014.5
安　徽 Anhui	110303.6	4350.0	2454.9	26472.7	72605.0	2917.8	1361.1
福　建 Fujian	49897.2	1849.8	1256.2	21493.0	38807.1	1438.9	825.7
江　西 Jiangxi	71637.6	2541.9	1407.5	18880.6	44130.9	2133.2	909.0
山　东 Shandong	236195.6	14984.7	12037.6	140021.4	151965.3	9778.8	7711.7
河　南 Henan	120460.6	4861.3	2207.4	30211.0	102164.1	3456.2	1617.2
湖　北 Hubei	146180.7	5345.6	3854.9	32873.2	96532.9	4894.1	2912.2
湖　南 Hunan	134030.2	5282.2	3074.8	35629.7	93938.8	4495.2	1825.9
广　东 Guangdong	114662.3	3986.6	2573.1	49224.1	98153.5	4447.5	1624.9
广　西 Guangxi	99386.1	3738.5	1888.1	26844.6	49395.8	1996.6	904.4
海　南 Hainan	24191.7	794.2	326.2	4269.5	17649.3	550.4	142.4
重　庆 Chongqing	12932.8	428.4	513.3	4417.5	6474.1	231.3	276.6
四　川 Sichuan	195174.6	10206.9	5149.5	41063.1	157823.5	8156.8	2925.2
贵　州 Guizhou	73105.7	3799.7	3073.3	18648.1	54969.2	4257.5	2673.7
云　南 Yunnan	94325.6	3699.7	3443.9	17515.2	54320.9	2788.2	2023.3
陕　西 Shaanxi	81882.0	2791.3	2441.8	50551.8	40186.7	1644.5	1200.0
甘　肃 Gansu	57875.2	2861.9	2825.3	13037.5	32898.4	2221.0	1283.9
青　海 Qinghai	21733.6	956.4	232.4	8311.3	12038.9	502.2	141.1
宁　夏 Ningxia	21539.1	887.1	471.4	6016.2	12284.8	398.7	195.9
新　疆 Xinjiang	50516.3	2340.1	947.9	10908.0	34017.4	1584.4	627.4
新疆生产建设兵团 Xinjiang Production and Construction Corps	7271.8	121.2	164.1	2329.4	5199.7	138.0	166.2

注：2015年“对生活垃圾进行处理的行政村比例”来自住房城乡建设部农村人居环境调查。因统计口径变化，与往年数据不可比。

Public Facilities of Villages Ⅱ(2015)

硬化道路 Hardened Roads	排水管道沟渠长度(公里) The Length of Drainage Pipelines and Canals (kilometer)	本年新增 Added This Year	对生活污水进行处理的行政村 Administrative Villages with Domestic Wastewater Treated 个数(个) Number (unit)	比例(%) Rate (%)	对生活垃圾进行处理的行政村比例(%) Administrative Villages with Domestic Garbge Treated Rate (%)	地区名称 Name of Regions
506111.4	**582128.7**	**42260.4**	**61995**	**11.4**	**62.2**	**全　国**
6301.9	8984.1	79.3	930	25.0	86.9	北　京
1829.4	3265.1	285.5	493	16.7	87.8	天　津
19097.8	15984.2	2543.3	1450	3.4	48.6	河　北
12352.4	11553.9	1223.0	1013	3.7	50.3	山　西
15841.0	3622.3	1484.7	387	3.6	23.6	内蒙古
13315.4	15091.5	751.0	599	5.7	56.1	辽　宁
14011.8	10454.7	409.9	330	3.7	25.7	吉　林
11607.4	6308.2	611.2	33	0.4	22.1	黑龙江
4996.4	5797.9	27.8	831	53.0	98.0	上　海
33356.8	35745.8	2052.0	4552	32.0	94.8	江　苏
16142.4	29828.2	3236.3	14070	62.4	91.3	浙　江
16590.9	24111.8	2007.4	1064	7.5	62.3	安　徽
14386.6	15220.3	768.6	1798	14.0	81.4	福　建
11794.1	28625.5	1761.5	1414	8.4	63.0	江　西
85431.9	98119.2	6974.3	13088	20.3	96.6	山　东
23153.5	24267.5	1267.7	1313	2.9	35.0	河　南
20925.3	34125.8	2143.1	2371	9.6	64.5	湖　北
28903.5	30894.6	1523.5	2153	5.6	48.4	湖　南
33957.8	30187.7	1047.1	3360	18.6	81.2	广　东
14296.5	17753.7	915.5	1019	7.1	74.9	广　西
2938.8	2436.4	205.0	317	9.0	81.0	海　南
2282.7	11375.8	1267.4	1154	13.5	36.9	重　庆
28315.5	43135.8	2440.4	4760	10.6	90.0	四　川
12936.3	13879.0	1326.6	873	5.9	28.8	贵　州
11445.1	20487.1	1224.1	849	6.3	34.9	云　南
23856.3	19350.1	1244.8	820	4.1	47.6	陕　西
7630.3	6501.6	1898.3	238	1.5	30.4	甘　肃
4545.1	4023.6	1075.9	53	1.3	34.9	青　海
3861.2	8890.2	226.1	191	8.2	47.2	宁　夏
8428.7	1318.1	186.0	267	3.1	33.3	新　疆
1578.6	789.3	53.3	205	11.8	57.8	新疆生产建设兵团

Note:Administrative Villages with Domestic Garbge Treated Rate in 2015 were from the survey of Human Settlements and Environment by Ministry of Housing and Urban-Rural Development. The source of Satistics varied, so it cannot be comparable with the ones in previous years.

3-2-32 村庄房屋(2015年)

地区名称 Name of Regions	住宅 Residential Building							
	本年建房户数(户) Number of Households of Building Housing This Year (unit)	在新址上新建 New Construction on New Site	年末实有建筑面积(万平方米) Total Floor Space of Buildings (year-end) (10,000m²)	混合结构以上 Mixed Strucure and Above	本年竣工建筑面积(万平方米) Floor Space Completed This Year (10,000m²)	混合结构以上 Mixed Strucure and Above	房地产开发 Real Estate Development	人均住宅建筑面积(平方米) Per Capita Floor Space (m²)
全　国 National Total	**4172429**	**1325371**	**2551752.8**	**1675200.5**	**56591.8**	**49144.9**	**2825.51**	**33.4**
北　京 Beijing	13837	1501	15834.1	12564.3	331.0	313.9	126.98	47.6
天　津 Tianjin	4972	1065	7910.0	5586.3	90.9	72.7	22.20	32.5
河　北 Hebei	120697	29729	119638.3	73082.4	1353.5	1336.1	54.21	27.4
山　西 Shanxi	81241	17227	57152.6	35706.5	905.6	714.6	18.88	29.3
内蒙古 Inner Mongolia	133294	45768	34270.6	26751.2	939.1	712.7	2.79	25.9
辽　宁 Liaoning	25740	3536	40551.7	16381.6	232.7	182.1	18.30	23.2
吉　林 Jilin	40346	6348	30493.6	12078.7	317.1	182.6	5.18	22.7
黑龙江 Heilongjiang	123952	5436	36863.3	34320.3	868.4	868.4		21.7
上　海 Shanghai	5668	1779	14483.2	13405.3	89.5	73.2		51.4
江　苏 Jiangsu	112003	35245	152694.3	119160.3	1753.5	1597.9	176.88	44.1
浙　江 Zhejiang	80719	34276	112011.4	89057.6	2057.3	1997.1	63.47	52.0
安　徽 Anhui	175117	69764	143346.5	91268.6	2373.3	1906.9	140.79	32.6
福　建 Fujian	57917	21249	72099.6	46309.6	1407.0	1362.9	26.13	38.4
江　西 Jiangxi	210890	71267	126160.9	92868.0	4012.8	3855.0	23.98	42.2
山　东 Shandong	265740	106940	183090.3	113027.5	4073.5	3077.0	391.87	35.8
河　南 Henan	192073	47435	205033.7	142466.0	2785.0	2469.8	86.84	31.2
湖　北 Hubei	127214	50756	123894.2	94755.0	3446.2	2727.9	600.14	37.3
湖　南 Hunan	154407	75679	152738.8	118007.5	3096.8	2783.3	62.88	35.0
广　东 Guangdong	139556	65597	125470.0	83434.3	3366.2	2923.2	649.83	27.8
广　西 Guangxi	349175	126426	112399.2	70749.5	4094.6	3943.7	14.27	28.1
海　南 Hainan	51133	20549	16300.1	8510.0	483.6	388.7	7.91	30.5
重　庆 Chongqing	70418	30416	81010.9	58091.0	1008.4	946.6	3.30	40.5
四　川 Sichuan	329319	100738	227611.5	147962.7	4338.2	3863.6	35.65	39.1
贵　州 Guizhou	239228	104372	75727.0	40255.3	2780.3	2370.2	69.16	27.8
云　南 Yunnan	432105	109945	123034.9	41106.3	5048.3	3933.2	28.41	36.4
陕　西 Shaanxi	105017	34143	64804.5	44181.6	1298.1	1143.4	34.09	30.2
甘　肃 Gansu	196694	39254	48694.4	24543.7	1521.5	1492.3	108.15	26.1
青　海 Qinghai	65066	8943	9769.7	4201.8	550.2	366.7	3.51	27.1
宁　夏 Ningxia	44894	11416	9419.7	2371.4	289.6	232.7	29.92	24.3
新　疆 Xinjiang	215767	42343	26636.5	11703.8	1611.8	1260.6	4.55	24.9
新疆生产建设兵团 Xinjiang Production and Construction Corps	8230	6229	2607.2	1292.6	67.9	46.1	15.24	29.4

Building Construction of Villages(2015)

公共建筑 Public Building					生产性建筑 Industrial Building					
年末实有建筑面积(万平方米) Total Floor Space of Buildings (year-end) (10,000m²)	混合结构以上 Mixed Strucure and Above	本年竣工建筑面积(万平方米) Floor Space Completed This Year (10,000m²)	混合结构以上 Mixed Strucure and Above	房地产开发 Real Estate Development	年末实有建筑面积(万平方米) Total Floor Space of Buildings (year-end) (10,000m²)	混合结构以上 Mixed Strucure and Above	本年竣工建筑面积(万平方米) Floor Space Completed This Year (10,000m²)	混合结构以上 Mixed Strucure and Above	房地产开发 Real Estate Development	地区名称 Name of Regions
107043.4	**81696.4**	**5322.0**	**4431.8**	**228.1**	**166526.7**	**129881.1**	**7230.0**	**6191.1**	**267.5**	**全　国**
1955.7	1850.0	48.2	39.1	2.1	3705.3	3225.4	36.8	33.4	0.1	北　京
514.9	447.7	8.0	5.6		2633.0	2421.7	21.1	19.4		天　津
4555.8	3343.9	146.5	145.6	1.2	10162.1	7676.7	370.0	336.7	0.5	河　北
4777.1	3605.1	377.5	367.2	9.4	4652.2	3301.6	167.3	151.8	7.2	山　西
1453.0	1103.5	115.1	99.5	2.0	1503.3	1051.4	119.6	114.0	3.2	内蒙古
2177.4	1425.4	27.9	26.2	1.4	3995.5	2868.6	63.3	54.7	3.7	辽　宁
798.5	402.1	23.4	19.4	–	1235.8	720.9	86.5	67.3		吉　林
1578.1	1372.6	18.8	18.8		2089.8	1894.9	60.5	60.5		黑龙江
756.4	743.1	5.5	5.5		5217.4	4932.3	52.7	52.7		上　海
6432.7	4915.4	222.9	207.6	20.3	20130.3	17874.7	834.0	773.8	39.9	江　苏
5652.9	4977.9	212.0	200.1	10.6	19370.2	17021.4	571.9	543.1	2.3	浙　江
4238.8	3322.9	264.5	229.0	15.7	4601.1	3474.9	269.6	208.7	27.9	安　徽
4623.7	3629.0	240.6	234.0		7228.2	5471.2	300.2	253.8	32.5	福　建
5263.9	4463.4	258.5	246.5	5.2	4247.8	3417.6	237.5	219.4	2.1	江　西
13268.6	9729.0	751.0	647.1	59.1	20200.8	15588.5	1221.2	965.2	49.7	山　东
6304.2	4578.7	234.8	210.3	9.5	8331.3	6563.2	371.9	319.8	3.4	河　南
4845.8	3988.0	202.5	198.9	1.8	5286.4	4399.6	433.6	407.3	4.0	湖　北
5485.0	4648.0	363.0	290.1	38.7	5429.7	4529.0	414.0	289.7	23.3	湖　南
5327.3	3971.6	435.1	147.3	19.9	13238.8	9666.0	599.8	562.1	42.0	广　东
3903.2	2565.4	115.8	106.0		2230.7	1249.3	72.0	54.0		广　西
700.0	451.4	26.2	20.0	2.0	353.6	167.5	25.9	15.6	1.3	海　南
2202.5	1742.0	61.4	57.7	1.2	2910.9	2091.0	68.8	61.4	0.2	重　庆
4795.3	3787.9	144.9	124.9	5.2	4252.2	2779.4	149.6	106.8	3.1	四　川
2595.0	1993.3	381.5	264.5	3.5	1554.5	1248.2	256.3	217.4	13.6	贵　州
4486.9	2897.7	258.8	182.6	3.4	4070.2	1616.7	99.2	67.6	0.2	云　南
2739.1	2186.5	104.6	88.3	5.6	2394.6	1759.4	96.0	74.0	3.3	陕　西
2921.8	1742.7	121.6	115.4	6.8	3107.9	1678.1	114.2	88.8	0.6	甘　肃
353.9	226.6	33.9	28.7		241.1	153.7	28.6	7.4	–	青　海
395.7	238.6	23.2	22.9	2.2	505.2	253.8	30.2	23.8		宁　夏
1721.5	1211.5	82.0	76.3	0.9	1420.2	654.2	28.0	20.2	0.3	新　疆
218.9	135.7	12.5	6.8	0.5	226.8	130.4	29.7	20.9	3.0	新疆生产建设兵团

3-2-33 村庄建设投入(2015年)

计量单位：万元

地区名称 Name of Regions	本年建设投入合计 Total Construction Input of This Year	房屋 Building						
		小计 Input of House	房地产开发 Real Estate Development	住宅 Residential Building	公共建筑 Public Building	生产性建筑 Industrial Building	小计 Input of Municipal Public Facilities	供水 Water Supply
全　国 National Total	**82033639**	**62844062**	**3364497**	**50586604**	**5304320**	**6953138**	**19189577**	**2588845**
北　京 Beijing	1574171	840430	422635	736182	64644	39604	733741	22385
天　津 Tianjin	307657	190899	62420	147281	17536	26082	116758	8667
河　北 Hebei	2200605	1774991	110036	1333520	124886	316585	425614	57049
山　西 Shanxi	1335469	1087064	16401	763202	206236	117626	248405	26913
内蒙古 Inner Mongolia	2228046	1218742	1403	973002	142064	103676	1009304	104528
辽　宁 Liaoning	769283	398753	34034	268325	39321	91107	370530	49808
吉　林 Jilin	609924	407624	4340	315848	26005	65771	202300	34545
黑龙江 Heilongjiang	1154793	900360		830558	16803	52999	254433	31085
上　海 Shanghai	457017	246747		171874	15753	59120	210270	19431
江　苏 Jiangsu	4767321	3162886	267799	1803437	292474	1066975	1604435	265116
浙　江 Zhejiang	4965252	3340362	286443	2426161	315355	598846	1624890	176196
安　徽 Anhui	3183588	2419845	192232	1951487	227879	240479	763743	121270
福　建 Fujian	2918939	2402180	175119	1454260	572522	375398	516759	72685
江　西 Jiangxi	3559384	3038489	30530	2692817	181282	164390	520895	79604
山　东 Shandong	8379542	6049097	670759	3963395	838753	1246949	2330445	298503
河　南 Henan	2998255	2470615	67980	1978397	193521	298697	527640	123390
湖　北 Hubei	4438818	3440467	46777	2944969	160456	335042	998351	116176
湖　南 Hunan	3637601	2956938	54011	2352754	300931	303253	680663	135785
广　东 Guangdong	4371120	3624923	330609	2861858	226183	536882	746197	86226
广　西 Guangxi	3806940	3407919	16230	3220097	125959	61863	399021	53800
海　南 Hainan	683788	531208	9765	482374	29369	19465	152580	20708
重　庆 Chongqing	1398432	951104	7241	840019	59581	51504	447328	75274
四　川 Sichuan	5398549	3968492	56216	3670507	164207	133778	1430057	171074
贵　州 Guizhou	3492032	2612947	101229	2161767	253924	197256	879085	110901
云　南 Yunnan	6341567	5452143	70144	5072375	261973	117795	889424	120259
陕　西 Shaanxi	1828821	1434818	64684	1235383	108399	91036	394003	62269
甘　肃 Gansu	2146833	1827529	153705	1572080	131659	123790	319304	75361
青　海 Qinghai	690182	618502	5612	540374	47895	30233	71680	15031
宁　夏 Ningxia	537351	444716	69647	374539	32694	37483	92635	15577
新　疆 Xinjiang	1657550	1481541	12399	1346306	112123	23112	176009	34530
新疆生产建设兵团 Xinjiang Production and Construction Corps	194809	141731	24097	101456	13933	26342	53078	4699

Construction Input of Villages(2015)

Measurement Unit:10,000 RMB

市政公用设施 Municipal Public Facilities									
燃气 Gas Supply	集中供热 Central Heating	道路桥梁 Road and Bridge	排水 Drainage	污水处理 Wastewater Treatment	园林绿化 Landscaping	环境卫生 Environmental Sanitation	垃圾处理 Garbage Treatment	其他 Other	地区名称 Name of Regions
445510	**173078**	**8777837**	**2156382**	**936007**	**1622655**	**2056847**	**883774**	**1368423**	**全　国**
20910	5365	66728	73273	4000	414635	108440	23985	22005	北　京
1396	5468	31796	11491	2091	13608	35013	10942	9319	天　津
10191	7511	171236	70034	5583	29611	66842	40560	13140	河　北
20530	19912	76568	15820	304	38906	39920	13799	9836	山　西
850	16213	670037	16653	315	44702	97335	38743	58986	内蒙古
16856	5330	197167	20538	3404	14761	47935	23269	18135	辽　宁
1128	6682	119445	10243	867	5871	17008	6449	7378	吉　林
15	3963	138756	14975	2073	9594	18441	1810	37604	黑龙江
1268		83296	20396	11567	23013	19509	5299	43357	上　海
19645		588120	194148	88938	173548	250621	86363	113237	江　苏
19100		374207	683824	550709	118069	155743	70465	97751	浙　江
15626		350583	87251	23999	55733	73015	35836	60265	安　徽
5665		241258	57597	22663	46275	66210	36674	27069	福　建
2678		235154	53926	7461	37632	55557	28514	56344	江　西
99460	85793	840070	205744	54232	238591	366350	170082	195934	山　东
4318	3210	260994	42823	7601	26449	39825	13747	26631	河　南
13381		611596	83862	12334	47465	59358	24650	66513	湖　北
5348		322357	50491	6517	39897	72114	34798	54671	湖　南
13558		349092	82902	39060	54844	119451	62215	40124	广　东
3577		227791	34539	13138	11870	50125	30863	17319	广　西
2975		80286	9458	766	12683	20614	8188	5856	海　南
20575		248890	31405	7633	13127	30994	14925	27063	重　庆
103260		780290	98634	28758	58157	92828	39373	125814	四　川
9657	105	576856	42652	9676	26086	24097	11317	88731	贵　州
5021		569708	64918	22406	16759	38067	18684	74692	云　南
7481	2957	188117	34142	3547	25770	49339	12705	23928	陕　西
15447	1121	168156	18234	724	5877	15388	6876	19720	甘　肃
160	857	38979	5565	46	1069	3837	1628	6182	青　海
938	878	44242	9798	2053	6306	7308	3639	7588	宁　夏
1935	3468	100917	8240	3152	7985	10632	5108	8302	新　疆
2561	4245	25145	2806	390	3762	4931	2268	4929	新疆生产建设兵团

3-2-34 村庄建设财政性资金投资(2015)
Construction fiscal investment of Villages(2015)

计量单位：万元 | Measurement Unit:10,000 RMB

地区名称 Name of Regions		财政性资金投资合计 Total Fiscal Investment	中央预算资金 Central Budgetary Fund	省级预算资金 Provincial Budgetary Fund	地级预算资金 City-Level Budgetary Fund	县级预算资金 County-Level Budgetary Fund	镇(乡)本级预算资金 Township-Level Budgetary Fund
全　国	**National Total**	**10982890**	**2589128**	**1901869**	**884432**	**2756361**	**2851100**
北　京	Beijing	121993	51	10033	5166	76633	30110
天　津	Tianjin	66134	245	6963	1037	14777	43112
河　北	Hebei	125283	42215	35158	7466	29766	10678
山　西	Shanxi	54541	15768	16132	7340	11999	3302
内蒙古	Inner Mongolia	507111	146831	170413	72059	110665	7143
辽　宁	Liaoning	178943	22524	54085	34627	34404	33303
吉　林	Jilin	116335	38257	37699	4474	18037	17868
黑龙江	Heilongjiang	139546	86334	20121		12165	20926
上　海	Shanghai	224598	1563	18223	17251	80468	107093
江　苏	Jiangsu	1146905	15496	55720	19830	365372	690487
浙　江	Zhejiang	721049	11315	79425	32631	283979	313699
安　徽	Anhui	400125	80331	66620	40426	101693	111055
福　建	Fujian	354737	33414	47862	74660	85924	112877
江　西	Jiangxi	238476	75150	46772	22681	43489	50384
山　东	Shandong	1216002	38197	97137	56944	386680	637044
河　南	Henan	118432	54258	20276	8295	14910	20693
湖　北	Hubei	227829	45599	28637	13336	86706	53551
湖　南	Hunan	162317	35432	18193	17159	46832	44701
广　东	Guangdong	345458	17850	57132	57329	74311	138836
广　西	Guangxi	679831	232534	256543	63781	107349	19624
海　南	Hainan	131469	16379	19068	10810	70207	15005
重　庆	Chongqing	302451	77030	69070	42883	72913	40555
四　川	Sichuan	537810	128241	69360	55136	228520	56553
贵　州	Guizhou	355033	105951	48101	18923	102135	79923
云　南	Yunnan	946284	594370	160350	49006	104232	38326
陕　西	Shaanxi	182462	51036	31396	29371	49481	21178
甘　肃	Gansu	274394	138925	64823	21594	43915	5137
青　海	Qinghai	263517	86691	97041	5294	20536	53955
宁　夏	Ningxia	192416	54136	47139	77256	9060	4825
新　疆	Xinjiang	589143	311344	150112	13226	62495	51966
新疆生产建设兵团	Xinjiang Production and Construction Corps	62266	31661	2265	4441	6708	17191

主要指标解释

Explanatory Notes on Main Indicators

主要指标解释

城市和县城部分

人口密度

指城区内的人口疏密程度。计算公式：

$$人口密度=\frac{城区人口+城区暂住人口}{城区面积}$$

人均日生活用水量

指每一用水人口平均每天的生活用水量。计算公式:

$$人均日生活用水量=\frac{居民家庭用水量+公共服务用水量}{用水人口}\div 报告期日历日数\times 1000升$$

用水普及率

指报告期末城区内用水人口与总人口的比率。计算公式:

$$用水普及率=\frac{城区用水人口}{城区人口+城区暂住人口}\times 100\%$$

燃气普及率

指报告期末城区内使用燃气的人口与总人口的比率。计算公式：

$$燃气普及率=\frac{城区用气人口}{城区人口+城区暂住人口}\times 100\%$$

人均道路面积

指报告期末城区内平均每人拥有的道路面积。计算公式：

$$人均道路面积=\frac{城区道路面积}{城区人口+城区暂住人口}$$

路网密度

指报告期末城区（建成区）内道路分布的稀疏程度。计算公式：

$$路网密度=\frac{道路长度}{城区（建成区）面积}$$

排水管道密度

指报告期末城区（建成区）内的排水管道分布的疏密程度。计算公式：

$$排水管道密度=\frac{排水管道长度}{城区（建成区）面积}$$

污水处理率

指报告期内污水处理总量与污水排放总量的比率。计算公式：

$$污水处理率=\frac{污水处理总量}{污水排放总量}\times 100\%$$

污水处理厂集中处理率

指报告期内通过污水处理厂处理的污水量与污水排放总量的比率。计算公式：

$$污水处理厂集中处理率=\frac{污水处理厂处理的污水量}{污水排放总量}\times 100\%$$

人均公园绿地面积

指报告期末城区内平均每人拥有的公园绿地面积。计算公式：

$$人均公园绿地面积=\frac{城区公园绿地面积}{城区人口+城区暂住人口}$$

建成区绿化覆盖率

指报告期末建成区内绿化覆盖面积与区域面积的比率。计算公式：

$$建成区绿化覆盖率=\frac{建成区绿化覆盖面积}{建成区面积}\times 100\%$$

建成区绿地率

指报告期末建成区内绿地面积与建成区面积的比率。计算公式：

$$建成区绿地率=\frac{建成区绿地面积}{建成区面积}\times 100\%$$

生活垃圾处理率

指报告期内生活垃圾处理量与生活垃圾产生量的比率。计算公式：

$$生活垃圾处理率=\frac{生活垃圾处理量}{生活垃圾产生量}\times 100\%$$

生活垃圾无害化处理率

指报告期内生活垃圾无害化处理量与生活垃圾产生量的比率。计算公式：

$$生活垃圾无害化处理率=\frac{生活垃圾无害化处理量}{生活垃圾产生量}\times 100\%$$

在统计时，由于生活垃圾产生量不易取得，用清运量代替。

市区面积

指城市行政区域内的全部土地面积(包括水域面积)。地级以上城市行政区不包括市辖县(市)。

城区面积

指城市的城区包括：(1)街道办事处所辖地域；(2)城市公共设施、居住设施和市政公用设施等连接到的其他镇（乡）地域；（3）常住人口在3000人以上独立的工矿区、开发区、科研单位、大专院校等特殊区域。

连接是指两个区域间可观察到的已建成或在建的公共设施、居住设施、市政设施和其他设施相连，中间没有被水域、农业用地、园地、林地、牧草地等非建设用地隔断。

对于组团式和散点式的城市，城区由多个分散的区域组成，或有个别区域远离主城区，应将这些分散的区域相加作为城区。

城区人口

指划定的城区（县城）范围的人口数。按公安部门的户籍统计为准。

暂住人口

指离开常住户口地的市区或乡、镇，到本市居住半年以上的人员。一般按公安部门的暂住人口统计为准。

建成区面积

城市行政区内实际已成片开发建设、市政公用设施和公共设施基本具备的区域。对核心城市，它包括集中连片的部分以及分散的若干个已经成片建设起来，市政公用设施和公共设施基本具备的地区；对一城多镇来说，它包括由几个连片开发建设起来的，市政公用设施和公共设施基本具备的地区组成。因此建成区范围，一般是指建成区外轮廓线所能包括的地区，也就是这个城市实际建设用地所达到的范围。

城市建设用地面积

指城市用地中除水域与其他用地之外的各项用地面积，即居住用地、公共管理与公共服务用地、商业服务业设施用地、工业用地、物流仓储用地、道路交通设施用地、公共设施用地、绿地与广场用地八大类用地。

城市维护建设资金

指用于城市维护和建设的资金，资金来源包括城市维护建设税、公用事业附加、中央和地方财政拨款、国内贷款、债券收入、利用外资、土地出让转让收入、资产置换收入、市政公用企事业单位自筹资金、国家和省规定收取的用于城市维护建设的行政事业性收费、集资收入以及其他收入。资金支出包括固定资产投资支出、维护支出和其他支出。

本年鉴中仅统计了用于城市维护和建设的财政性资金。

城市维护建设税

指依据《中华人民共和国城市维护建设税暂行条例》开征的一种地方性税种。现行的征收办法是以纳税人实际缴纳的增值税、消费税、营业税税额为计税依据，与增值税、消费税、营业税同时缴纳。根据纳税人所在地不同执行不同的纳税率：市区的税率为百分之七；县城、镇的税率为百分之五；不在市区、县城或镇的税率为百分之一。

城市公用事业附加

指在部分公用事业产品（服务）价外征收的用于城市维护建设的附加收入。包括工业用电、工业用水附加，公共汽车、电车、民用自来水、民用照明用电、电话、煤气、轮渡等附加。

固定资产投资

指建造和购置市政公用设施的经济活动，即市政公用设施固定资产再生产活动。市政公用设施固定资产再生产过程包括固定资产更新（局部更新和全部更新）、改建、扩建、新建等活动。新的企业财务会计制度规定，固定资产局部更新的大修理作为日常生产活动的一部分，发生的大修理费用直接在成本费用中列支。按照现行投资管理体制及有关部门的规定，凡属于养护、维护性质的工程，不纳入固定资产投资统计。对新建和对现有市政公用设施改造工程，应纳入固定资产统计。

新增固定资产

指报告期内交付使用的固定资产价值。包括报告期内建成投入生产或交付使用的工程投资和达到固定资产标准的设备、工具、器具的投资及有关应摊入的费用。

新增生产能力(或效益)

指通过固定资产投资活动而增加的设计能力。计算新增生产能力(或效益)是以能独立发挥生产能力(或效益)的工程为对象。当工程建成，经有关部门验收鉴定合格，正式移交投入生产，即应计算新增生产能力(或效益)。

供水设计综合生产能力

指按供水设施取水、净化、送水、出厂输水干管等环节设计能力计算的综合生产能力。包括在原设计能力的基础上，经挖、革、改增加的生产能力。计算时，以四个环节中最薄弱的环节为主确定能力。

供水管道长度

指从送水泵至用户水表之间所有管道的长度。在同一条街道埋设两条或两条以上管道时，应按每条管道的长度计算。

供水总量

指报告期供水企业（单位）供出的全部水量。包括有效供水量和漏损水量。

有效供水量指水厂将水供出厂外后，各类用户实际使用到的水量。包括售水量和免费供水量。售水量指收费供应的水量。免费供水量指无偿供应的水量。

漏损水量指在供水过程中由于管道及附属设施破损而造成的漏水量、失窃水量以及水表失灵少计算的水量。

按用水用途可分为生产运营用水、公共服务用水、居民家庭用水和消防及其他特殊用水四类。

生产运营用水指在城市范围内生产、运营的农、林、牧、渔业、工业、建筑业、交通运输业等单位在生产、运营过程中的用水。

公共服务用水指为城市社会公共生活服务的用水。包括行政事业单位、部队营区和公共设施服务、社会服务业、批发零售贸易业、旅馆饮食业等单位的用水。

居民家庭用水指城市范围内所有居民家庭的日常生活用水。包括城市居民、农民家庭、公共供水站用水。

消防及其他特殊用水指城市灭火以及除居民家庭、公共服务、生产运营用水范围以外的各种特殊用水。包括消防用水、深井回灌用水、其他用水。

新水取用量

指取自任何水源被第一次利用的水量。新水量就一个城市来说，包括城市供水企业新水量和社会各单位的新水量。

用水重复利用量

指各用水单位在生产和生活中，循环利用的水量和直接或经过处理后回收再利用的水量之和。

节约用水量

指报告期新节水量，通过采用各项节水措施(如改进生产工艺、技术、生产设备、用水方式、换装节水器具、加强管理等)后，用水量和用水效益产生效果，而节约的水量。

人工煤气生产能力

指报告期末燃气生产厂制气、净化、输送等环节的综合生产能力，不包括备用设备能力。一般按设计能力计算，如果实际生产能力大于设计能力时，应按实际测定的生产能力计算。测定时应以制气、净化、输送三个环节中最薄弱的环节为主。

供气管道长度

指报告期末从气源厂压缩机的出口或门站出口至各类用户引入管之间的全部已经通气投入使用的管道长度。不包括煤气生产厂、输配站、液化气储存站、灌瓶站、储配站、气化站、混气站、供应站等厂（站）内的管道。

供气总量

指报告期燃气企业（单位）向用户供应的燃气数量。包括销售量和损失量。

汽车加气站

指专门为燃气机动车（船舶）提供压缩天然气、液化石油气等燃料加气服务的站点。

供热能力

指供热企业（单位）向城市热用户输送热能的设计能力。

供热总量

指在报告期供热企业（单位）向城市热用户输送全部蒸汽和热水的总热量。

供热管道长度

指从各类热源到热用户建筑物接入口之间的全部蒸汽和热水的管道长度。不包括各类热源厂内部的管道长度。

城市道路

指城市供车辆、行人通行的，具备一定技术条件的道路、桥梁、隧道及其附属设施。城市道路由车行道和人行道等组成。在统计时只统计路面宽度在 3.5 米（含 3.5 米）以上的各种铺装道路，包括开放型工业区和住宅区道路在内。

道路长度

指道路长度和与道路相通的桥梁、隧道的长度，按车行道中心线计算。

道路面积

指道路面积和与道路相通的广场、桥梁、隧道的面积（统计时，将人行道面积单独统计）。

人行道面积按道路两侧面积相加计算，包括步行街和广场，不含人车混行的道路。

桥梁

指为跨越天然或人工障碍物而修建的构筑物。包括跨河桥、立交桥、人行天桥以及人行地下通道等。

道路照明灯盏数

指在城市道路设置的各种照明用灯。一根电杆上有几盏即计算几盏。统计时，仅统计功能照明灯，不统计景观照明灯。

防洪堤长度

指实际修筑的防洪堤长度。统计时应按河道两岸的防洪堤相加计算长度，但如河岸一侧有数道防洪堤时，只计算最长一道的长度。

污水排放总量

指生活污水、工业废水的排放总量，包括从排水管道和排水沟（渠）排出的污水量。

（1）可按每条管道、沟（渠）排放口的实际观测的日平均流量与报告期日历日数的乘积。

（2）有排水测量设备的，可按实际测量值计算。

（3）如无观测值，也可按当地供水总量乘以污水排放系数确定。

城市分类污水排放系数

城市污水分类	污水排放系数
城市污水	0.7～0.8
城市综合生活污水	0.8～0.9
城市工业废水	0.7～0.9

排水管道长度

指所有排水总管、干管、支管、检查井及连接井进出口等长度之和。

污水处理量

指污水处理厂（或污水处理装置）实际处理的污水量。包括物理处理量、生物处理量和化学处理量。

污水处理厂干污泥产生量

指报告期内污水处理厂在污水处理过程中干污泥的最终产生量。干污泥是指污水处理过程中分离出来的固体，含水率85%以下。

污水处理厂干污泥处置量

指报告期内经过污泥消化、调理、浓缩、脱水等手段进行处理后，采用土地填埋、焚烧等方法对污泥进行最终安全处置的量。

绿化覆盖面积

指城市中的乔木、灌木、草坪等所有植被的垂直投影面积。包括公园绿地、防护绿地、生产绿地、附属绿地、其他绿地的绿化种植覆盖面积、屋顶绿化覆盖面积以及零散树木的覆盖面积。乔木树冠下重迭的灌木和草本植物不能重复计算。

绿地面积

指报告期末用作园林和绿化的各种绿地面积。包括公园绿地、生产绿地、防护绿地、附属绿地和其他绿地的面积。

公园绿地

城市中向公众开放的、以游憩为主要功能，有一定的游憩设施和服务设施，同时兼有健全生态、美化景观、防灾减灾等综合作用的绿化用地。它是城市建设用地、城市绿地系统和城市市政公用设施的重要组成部分。

公园

指常年开放的供公众游览、观赏、休憩、开展科学、文化及休闲等活动，有较完善的设施和良好的绿化环境、景观优美的公园绿地。包括综合性公园、儿童公园、文物古迹公园、纪念性公园、风景名胜公园、动物园、植物园、带状公园等。不包括居住小区及小区以下的游园。统计时只统计市级和区级的综合公园、专类公园和带状公园。

国家级风景名胜区

风景名胜区指风景名胜资源集中、自然环境优美、具有一定规模和游览条件，供人游览、观赏、休息和进行科学文化活动的地域。国家级风景名胜区指经国务院审定公布的风景名胜区。

风景名胜区面积

指经政府审定批准所确定的风景名胜区规划面积。

供游览面积

指报告期末风景名胜区内实际可供游人游览的面积。

道路清扫保洁面积

指报告期末对城市道路和公共场所（主要包括城市行车道、人行道、车行隧道、人行过街地下通道、道路附属绿地、地铁站、高架路、人行过街天桥、立交桥、广场、停车场及其他设施等）进行清扫保洁的面积。一天清扫保洁多次的，按清扫保洁面积最大的一次计算。

生活垃圾、粪便清运量

指报告期收集和运送到各生活垃圾、粪便处理场（厂）和生活垃圾、粪便最终消纳点的生活垃圾、粪便的数量。统计时仅计算从生活垃圾、粪便源头和从生活垃圾转运站直接送到处理场和最终消纳点的清运量，对于二次中转的清运量不要重复计算。

公共厕所

指供城市居民和流动人口使用，在道路两旁或公共场所等处设置的厕所。分为独立式、附属式和活动式三种类型。统计时只统计独立式和活动式，不统计附属式公厕。

独立式公共厕所按建筑类别应分为三类，活动式公共厕所按其结构特点和服务对象应分为组装厕所、单体厕所、汽车厕所、拖动厕所和无障碍厕所五种类别。

市容环卫专用车辆设备

指用于环境卫生作业、监察的专用车辆和设备，包括用于道路清扫、冲洗、洒水、除雪、垃圾粪便清运、市容监察以及与其配套使用的车辆和设备。如：垃圾车、扫路机（车)、洗路车、洒水车、真空吸粪车、除雪机、装载机、推土机、压实机、垃圾破碎机、垃圾筛选机、盐粉撒布机、吸泥渣车和专用船舶等。对于长期租赁的车辆及设备也统计在内。

村镇部分

人口密度

指建成区范围内的人口疏密程度。计算公式：

人口密度=（建成区户籍人口+建成区暂住人口）/建成区面积

用水普及率

指报告期末建成区（村庄）用水人口与建成区（村庄）人口的比率。按建成区、村庄分别统计。计算

公式:

建成区用水普及率＝建成区用水人口/（建成区户籍人口+建成区暂住人口）×100%

村庄用水普及率＝村庄用水人口/（村庄户籍人口+村庄暂住人口）×100%

燃气普及率

指报告期末建成区使用燃气的人口与建成区人口的比率。计算公式:

燃气普及率＝用气人口/(建成区户籍人口+建成区暂住人口)×100%

人均道路面积

指报告期末建成区范围内平均每人拥有的道路面积。计算公式:

人均道路面积=道路面积/(建成区户籍人口+建成区暂住人口)

排水管道密度

指报告期末建成区范围内排水管道分布的疏密程度。计算公式:

排水管道密度=排水管道长度/建成区面积

人均公园绿地

指报告期末建成区范围内平均每人拥有的公园绿地面积。计算公式:

人均公园绿地面积＝公园绿地面积/(建成区户籍人口+建成区暂住人口)

绿化覆盖率

指报告期末建成区范围内绿化覆盖面积与建成区面积的比率。计算公式:

绿化覆盖率＝绿化覆盖面积/建成区面积×100%

绿地率

指报告期末镇（乡）建成区范围内绿地面积与建成区面积的比率。计算公式:

绿地率＝绿地面积/建成区面积×100%

人均日生活用水量

指用水人口平均每天的生活用水量。计算公式:

人均日生活用水量=报告期生活用水量/用水人口/报告期日历天数×1000升

建成区

指行政区域内实际已成片开发建设、市政公用设施和公共设施基本具备的区域。建成区面积以镇人民政府建设部门(或规划部门)提供的范围为准。

村庄

指农村居民生活和生产的聚居点。

建成区（村庄）户籍人口

指在其经常居住地的公安户籍管理机关登记了户籍的人口。

暂住人口

指在本地居住半年及以上的非本乡（镇）户籍的人。均以公安部门数据为准。

总体规划

指在镇（乡）行政区域范围内进行的布点规划及相应各项建设的整体部署，并经市（县）人民政府批准同意实施，报告期末仍处于有效期。

村庄建设规划

指在总体规划指导下，根据本地区经济发展水平，主要对住宅和供水、供电、道路、绿化、环境卫生以及生产配套设施建设的具体安排。村庄建设规划须经村民会议讨论同意，由乡级人民政府报县级人民政府批准。统计时要注意规划的有效期， 如至本年年底，规划已过期，则按无规划统计。

本年规划编制投入

指本年各种规划编制工作的总投入。

本年市政公用设施建设财政性资金收入

指本年内收到的可用于市政公用设施建造和购置的各种财政性资金，包括中央财政拨款、省财政拨款、市（县）财政拨款、镇（乡）本级财政。

公共供水

指公共供水企业以公共供水管道及其附属设施向单位和居民的生活、生产和其他各项建设提供用水。公共供水设施包括正规的水厂和虽达不到水厂标准,但不是临时供水设施,水质符合标准的其他设施。

自建设施供水

指企事业单位、机关团体、部队等社会单位自办的独立供水设施，以其自行建设的供水管道及其附属设施主要向本单位的生活、生产和其他各项建设提供用水。

综合生产能力

指按供水设施取水、净化、送水、输水干管等环节设计能力计算的综合生产能力。计算时，以四个环节中最薄弱的环节为主确定能力。没有设计能力的按实际测定的能力计算。对于经过更新改造后，实际生产能力与设计能力相差很大的，按实际能力填报。

供水管道长度

指从送水泵至用户水表之间直径 75mm 以上所有供水管道的长度。不包括从水源地到水厂的管道、水源井之间的连络管、水厂内部的管道、用户建筑物内的管道和新安装尚未使用的管道。按单管计算，即：如在同一条街道埋设两条或两条以上管道时，应按每条管道的长度计算。

年生活用水量

指居民家庭与公共服务年用水量。包括饮食店、医院、商店、学校、机关、部队等单位生活用水量，以及生产单位装有专用水表计量的生活用量（不能分开者，可不计）。

年生产用水量

指生产运营单位在生产、运营过程中的年用水量。

用水人口

指由供水设施供给生活用水的人口数，包括学校、机关、部队的用水人口。

用气人口

指报告期末使用燃气（人工煤气、天然气、液化石油气）的家庭用户总人口数。可以本地居民平均每户人口数乘以燃气家庭用户数计算。

在统计液化气家庭用户数时，年平均用量低于 90 公斤的户数，忽略不计。

集中供热面积

指通过热网向建成区内各类房屋供热的房屋建筑面积。只统计供热面积达到 1 万平方米及以上的集中供热设施。

道路

指镇（乡）建成区范围内和村庄内有交通功能的各种道路和土路。在统计时只统计路面宽度在 3.5 米（含 3.5 米）以上的道路。

道路长度、面积的计算

道路长度包括道路长度和与道路相通的桥梁、隧道的长度。道路面积只包括路面面积和与道路相通的广场、桥梁、停车场的面积，不含隔离带和绿化带面积。

污水处理厂

指污水通过排水管道集中于一个或几个处所，并利用由各种处理单元组成的污水处理系统进行净化处理，最终使处理后的污水和污泥达到规定要求后排放水体或再利用的生产场所。

氧化塘是污水处理的一种工艺，严格按《氧化塘设计规范》运行管理的氧化塘应作为污水处理厂。

污水处理装置

指在厂矿区设置的处理工业废水和周边地区生活污水的小型集中处理设备，以及居住区、度假村中设置的小型污水处理装置。

污水处理能力

指污水处理设施每昼夜处理污水量的设计能力,没有设计能力的按实际能力计算。

年污水处理总量

指一年内各种污水处理设施处理的污水量，包括将本地的污水收集到外地的污水处理设施处理的量，其中污水处理厂处理的量计为集中处理量。

绿化覆盖面积

指建成区内的乔木、灌木、草坪等所有植被的垂直投影面积。包括各种绿地的绿化种植覆盖面积、屋顶绿化覆盖面积以及零散树木的覆盖面积，不包括植物未覆盖的水域面积。

绿地面积

指报告期末建成区内用作园林和绿化的各种绿地面积。包括公园绿地、生产绿地、防护绿地、附属绿地的面积。其中：公园绿地指向公众开放的、以游憩为主要功能，有一定游憩设施的绿地。

年生活垃圾处理量

指一年将建成区内的生活垃圾运到生活垃圾处理场（厂）进行处理的量，包括无害化处理量和简易处理量。

公共厕所数量

指在建成区范围内供居民和流动人口使用的厕所座数。统计时只统计独立的公厕，不包括公共建筑内附设的厕所。

住宅

指坐落在村镇范围内，上有顶、周围有墙，能防风避雨，供人居住的房屋。按照各地生活习惯，可供居住的帐篷、毡房、船屋等也包括在内，兼作生产用房的房屋可以算为住宅。包括厂矿、企业、医院、机关、学校的集体宿舍和家属宿舍，但不包括托儿所、病房、疗养院、旅馆等具有专门用途的房屋。

公共建筑

指坐落在村镇范围内的各类机关办公、文化、教育、医疗卫生、商业等公共服务用房。

生产性建筑

指坐落在村镇范围内的包括乡镇企业厂房、养殖厂、畜牧场等用房及各类仓库用房的建筑面积。

本年竣工建筑面积

指本年内完工的住宅（公共建筑、生产性建筑）建筑面积。包括新建、改建和扩建的建筑面积，未完工的在建房屋不要统计在内。统计时按镇（乡）建成区和村庄分开统计。

年末实有建筑面积

指本年年末，坐落在村镇范围内的全部住宅（公共建筑、生产性建筑）建筑面积。统计时按镇（乡）建成区和村庄分开统计。计算方法为：

年末实有房屋建筑面积=上年末实有+本年竣工+本年区划调整增加-本年区划调整减少-本年拆除（倒塌、烧毁等）

混合结构以上

指结构形式为混合结构及其以上（如钢筋混凝土结构、砖混结构）的房屋建筑面积。

Explanatory Notes on Main Indicators

Indicators in the statistics for Cities and County Seats

Population Density

It refers to the quality of being dense for population in a given zone. The calculation equation is:

$$\text{Population Density}=\frac{\text{Population in Urban Areas} + \text{Urban Temporary Population}}{\text{Urban Area}}$$

Daily Domestic Water Use Per Capita

It refers to average amount of daily water consumed by each person. The calculation equation is

Daily Domestic Water Use Per Capita= (Water Consumption by Households + Water Use for Public Service) ÷Population with Access to Water Supply ÷Calendar Days in Reported Period × 1000 liters

Water Coverage Rate

It refers to proportion of urban population supplied with water to urban population. The calculation equation is:

$$\text{Water Coverage}=\frac{\text{Urban Population with Access to Water Supply}}{\text{Urban Permanent Population} + \text{Urban Temporary Population}}\times 100\%$$

Gas Coverage Rate

It refers to the proportion of urban population supplied with gas to urban population. The calculation equation is:

$$\text{Gas Coverage}=\frac{\text{Urban Population with Access to Gas}}{\text{Urban Permanent Population} + \text{Urban Temporary Population}}\times 100\%$$

Surface Area of Roads Per Capita

It refers to the average surface area of roads owned by each urban resident at the end of reported period. The calculation equation is:

$$\text{Surface Area of Roads Per Capita}=\frac{\text{Surface Area of Roads in Given Urban Areas}}{\text{Urban Permanent Population} + \text{Urban Temporary Population}}$$

Density of Road Network

It refers to the extent which roads cover given urban areas (built-up districts) at the end of reported period. The calculation equation is:

$$\text{Density of Road Network}=\frac{\text{Length of Roads in Given Urban Areas}}{\text{Floor Area of Given Urban Areas (Built-up Districts)}}$$

Density of Drainage Pipelines

It refers to the extent which drainage pipelines cover given urban areas (built-up districts) at the end of reported period. The calculation equation is:

$$\text{Density of Drainage Pipelines}=\frac{\text{Length of Drainage Pipelines in Given Urban Areas}}{\text{Floor Area of Given Urban Areas (Built-up Districts)}}$$

Wastewater Treatment Rate

It refers to the proportion of the quantity of wastewater treated to the total quantity of wastewater discharged at the end of reported period. The calculation equation is:

$$\text{Wastewater Treatment Rate}=\frac{\text{Quantity of Wastewater Treated}}{\text{Quantity of Wastewater Discharged}}\times 100\%$$

Centralized Treatment Rate of Wastewater Treatment Plants

It refers to the proportion of the quantity of wastewater treated in wastewater treatment plants to the total quantity of wastewater discharged at the end of reported period. The calculation equation is:

$$\text{Centralized Treatment Rate of Wastewater Treatment Plants} = \frac{\text{Quantity of wastewater treated in wastewater treatment facility}}{\text{Quantity of wastewater discharged}} \times 100\%$$

Public Recreational Green Space Per Capita

It refers to the average public recreational green space owned by each urban dweller in given areas. The calculation equation is:

$$\text{Public Recreational Green Space Per Capita} = \frac{\text{Public green space in given urban areas}}{\text{Urban Permanent Population} + \text{Urban Temporary Population}} \times 100\%$$

Green Coverage Rate of Built Districts

It refers to the ratio of green coverage area of built districts to surface area of built districts at the end of reported period. The calculation equation is:

$$\text{Green Coverage Rate of Built Districts} = \frac{\text{Green Coverage Area of Built Districts}}{\text{Area of Built Districts}} \times 100\%$$

Green Space Rate of Built Districts

It refers to the ratio of area of parks and green land of built districts to the area of built up districts at the end of reported period. The calculation equation is:

$$\text{Green Space Rate of Built Districts} = \frac{\text{Area of parks and green land of built districts}}{\text{Area of Built Districts}} \times 100\%$$

Domestic Garbage Treatment Rate

It refers to the ratio of quantity of domestic garbage treated to quantity of domestic garbage produced at the end of reported period. The calculation equation is:

$$\text{Domestic Garbage Treatment Rate} = \frac{\text{Quantity of Domestic Garbage Treated}}{\text{Quantity of Domestic Garbage Produced}} \times 100\%$$

Domestic Garbage Harmless Treatment Rate

It refers to the ratio of quantity of domestic garbage treated harmlessly to quantity of domestic garbage produced at the end of reported period. The calculation equation is:

$$\text{Domestic Garbage Harmless Treatment Rate} = \frac{\text{Quantity of Domestic Garbage Treated Harmlessly}}{\text{Quantity of Domestic Garbage Produced}} \times 100\%$$

Urban District Area

It refers to the total land area (including water area) under jurisdiction of cities.

Urban Area

Urban area of a city includes: (1) areas administered by neighborhood office; (2) other towns (villages) connected to city public facilities, residential facilities and municipal utilities; (3) Independent Industrial and Mining District, Development Zones, special areas like research institutes , universities and colleges with permanent residents of 3000 above.

Towns (villages) connected to city public facilities, residential facilities and municipal utilities means that towns and urban centers are connected with public facilities, residential facilities and municipal utilities that are constructed or under construction , and not cut off by non-construction land like water area, agricultural land, parks, woodland or pasture.

As to conurbation or cities organized in scattered form, urban area should include the separated or decentralized area.

Urban Permanent Population

It refers to permanent residents in urban areas, which are in compliance with the number of permanent residents registered in public security authorities.

Temporary Population

Temporary population includes people who leave permanent address, and live for over half one year in a place, which are in compliance with the number of temporary residents registered in public security authorities.

Area of Built District

It refers to large scale developed quarters within city jurisdiction with basic public facilities and utilities. For a nucleus city, the built-up district consists of large-scale developed quarters with basic public facilities and utilities, which are either centralized or decentralized. For a city with several towns, the built- up district consists of several developed quarters attached in succession with basic public facilities and utilities. Range of built-up district is the area encircled by the limits of the built-up district, i.e. the range within which the actual developed land of this city exists.

Area of Urban Land for development Purpose

It refers to area of land except water area and land for other purposes, including land for residential development, Administration and Public Services, Commercial and Business Facilities, Industrial, Manufacturing, Logistics and Warehouse, Road, Street and Transportation, Municipal Utilities, Green Space and Square.

Urban Maintenance and Construction Fund

It refers to fund used for urban construction and maintenance, including urban maintenance and construction tax, extra-charges for public utilities, financial allocation from the central government and local governments, domestic loan, securities revenue, foreign investment, revenue from land transfer and assets replacement, self-raised fund by municipal utilities, charges by administrative and institutional units for urban maintenance and construction, pooled revenue and other revenues.

Urban Maintenance and Construction Tax

It is one of local taxes imposed according to *Temporary Regulations of People's Republic of China on Urban Maintenance and Construction Tax*. It is levied based on actual value-added tax, consumption tax and business tax paid by a taxpayer. It is also paid with value-added tax, consumption tax and business tax at the same time. Different rates apply different places. The rate comes to 7% in urban areas, 5% in counties and towns and 1% beyond these places.

Extra Charge from Urban Utilities

It is additional revenue obtained from additional fees imposed on provision of products and service of such urban utilities as power generation, water supply for the industry, operation of public bus and trolley bus, taped water supply, electricity for lightening, telephone operation, gas and ferry etc. for the purpose of urban construction and maintenance.

Investment in Fixed Assets

It is the economic activities featuring construction and purchase of fixed assets, i.e. it is an essential means for social reproduction of fixed assets. The process of reproducing fixed assets includes fixed assets renovation (part and full renovation), reconstruction, extension and new construction etc. According to the new industrial financial accounting system, cost of major repairs for part renovation of fixed assets is covered by direct cost. According to the current investment management and administrative regulations, any repair and maintenance works are not included in statistics as investment in fixed assets. Innovation projects on current municipal service facilities should be included in statistics.

Newly Added Fixed Assets

They refer to the newly increased value of fixed assets, including investment in projects completed and put into operation in the reported period, and investment in equipment, tools, vessels considered as fixed assets as well as relevant expenses should be included in.

Newly Added Production Capacity (or Benefits)

It refers to newly added design capacity through investment in fixed assets. Newly added production capacity or benefits is calculated based on projects which can independently produce or bring benefits once projects are put into operation.

Integrated Water Production Design Capacity

It refers to a comprehensive capacity based on the design capacity of components of the process, including water collection, purification, delivery and transmission through mains. The integrated capacity also includes added capacity through reform and renovation of water system based on the original design capacity. In calculation, the capacity of weakest component is the principal determining capacity.

Length of Water Pipelines

It refers to the total length of all pipes from the pumping station to individual water meters. If two or more pipes line in parallel in a same street, the length of water pipelines is the length sum of each line.

Total Quantity of Water Supplied

It refers to the total quantity of water delivered by water suppliers during the reported period, including accounted water and unaccounted water.

Accounted water refers to the actual quantity of water delivered to and used by end users, including water sold and free. Water sold refers to the quantity of water billed. Free water refers to water supplied without charge.

Unaccounted water refers to sum of water leakage, theft water due to degeneration of water pipes and accessories as well as non-billed water due to malfunction of water meters.

Water supplied are classified into four types due to different purposes: water for production and operation, water for public service, water for domestic use, water for fire control and other special purposes.

Water for production and operation refers to the quantity of water used by units in sectors of agriculture, forestry, animal husbandry, industry, construction, and transportation for production and operation within cities.

Water for public service refers to water used for public services by units in administration, military, utilities, retails, hotel and food services etc.

Water for domestic use refers to daily water quantity consumed by all urban households, such as urban dwellers, farmers. It also includes water used by public water supply stations.

Water for fire control and other special purposes refers to water used for fire control within cities and other specific purposes, including deep-well recharge, other than for domestic, public service, production and operation purposes.

Quantity of Fresh Water Used

It refers to the quantity of water obtained from any water source for the fist time. As for a city, it includes the quantity of fresh water used by urban water suppliers and customers in different industries and sectors.

Quantity of Recycled Water

It refers to the sum of water recycled, reclaimed and reused by customers.

Quantity of Water Saved

It refers to the water saved in the reported period through efficient water saving measures, e.g. improvement of production methods, technologies, equipment, water use behavior or replacement of defective and inefficient devices, or strengthening of management etc.

Integrated Gas Production Capacity

It refers to the combined capacity of components of the process such as gas production, purification and delivery with an exception of the capacity of backup facilities at the end of reported period. It is usually calculated based on the design capacity. Where the actual capacity surpluses the design capacity, integrated capacity should be calculated based on the actual capacity, mainly depending on the capacity of the weakest component.

Length of Gas Supply Pipelines

It refers to the length of pipes operated in the distance from a compressor's outlet or a gas station exit to pipes connected to individual households at the end of reported period, excluding pipes through coal gas production plant, delivery station, LPG storage station, bottled station, storage and distribution station, air mixture station and supply station.

Quantity of Gas Supplied

It refers to amount of gas supplied to end users by gas suppliers at the end of reported period. It includes sales amount and loss amount.

Gas Stations for Gas- Fueled Motor Vehicles

They are designated stations that provide such fuels as compressed natural gas, LPG to gas-fueled motor vehicles.

Heating Capacity

It refers to the design capacity of heat delivery by heat suppliers to urban customers.

Total Quantity of Heat Supplied

It refers to the total quantity of heat obtained from steam and hot water, which is delivered to urban users by heat suppliers during the reported period.

Length of Heating Pipelines

It refers to the total length of pipes for delivery of steam and hot water from heat sources to entries of buildings, excluding lines within heat sources.

Urban roads

They refer to roads, bridges, tunnels and auxiliary facilities that are provided to vehicles and passengers for transportation. Urban roads consist of drive lanes and sidewalks. Only paved roads with width with and above 3.5 m, including roads within on-limits industrial parks and residential communities are included in statistics.

Length of Roads

It refers to the length of roads and bridges and tunnels connected to roads. It is calculated based on the length of centerlines of traffic lanes.

Surface Area of Roads

It refers to surface area of roads and squares, bridges and tunnels connected to roads (surface area of sidewalks is calculated separately). Surface area of sidewalks is the area sum of each side of sidewalks including pedestrian streets and squares, excluding car-and-pedestrian mixed roads.

Bridges

They refer to constructed works that span natural or man-made barriers. They include bridges spanning over rivers, flyovers, overpasses and underpasses.

Number of Road Lamps

It refers to the sum of road lamps only for illumination, excluding road lamps for landscape lightening.

Length of Flood Control Dikes

It refers to actual length of constructed dikes, which sums up the length of dike on each bank of river. Where each bank has more than one dike, only the longest dike is calculated.

Quantity of Wastewater Discharged

It refers to the total quantity of domestic sewage and industrial wastewater discharged, including effluents of sewers, ditches, and canals.

(1) It is calculated by multiplying the daily average of measured discharges from sewers, ditches and canals with calendar days during the reported period.

(2) If there is a device to read actual quantity of discharge, it is calculated based on reading.

(3) If without such ad device, it is calculated by multiplying total quantity of water supply with wastewater drainage coefficient.

Category of urban wastewater	Wastewater drainage coefficient
Urban wastewater	0.7-0.8
Urban domestic wastewater	0.8-0.9
Urban industrial wastewater	0.7-0.9

Length of Drainage Pipelines

The total length of drainage pipelines is the length of mains, trunks, branches plus distance between inlet and outlet in manholes and junction wells.

Quantity of Wastewater Treated

It refers to the actual quantity of wastewater treated by wastewater treatment plants and other treatment facilities in a physical, or chemical or biological way.

Quantity of Dry Sludge Produced in Wastewater Treatment Plants

It refers to the final quantity of dry sludge produced in the process of wastewater treatment plants. Dry sludge is the solid mass with moisture below 85%, which is separated from the wastewater treatment process.

Quantity of Dry Sludge Treated in Wastewater Treatment Plants

It refers to total quantity of dry sludge that has been treated through land fill or incinerated after being digested, conditioned, densified and dewatered at reported period.

Green Coverage Area

It refers to the vertical shadow area of vegetation such as trees (arbors), shrubs and grasslands. It is the area sum of public recreational green space, shelter belt green land for production, attached green space and other green space, roof greening and scattered trees coverage. The coverage area of bushes and herbs under the shadow of trees should not be counted for repetitively.

Area of Green Space

It refers to the area of all spaces for parks and greening at the end of reported period, which includes area of public recreational green space, green land for production, shelter belt, attached green spaces, and other green space.

Public Recreational Green Space

It refers to green space with recreation and service facilities. It also serves some comprehensive functions such as improving ecology and landscape and preventing and mitigating disasters. It is an important part of urban construction land, urban green space system and urban service facilities.

Parks

They refer to places open to the public for the purposes of tourism, appreciation, relaxation, and undertaking scientific, cultural and recreational activities. They are fully equipped and beautifully landscaped green spaces. There are different kinds of parks, including general park, Children Park, park featuring historic sites and culture relic, memorial park, scenic park, zoo, botanic garden, and belt park.

Recreational space within communities is not included in statistics, while only general parks, theme parks and belt parks at city or district level are included in statistics.

State-level Scenic Spots and Historic Sites

Scenic spots and historic sites are areas boasting concentrated natural beauty and resources of historic interests, where people could tour, sightsee, rest or conduct scientific and cultural activities. State-level scenic spots and historic sites are scenic spots and historic sites approved and publicized by the State Council.

Area of Scenic Spots and Historic Sites

It is the planned area of scenic spots and historic sites that has been examined and approved by the state council.

Tourism Area

It is the actual area for tourists in scenic spots and historic sites at the end of the reported period.

Area of Roads Cleaned and Maintained

It refers to the area of urban roads and public places cleaned and maintained at the end of reported period, including drive lanes, sidewalks, drive tunnels, underpasses, green space attached to roads, metro stations, elevated roads, flyovers, overpasses, squares, parking areas and other facilities. Where a place is cleaned and maintained several times a day, only the time with maximum area cleaned is considered.

Quantity of Domestic Garbage and Soil Transferred

It refers to the total quantity of domestic garbage and soil collected and transferred to treatment grounds. Only quantity collected and transferred from domestic garbage and soil sources or from domestic garbage transfer stations to treatment grounds is calculated with exception of quantity of domestic garbage and soil transferred second time.

Latrines

They are used by urban residents and flowing population, including latrines placed at both sides of a road and public place. They usually consist of detached latrine movable latrine and attached latrine. Only detached latrines rather than latrines attached to public buildings are included in the statistics.

Detached latrine is classified into three types. Moveable latrine is classified into fabricated latrine, separated latrine, motor latrine, trail latrine and barrier-free latrine.

Specific Vehicles and Equipment for Urban Environment Sanitation

They refer to vehicles and equipment specifically for environment sanitation operation and supervision, including vehicles and equipment used to clean, flush and water the roads, remove snow, clean and transfer garbage and soil, environment sanitation monitoring, as well as other vehicles and equipment supplemented, such as garbage truck, road clearing truck, road washing truck, sprinkling car, vacuum soil absorbing car, snow remover, loading machine, bulldozer, compactor, garbage crusher, garbage screening machine, salt powder sprinkling machine, sludge absorbing car and special shipping. Vehicles and equipment for long-term lease are also included in the statistics.

Indicators in the Statistics for Villages and Small Towns

Population density

Population density is the measure of the population per unit area in built-up district.

Calculation equation is:

Population Density= (Registered Permanent Population in Built District +Temporary Population in Built District)/ Area of Built District

Water Coverage Rate

It refers to proportion of population supplied with water in built district (villages) to population in built district (villages) at the end of reported period. Statistics is made by built district and village respectively. The calculation equation is:

Water Coverage Rate in Built District = Population with Access to Water Supply in Built District/ (Registered Permanent Population in Built District +Temporary Population in Built District)×100%

Water Coverage Rate in Villages= Population with Access to Water Supply in Villages/ (Registered Permanent Population in Village +Temporary Population in Village)×100%

Gas Coverage Rate

It refers to the proportion of population supplied with gas in built district to urban population in built district at the end of reported period. The calculation equation is:

Gas Coverage Rate= Population Supplied with Gas in Built District/ (Registered Permanent Population in Built District +Temporary Population in Built District)×100%

Surface Area of Roads Per Capita

It refers to the average surface area of roads owned by each urban resident in built district at the end of reported period. The calculation equation is:

Surface Area of Roads Per Capita= Surface Area of Roads / (Registered Permanent Population in Built District +Temporary Population in Built District)

Density of Drainage Pipelines

It refers to the extent which drainpipes cover built district at the end of reported period. The calculation equation is:

Density of Drainage Pipelines=Length of Drainage Pipelines /Floor Area of Built District

Public Recreational Green Space Per Capita

It refers to the average public recreational green space owned by each dwell in built district at the end of reported period. The calculation equation is:

Public Recreational Green Space Per Capita = Area of Public Recreational Green Space /

(Registered Permanent Population in Built District +Temporary Population in Built District)

Green Coverage Rate

It refers to the ratio of green coverage area of built district to surface area of built district at the end of reported period. The calculation equation is:

Green Coverage Rate =

Built District Green Coverage Area / Area of Built District ×100%

Green Space Rate

It refers to the ratio of area of parks and green land of built district to the area of built district at the end of reported period. The calculation equation is:

Green Space Rate =Built district Area of Parks and Green Space /Area of built district×100%

Daily Domestic Water Use Per Capita

It refers to average amount of daily water consumed by each person. The calculation equation is:

Domestic Water Use Per Capita= Domestic Water Consumption / Population with Access to Water Supply / Calendar Days in Reported Period× 1000 liters

Built District

It refers to large scale developed quarters within city jurisdiction with basic public facilities and utilities, which is subject to area verified by local construction authorities or planning authorities.

Village

It refers to a collection of houses and other buildings in a country area where rural residents live and produce.

Population of Built Districts (villages)

It refers to the population who register with the public security authorities responsible for the district of their permanent residence.

Temporary Population

Temporary population includes people who leave permanent address, and live for half one year in a place, which are subject to the number of temporary residents registered with the public security authorities.

Master Planning

It addresses location, size, form, character and environment, and arrangement of facilities within local jurisdiction at town (village) level, which is approved by city (county) government and still validates at the end of reported period.

Villages Development Planning

It addresses, under guidance of master planning, detailed arrangement for residential buildings, water supply, power supply, roads, greening, environmental sanitation and supplementary facilities for production according to local economic development level. Development Planning in Villages must be discussed by village farmers, and approved by county government. Special attention should be given to planning validation in statistics.

Input in Planning Development this Year

It refers to total input in development of various kinds of planning this year.

Fiscal Appropriation for Municipal Service Facilities Development

It refers to various kinds of fiscal funds for purchase or construction of municipal service facilities received within this year, including appropriation from central government, provincial government, municipal/county and Town/village government.

Public Water Supply

It refers to water supply for production, domestic use as well as public service by public water suppliers through water supply pipes and accessories. Public water supply facilities include regular plants , and other facilities which are not temporary facilities and produce water in compliance with standards.

Water Supply by Self-Built Facilities

They refer to independent facilities operated by government agencies, organizations, enterprises and institutions, which supply water for own production, domestic use and services through water supply pipes and accessories.

Integrated Water Production Capacity

It refers to a comprehensive capacity based on the design capacity of components of the process, including water collection, purification, delivery and transmission through mains. In calculation, the capacity of weakest component is the principal determining capacity. Without design capacity, it is calculated based on capacity measured. If real production capacity differs widely from design capacity through renovation, real production capacity will be the basis for calculation.

Length of Water Pipelines

It refers to the total length of all pipes from the pumping station to individual water meters, excluding pipes from water resources to water plants, connection pipes between water resources wells, pipes within water plants and end-use buildings as well as pipes newly installed but not uses yet. If two or more pipes line in parallel in a same street, the length of water pipelines is the length sum of each line.

Yearly Domestic Water Use

It refers to amount of water consumed by households and public facilities, including domestic water use by restaurant, hospital, department store, school, government agency and army as well as water metered by special meters installed in industrial users for domestic use.

Yearly Water Consumption for Production

It refers to water consumed each year by industrial users for production and operation.

Population with Access to Water

It refers to quantity of people supplied with water supply facilities, including people in school, government agency and army.

Population with Access to Gas

It refers to total quantity of customers in households supplied with gas (including man-made gas, natural gas and LPG) at the end of reported period. It can be calculated by multiplying average members in each household by number of households supplied with gas.

When comes to number of households supplied with LPG, the households with yearly average use of LPG being below 90 kilograms are not included in statistics.

Area of Centrally Heated District

It refers to floor area of building stock in built-up districts supplied with centralized heating system. Only areas with centrally heated floor space of 10,000 square meters and above are included in statistics.

Road

They refer to smooth prepared track or way along which wheeled vehicles can travel in built district at town level and villages. Roads whose width is 3.5 meters or over are included in statistics.

Length and Surface Area of Road

It refers to the length of roads and bridges and tunnels connected to roads. It is calculated based on the length of centerlines of traffic lanes. Surface area of roads only includes surface area of roads and squares, bridges and tunnels connected to roads, excluding separation belt and green belt.

Wastewater Treatment Plant

It refers to places where wastewater is collected in one or a few places through drainage pipes, then purified and treated by wastewater treatment system with treated water and sludge being discharged or recycled in accordance with related standards and requirements.

Oxidation pond is one of techniques applied in wastewater treatment. Oxidation pond which is strictly operated in accordance with Oxidation Pond Design Standard should be employed as wastewater treatment plant

Wastewater Treatment Facilities

They refer to small-size and centralized equipment and devices installed in plant or mining area to treat industrial wastewater and domestic wastewater in surrounding areas , as well as wastewater equipment and devices placed in residential areas.

Wastewater Treatment Capacity

It refers to design capacity for amount of wastewater treated every day and night by wastewater treatment facilities. If there is lack of design capacity, real capacity will be the determining factor for calculation.

Yearly Amount of Wastewater Treated

It refers to amount of wastewater treated by different wastewater treatment facilities within a year, including the amount of local wastewater collected and delivered to wastewater treatment facilities in other areas. The amount of wastewater treated in wastewater treatment plants are regarded as centralized treated amount.

Green Coverage Area

It refers to the vertical shadow area of vegetation such as trees (arbors), shrubs and grasslands. It is the area sum of green space, roof greening and scattered trees coverage. The surface area of water bodies which are not covered by green is not included.

Area of Green Space

It refers to the area of all spaces for parks and greening at the end of reported period, which includes area of public recreational green space, green land for production, shelter belt, and attached green spaces. Among which, Public Recreational Green Space refers green space equipped with recreational facilities and open to the public for recreational purposes.

Yearly Amount of Domestic Garbage Treated

It refers to amount of domestic garbage in built district which are delivered to domestic garbage treatment plants for harmless treatment or simplified treatment each year.

Number of Latrines

It refers to number of latrines for residents and floating population. Statistics only includes detached latrines, and latrines located within buildings are not included.

House

It refers to residential building with roof and wall that shelters people from external environment. In light of the local customs, houses also include tent, yurt and ship where people could live, building used for production in addition to habitation, and living quarters for workers and staff supplied by factories and mines, enterprises, hospitals, government agencies and schools. Nursery, ward, sanatorium, and hotel which are special purpose buildings are not included.

Public Building

It refers to buildings for government agencies, culture activities, healthcare, and business and commerce, which are located in towns and villages.

Building for Production

It refers to buildings for township enterprises, farms, stock farms, and warehouses located in towns and villages.

Floor Area of Buildings Completed this Year

It refers to floor area of buildings (public buildings and buildings for production) completed in this year, including floor area of new construction, renovation, and extension. On going construction is not included in statistics. Data are separately collected for the built-up districts of small towns and villages.

Real Floor Area of Buildings at the End of Year

It refers to floor area of total buildings (public buildings and buildings for production) located in towns and villages at the end of year. Calculation equation:

Real Floor Area of Buildings at the End of Year =Real Floor Area of Buildings at The End of Last Year+ Added Floor Area of Buildings Due to District Readjustment This Year- Reduced Floor Area of Buildings Due to District Readjustment This Year-floor Area of Buildings Dismantled (collapsed or burned down)This Year.

Building with Mixed Structure

It refers to floor area of buildings with mixed structure, such as reinforced concrete structure, brick-and-concrete structure etc.